Telecommunications

Veröffentlichungen des

Münchner Kreis

Übernationale Vereinigung für Kommunikationsforschung

Band 23

Springer

*Berlin
Heidelberg
New York
Barcelona
Budapest
Hongkong
London
Mailand
Paris
Santa Clara
Singapur
Tokio*

Telekommunikation für Banken und Versicherungen

- Finanzdienstleistungen im Wandel -

Vorträge der am 19. Juni 1995
in München abgehaltenen Fachkonferenz

Herausgeber: G. Ewerdwalbesloh

 Springer

Münchner Kreis
Übernationale Vereinigung für Kommunikationsforschung

Tal 16, D-80331 München, Telefon: (089) 22 32 38

Wissenschaftliche Leitung des Kongresses:

Dipl.-Ing. G. Ewerdwalbesloh
Direktor
R + V Allgemeine Versicherung AG
John-F.-Kennedy-Str. 1
65189 Wiesbaden

ISBN-13:978-3-540-60678-9   e-ISBN-13:978-3-642-80070-2
DOI: 10.1007/978-3-642-80070-2

Die Deutsche Bibliothek - CIP-Einheitsaufnahme
Telekommunikation für Banken und Versicherungen:
Finanzdienstleistungen im Wandel; Vorträge der am 19. Juni 1995 in München abgehaltenen
Fachkonferenz/(Münchner Kreis, Übernationale Vereinigung für Kommunikationsforschung)
Hrsg.: G. Ewerdwalbesloh. - Berlin; Heidelberg; New York; Barcelona; Budapest; Hongkong;
London; Mailand; Paris; Santa Clara; Singapur; Tokio: Springer 1996
(Telecommunications; Bd. 23)
ISBN-13:978-3-540-60678-9
NE: Ewerdwalbesloh, Gerd (Hrsg.); Münchner Kreis; GT

Satz: Reproduktionsfertige Vorlagen der Autoren
SPIN: 10526480   62/3020 - 5 4 3 2 1 0 - Gedruckt auf säurefreiem Papier.

Inhalt

Vorwort

Die nationalen und internationalen Dienstleistungsmärkte sehen sich mit Entwicklungen und Randbedingungen konfrontiert, die in ihrer Bedeutung, Tragweite und in ihren Auswirkungen auf Kunden, Dienstleister und Hersteller nur schwer in ihrer Gesamtheit zu überschauen sind.

So befindet sich der Finanzdienstleistungssektor auf Grund von Deregulierungen, Liberalisierungen, Internationalisierung und technologischen Entwicklungen in einer gewaltigen Umbruchphase, deren erfolgreiche Bewältigung für weitere zukünftige, positive Unternehmensentwicklungen Voraussetzung sein wird.

Der Münchner Kreis hat sich dieser bedeutenden Fragestellung erstmalig in einer branchenorientierten Fachkonferenz angenommen.

Banken und Versicherungen handeln weitgehend mit Produkten und Gütern immaterieller Art, deren logistische Einbindung und gedankliche Nähe zur Telekommunikation selbstverständlich und geradezu natürlich erscheint. Doch die derzeitige Situation deutet darauf hin, daß die Auswirkungen dieses Umbruchs dem einzelnen weitgehend nicht transparent sind.

Schlagworte wie Änderung des Kundenverhaltens, zunehmender Wettbewerb, erhöhter Kostendruck und Entstehung neuer Geschäftsfelder machen den Druck zur Nutzung der Möglichkeiten der modernen Telekommunikation deutlich. Neue Anwendungen werden den Markt von morgen beherrschen. Neue Anwendungen, deren Realisierung noch vor wenigen Jahren für nicht möglich gehalten wurde, sind bereits reale Tatsachen oder stehen kurz vor der Einführung. Hier ist Kreativität von Anwendern, Dienstleistungsanbietern und Herstellern gefordert. Hier heißt es, gedankliche Hürden zu überwinden und sich von Althergebrachtem zu lösen.

Diese Entwicklung geht einher mit Änderungen der Organisationen und Führungsstrukturen in den Unternehmen.

Nur wer diesen Entwicklungsprozeß erkannt und verstanden hat und mit geeigneten Schritten rechtzeitig agiert, wird in den zukünftigen Märkten Erfolg haben.

Referenten und Kenner der Situation in den Branchen Banken und Versicherungen behandeln in ihren Ausführungen diese facettenreiche Landschaft mit ihren unterschiedlichen Fragestellungen und Herausforderungen.

VIII

Den Referenten, Diskussionsleitern und den Teilnehmern der Podiumsdiskussion gilt mein herzlicher Dank. Weiter danke ich Herrn Prof. Dr. E. Witte und den Mitgliedern des Programmausschusses für die fruchtbare Zusammenarbeit bei der Gestaltung des Konferenzprogrammes.

Der vorliegende Band 23 der Reihe Telecommunications enthält alle auf der Konferenz gehaltenen Vorträge sowie die durchgesehene Mitschrift der Podiumsdiskussion.

Gerd Ewerdwalbesloh

Versicherungswirtschaft im Wandel
- Telekommunikation im Veränderungsprozeß
der Versicherungsunternehmen

Heinz Prokop

1. Ausgangssituation

Die Versicherungswirtschaft ist gegenwärtig und in den nächsten Jahren einem Wandel mit bedeutsamen Auswirkungen auf die Unternehmen, die Produkte und die Marktteilnehmer unterworfen. Dabei spielen zwei sich verändernde Marktbedingungen eine wesentliche Rolle.

Im allgemeinen Wandel von Verkäufer- zu Käufermärkten wird der Verbraucher immer kritischer und erwartet ein auf seine Bedürfnisse zugeschnittenes Produkt mit exzellentem Service zu einem angemessenen Preis. Folglich ist auch in der Versicherungswirtschaft Kundenorientierung in den Mittelpunkt gerückt. Sie hat einen Prozeß in Gang gesetzt, der den Kunden in der Gesamtbeziehung zum Versicherungsunternehmen im Fokus hat, wobei die Leistungen für den Kunden, aber auch die Produktions- und Verwaltungsprozesse danach ausgerichtet werden.

Diese Konzepte mußten solange an ihre Grenzen stoßen, solange Markt- und politischeRahmenbedingungen die konsequente Ausrichtung auf den einzelnen Kunden (Differenzierung und Individualisierung) nur sehr bedingt zuließen. Nach der Deregulierung und Liberalisierung der europäischen Versicherungswirtschaft durch die 3. EU-Versicherungsrichtlinie aber gelten solche Hemmnisse nicht mehr.

Die Folgen einer solchen Entwicklung sind vor allem gekennzeichnet durch:

1. Steigender *Ertragsdruck* (vgl. deregulierte Länder USA, Großbritannien und Frankreich) hervorgerufen durch aggressiveren Wettbewerb und Verfall der Preise und Margen.
2. Zunehmende *Konzentrationen/Fusionen* im Versicherungswesen (z.B. Colonia/UAP, AMB/Volksfürsorge, DBV/Winterthur, etc.) und damit größere Marktmacht und Kundenbasis. Gleichzeitig dringen spezialisierte Versicherer und neue Anbieter weiter vor.
3. Sinkende *Transparenz* über Leistungsumfang und Preiswürdigkeit der Produkte (z.B. Autoversicherer und Leben).
4. Veränderung des *Vertriebswege*-Mix der einzelnen Unternehmen mit neuen Vertriebsformen (z.B. aufgrund technischer Möglichkeiten).

5. Mehr *Kundenkompetenz* durch größere Marktkenntnis und gleichzeitig wachsender Preis-/Leistungssensitivität.

6. Verstärkter *Technologie*-Einsatz vor allem im Bereich der Informations- und Kommunikationstechnik (z.B. Telefon, Online-Verbindungen).

Dies alles kann dazu führen, daß durchaus ganze Unternehmen in ihrer Existenz oder Selbständigkeit gefährdet werden. Denn ein bisher regulierter Markt, in dem branchenweite Lösungen auch den Mittelmäßigen zum Erfolg verhelfen, wird allmählich durch ein Marktsystem abgelöst, in dem vor allem die unternehmensspezifische Leistung die Gewinner deutlich von den Verlierern trennt. Es ist zu vermuten, daß einige der Marktteilnehmer ihre eigene Betroffenheit noch gar nicht realisiert haben, obwohl die strukturellen Schwächen bereits erkennbar sind. Eines sollte jedoch betont werden: Der strukturelle Umbruch findet nicht nur auf der finanziellen und Ertragsseite statt, sondern auch bei den organisatorischen und technischen Rahmenbedingungen.

2. Erfolgsfaktoren für das Versicherungsgeschäft

2.1 Integrierte Produktentwicklung

Das Versicherungsprodukt als zunächst immaterielles Gut besteht letztlich aus Informationen zu Beständen und Veränderungen von Werten, Bedingungen und Rechten. Damit spielt der Faktor Information die zentrale Rolle im Versicherungsgeschäft, denn er ist sowohl Produktionsfaktor als auch Produktionsergebnis. Der operative Kern des Versicherungsgeschäfts liegt also in der Verarbeitung und Kommunikation von risiko-, wert- und rechtsbezogenen Informationen.

Eine integrierte Produktentwicklung hört nicht beim Generieren eines Kernprodukts wie einer Hausrat- oder Lebensversicherung auf, sondern schließt weitere Dimensionen mit ein: Welche kundenspezifische Dienstleistung (z.B. Rat+Hilfe-Leistungen, individuelle Risikenanalysen, Sach- statt Geldleistungen) steckt neben dem Leistungskonzept darüber hinaus im Produktangebot, welches Kundenproblem wird gelöst und auf welche Art und Weise und mit welchen technischen Mitteln kommuniziert man mit den verschiedenen Kundengruppen.

Neben der Produktvielfalt treten damit mehr und mehr Dienstleistungs- und Kommunikationsleistungselemente als kontinuierlicher Prozeß in den Vordergrund. Die Unternehmen, die diesen gesamten Wertschöpfungsprozeß besonders gut beherrschen, werden vor allem erfolgreich sein.

2.2 Time-to-Market

Wer auf dieser Basis früher als seine Konkurrenten ein neues Produkt in den Markt einführen und damit gute Risiken für sein Portfolio gewinnen kann und der verlangten Qualität besser nachzukommen vermag, wird entscheidende Vorteile realisieren können.

"Time-to-Market", d.h. die Zeit, die verfließt, um ein Produkt von den ersten Entwicklungsschritten zur Marktreife zu bringen und im Markt einzuführen, wird damit zu einem der wichtigsten Erfolgskriterien. Die Informations- und Kommunikationsentwicklung in einem Versicherungsunternehmen muß sich daran messen lassen, wie effektiv und effizient sie diesen Prozeß unterstützt.

Die Folgerungen sind für das Versicherungsgeschäft weitreichend:

- Der Kommunikationsprozeß wird zeit- und ortsunabhängig.

- Die Speicherung und Kommunikation von Informationen wird nur noch unwesentlich durch Kapazitäts- und Kostengrenzen beschränkt.

- Durch Digitalisierung bisher physisch greifbarer Unterlagen können die betrieblichen Prozesse nach rein zweckbezogenen Kriterien restrukturiert und optimiert werden.

2.3 Dienstleistung als kontinuierlicher Prozeß

In einem Marktumfeld der Produktvielfalt mit abgestimmten Leistungskonzepten muß Dienstleistung als kontinuierlicher Prozeß angeboten werden, d.h. die zukünftige Interaktion mit dem Kunden schließt den gesamten Leistungsprozeß (Kontaktanbahnung, Beratung, Betreuung, Anpassung des Versicherungsschutzes) mit ein. Die ausschließliche Konzentration auf den Policenverkauf und die Schadensregulierung ist nicht mehr ausreichend.

Die gesamtheitliche Interaktion mit dem Kunden wird durch den Einsatz moderner Informations- und Kommunikationstechnologie optimiert. Werden Kundengruppen mit ihren spezifischen Sicherungsbedürfnissen (welches Problem hat der Kunde) und Kommunikationsbedürfnissen (z.B. Beratungsgespräch durch den Vertreter, via Telefon oder Online-Diensten) angesprochen, kann die Anzahl erfolgreicher Kundenkontakte erhöht werden. Kundeninformationssysteme identifizieren Bedarfsprofile und Cross Selling Potentiale. Teamorientiertes Arbeiten bei Vermittlung, Risikeneinschätzung und Schadensregulierung auf der Basis von Telekommunikations-Netzen und computergestützten Risikoanalysen fördern die konsequente und gezielte Auswahl.

Kundenorientierung auf dieser gesamtheitlichen Basis führt zu Ausdifferenzierung, d.h. für spezifische Kundengruppen werden verschiedene Produkte mit abgestimmten Leistungskonzepten angeboten. Versicherungsunternehmen, die diese Ausdifferenzierung für sich nutzen und in diesem Umfeld erfolgreich sein wollen, müssen die einheitliche Wertschöpfungskette aufbrechen und spezifische Kunden/Produkt Vertriebskanalsegmente etablieren, die durch Service-Center (z.B. Call-Center für Kunden und Vertreter oder global vernetzte Risikoanalyse für Industrieversicherungen) oder andere Dienstleistungseinheiten unterstützt werden.

In einem solchen Netz mit internen und externen Teileinheiten können Kundengruppen mit spezifischem Sicherungs- und Kommunikationsbedürfnis von unterschiedlichen Dienstleistungseinheiten (Außendienst, Makler, Banken, Online-Diensten, ..) bedient und direkt/indirekt bzw. lokal/regional unterstützt werden. Versicherungsschutz wird weitgehend modular produziert und auf differenzierten Risikomärkten fein verteilt.

2.4 Fundiertes Wissen über Risiken

Versicherungswirtschaft ist und wird immer ein dezentralisiertes Geschäft bleiben. Eine Vielzahl von Mitarbeitern trifft täglich individuelle Entscheidungen, indem sie Risiken akzeptieren, Preise festsetzen, Rabatte einräumen und Schäden regulieren. Die Arbeitsqualität und operative Leistung vor Ort ist der Stellhebel für das finanzielle Wohlergehen des gesamten Versicherungsunternehmen.

Um operative Spitzenleistungen beim Underwriting, bei der Preisfestsetzung, Rabattgewährung und Schadensregulierung zu erbringen, ist ein fundiertes Wissen über die Risiken Grundvoraussetzung. Dies bedeutet, daß man hinsichtlich Risikoselektion und Aufwänden das Schaden- und Kostenpotential seines Bestandes optimieren muß. Nur so können in bevorzugten, wettbewerbsintensiven Märkten Preisnachlässe gewährt und für neuartige Risiken Preisspielräume genutzt werden.

Ebenso muß derjenige, der Umweltprobleme versicherungstechnisch handhaben oder zukünftige Risikenpotentiale identifizieren will, Risikenanalysen auf globaler Ebene durchführen und sein Wissen über diese Risiken immer weiter steigern.

Auch schlanke Organisationsstrukturen mit kurzen Entscheidungswegen, in denen der Prozeß des Underwritings nicht unnötig viele Hierarchiestufen durchläuft, können erst entstehen, wenn Fertigkeiten ausgebildet sind und Informationssysteme zur Verfügung stehen, um Risiken richtig einschätzen zu können.

3. Strategische Folgerungen

3.1 Skaleneffekte lediglich bei den Datenbeständen über Schäden und Risiken

Informations- und Kommunikationstechnologie steht prinzipiell allen Wettbewerbern gleichermaßen zur Verfügung und wird nur noch unwesentlich durch Kapazitäts- und Kostengrenzen beschränkt. Strategische Kostenvorteile lassen sich daher nur in den Fällen erzielen und teilweise erhalten, wenn Skaleneffekte einen sofortigen Ausgleich durch die Konkurrenz verhindern. Der vielleicht bedeutendste Vorteil, der in der Größe eines Versicherungsunternehmens liegt, ist der Datenbestand über die Risiken und Schäden. Vor allem die heutige Telekommunikationstechnologie ermöglicht das zentrale und dezentrale Auswerten solch großer Datenbestände und einen orts- und zeitunabhängigen Kommunikationsprozeß über die Analyse der Risikoprofile, was wiederum ein gezieltes Marketing, Underwriting und eine Preisgestaltung nach Segmenten möglich macht.

3.2 Technische Infrastrukturen Grundlage für Wettbewerbsvorteile

Skaleneffekte lassen sich aus heutiger Sicht aber auch bei technischen Infrastrukturen, wie z.B. Netzen und den daraufliegenden Anwendungen/Dienste und Anwendungs-/Kommunikationsarchitekturen erzielen. Solchen Infrastrukturen muß daher die größte Bedeutung zukommen. Der größenbedingte Vorteil liegt dabei nicht so sehr in der Effizienz einzelner Infrastrukturelemente, sondern viel stärker in ihrer Anzahl und Verknüpfungsdichte sowie in der sinnvollen Funktionsfähigkeit des Gesamtsystems überhaupt. Die Fähigkeit zur Beherrschung der damit verbundenen technischen und organisatorischen Komplexität wird auch in der Zukunft unter personellen und Kostengesichtspunkten nur von relativ wenigen (großen) Unternehmen erbracht werden können.

Für diejenigen Versicherungen, die zum Aufbau und Management solcher Infrastrukturen aus eigener Kraft nicht in der Lage sind, verbleiben nur wenige strategische Optionen: entweder sie verzichten auf den Aufbau, oder sie versuchen, die nötige Kompetenz und Kapazität am Markt bzw. durch Kooperationen zugänglich zu machen. Am leichtesten wird dies für allgemeine Querschnittsfunktionen (z.B. Netze, Standardsoftware für Kostenrechnung und Rechnungswesen) möglich und sinnvoll sein, schwieriger wird es schon für das eigentliche Kerngeschäft, denn natürlich verkaufen und verwalten wir alle Versicherungen, aber Unternehmensspezifika, Produkt- und Bedingungsunterschiede, Vertriebswege und Strukturen sind höchst unterschiedlich. Ganz abgesehen von der Art, wie man Risikoselektion, Risikoanalyse und individuelle Tarifierung betreibt.

3.3 Technologische Kompetenz als Wettbewerbsfaktor

Wie oben angesprochen, wird die einheitliche Wertschöpfungskette im Versicherungsgeschäft aufgebrochen und es werden spezifische Kunden/Produkt/Vertriebskanalsegmente entstehen. Eintritt und Verbleib werden in einer wachsenden Zahl von Marktsegmenten nur dann erfolgreich möglich sein, wenn ein außerordentliches Maß an fachlicher, verbunden mit technologischer Kompetenz aufgebaut und erhalten werden kann. Dies betrifft z.B. heute bereits große Bereiche des Industrieversicherungsgeschäfts mit dem Anspruch an länderübergreifender globaler Präsenz, an die Fähigkeit, auch neue Risiken bewerten und zeichnen zu können, die Beherrschung extrem komplexer, höchst individuell gestalteter Produkte und vor allem das damit verbundene Risikomanagement.

Dies gilt auch für andere Bereiche des Versicherungsgeschäfts, z.B. im Personenversicherungsgeschäft (Einrichten und Managen von Versorgungswerken).Auch unsere Kunden selbst verlangen nach Produkten und Beratungsleistungen, die nur mit informationstechnischer Unterstützung generiert und abgesetzt werden können. Darüber hinaus erwarten sie möglicherweise eine produktübergreifende, auf den Bedarf hin optimierte Problemlösung. Diese Gesamtkundensicht wird für das Unternehmen selbst in Zukunft von betriebswirtschaftlich größter Bedeutung sein, denn nur so wird man Selektions- und Ertragsgesichtspunkte richtig berücksichtigen können.

Bereits diese Beispiele machen deutlich, daß gerade die attraktivsten Markt- und Kundensegmente nur noch mit überlegener technologischer Kompetenz zu besetzen und zu halten sein werden.

3.4 Flexible und prozeßorientierte Arbeitsorganisation

Die Orts- und Zeitunabhängigkeit des Kommunikationsprozesses aufgrund moderner Telekommunikationstechnologie eröffnet neue Formen der personellen und arbeitsorganisatorischen Kooperation. Eine Vielzahl von Ansätzen wird hier in der Öffentlichkeit diskutiert und auch inTestfeldern erprobt. Vielleicht haben sie von dem

Großversuch „SMART VALLEY" in Kalifornien, dem Time Warner-Projekt in Orlando/Florida, aber auch von ersten Überlegungen in Deutschland (Freiburg, Bayern, DeTeBerkom Berlin) gehört. Allen Testfeldern ist gemeinsam, die Möglichkeiten und Auswirkungen dieser neuen Technologien auf den Menschen und seine Arbeitsorganisation zu erproben.

Aber auch schon heute können unterschiedliche Formen der problembezogenen Zusammenarbeit von Spezialisten, von der Task Force bis zum ganz normalen Projektteam (z.B. Videokonferenzen, E-Mail, Internet), unabhängig von lokalen und zeitlichen Beschränkungen realisiert werden. Die arbeitsorganisatorischen Möglichkeiten lassen sich auf vielfältige Weise flexibel gestalten und unterstützen, z.B. verstärkte Heimarbeit, Job-Sharing bzw. flexible Teilarbeitszeit bis hin zur Geschäftsvorfallbearbeitung in internationaler Arbeitsteilung, die z.B. lokale Kompetenz und Lohnkostenunterschiede berücksichtigt.

3.5 Bedeutung unternehmensübergreifender Kooperationen

In vielen Unternehmen - auch in der Versicherungswirtschaft - laufen gegenwärtig Prozesse, die strukturelle und organisatorische Veränderungen mit sich bringen und zukünftig zu einer neuen oder modifizierten Rollenverteilung zwischen Unternehmen und Kunden führen werden. Die Unternehmen besinnen sich auf ihre Kernkompetenzen, um dort unter den Aspekten Kosten, Flexibilität und Qualität operative Spitzenleistungen anzustreben. Neben organisatorischen Maßnahmen gewinnt daher die Auslagerung nicht wettbewerbsrelevanter Funktionen an externe Marktpartner (z.B. Büromaterialbeschaffung, Lagerverwaltung, Drucksachenwesen, Reisedienste usw.) zunehmend an Bedeutung.

Umgekehrt ist diese Entwicklung auch für die Versicherungsunternehmen von Interesse, weil sie z.B. von anderen Industrieunternehmen versicherungsnahe Funktionen als Teil ihrer Serviceleistungen übernehmen können (z.B. Altersversorgungseinrichtungen, Betriebskrankenkasse, Versicherungsdienste, Risikomanagement).

Bereits heute bietet die Allianz als neue Dienstleistung den Pensions-Service an. Die immer kompliziertere Verwaltung betrieblicher Versorgungswerke wird vor allem für mittelständische Unternehmen zu teuer. In den Versorgungswerken wächst die Zahl der Rentner und damit der Verwaltungsaufwand - von betriebsfremden arbeits-, steuer- und EU-rechtlichen Erschwernissen abgesehen. Die Auslagerung der Verwaltung zu Spezialisten bietet sich an.

Diese Leistungsbeziehungen haben meist langfristigen Charakter, so daß die höhere Sicherheit und Zuverlässigkeit dieser unternehmensübergreifenden Kooperationen einen intensiven Informationsaustausch voraussetzen, der wiederum nur durch Einsatz von Telekommunikationstechnologie erreicht werden kann. Erst sie schafft auch die Grundlage für schnellen, zuverlässigen und kostengünstigen Transfer der Datenvolumina. So wird diese Entwicklung sich in Richtung einer stärkeren Vernetzung von Unternehmen bis hin zur Bildung von elektronischen Märkten fortsetzen.

4. Synthese von Telekommunikation und Versicherungsgeschäft

Um den genannten strategischen Folgerungen, die sich aus dem Wandel der Versicherungswirtschaft ergeben, operativ gerecht werden zu können, ist der Einsatz moderner Telekommunikationstechnologie erforderlich.

4.1 Ermitteln der kundenspezifischen Sicherungsbedürfnisse und Risikoprofile

Im Vergleich zu anderen Dienstleistungsindustrien beherrschen Versicherungen das Zielgruppenmarketing ausgesprochen schlecht. Im Vergleich mit großen Versandhäusern und Markenartikelunternehmen ist der Stand der Versicherungsunternehmen eher bescheiden. Die Richtung aber ist klar: auch die Versicherungsunternehmen müssen zu einer produktübergreifenden Integration von Kundeninformationen kommen, die verbunden ist mit akquisitionsrelevanten sozio-demographischen Merkmalen und risikorelevanten Angaben. Dies erfordert auch die flexible Bündelung verteilt lokalisierter Daten und Angaben für integrierte Marketing- und Kundenbetreuungszwecke. Wenn bereits heute ein großes Kreditkartenunternehmen auf eine allgemeine Kundenzeitschrift zugunsten individuell auf den jeweiligen Kunden und dessen Verhalten zusammengestellter Informationen verzichtet, ist diese Leitlinie sicher verständlich.

Für die Versicherungswirtschaft bedeutet dies beispielsweise, daß mittels mikrogeographischer Marktsegmentierung und dem Abgleich mit den Schadens- und Risikenbeständen Neukunden-, Unterversicherungs- und Risikopotentiale identifiziert werden können, wobei die Kundensegmente homogen, quantifizierbar und vor allem lokalisierbar sind. Mit diesem Wissen kann der Außendienst gesteuert werden, die Tarifierung modifiziert, Kundengruppen gebildet oder Direct-Mailing durchgeführt werden.

Risikomanagement (Selektion, Risikoanalyse), Geschäftssteuerung und die laufende Analyse und Bewertung des Geschäftsportfolios unter Ertrags- und Risikogesichtspunkten muß der Komplexität und Dynamik des Marktes angepaßt sein. Neben der notwendigen Datenbasis müssen hier vor allem die gesamthafte Betrachtung aller risiko- und entscheidungsbeeinflussenden Parameter miteinbezogen werden. Damit sind nicht nur ex-post-Betrachtungen möglich, sondern auch eine vorausschauende aktive Geschäftssteuerung (as if, Simulationen).

4.2 Erfüllen kundenspezifischer Kommunikationsbedürfnisse

Eine immer größere Zahl von Produkten kann aufgrund ihrer Komplexität oder der Kundenansprüche ohne informationstechnische Unterstützung nicht mehr marktgerecht angeboten werden. Wenn man sich z.B. die differenzierten Produktentwicklungen im Auto- und Lebensbereich ansieht, wird deutlich, daß bei noch mehr Vielfalt der Tarifmerkmale die Grenzen des „konventionell Machbaren" (z.B. Tarifbuch in Papier) sehr schnell erreicht sind. Dies gilt auch unter Vertriebsgesichtspunkten, wenn man an die logistische Verteilung dieser Produktunterlagen denkt.

Komplexer werdende Produkte verlangen nicht nur eine schnelle und gründliche Ausbildung des Innen- und Außendienstes, sondern auch die Produktpräsentation gegenüber den Kunden muß verständlich sein. Durch moderne Informations- und Kommunikationsmöglichkeiten, die Text, Grafik, Foto, Sprache und Bewegtbild kombinieren, kann diese Forderung erfüllt werden. Computer Based Training, Versicherungsangebote auf Online-Medien wie dem Internet oder Versicherungsvergleiche auf CD-ROM, sind hierfür Beispiele.

4.3　Etablieren eines Managements global vernetzter Systeme

Im Wettbewerb mit der Gruppe von Versicherungsunternehmen, die sich auf dem Segment „Industrieversicherungen" tummeln, wird zunehmend die Fähigkeit wichtig werden, mit Hilfe vernetzter Systeme weltweit koordinierte Dienstleistungen für die Kunden zu erbringen. Auch die Steuerung von länderübergreifenden Geschäftsportfolios/Deckungssystemen und Risikopotentialeinschätzungen (z.B. Erdbeben) wird nur über länderübergreifende Systeme sicherzustellen sein. Die hierfür erforderliche Kompetenz im Management global operierender Infrastrukturen bzw. Anwendungssysteme ist als wichtiger strategischer Faktor anzusehen.

4.4　Erhöhen der Innovations- und Reaktionsfähigkeit

Der enge Zusammenhang zwischen Informations- und Kommunikationstechnologie und Versicherungsprodukt bedingt eine hohe Abhängigkeit der Innovations- und Reaktionsfähigkeit von der technologischen Kompetenz. Vor dem Hintergrund der vorgenannten Beispiele ist offensichtlich, daß Schnelligkeit, Flexibilität und Kosten dieser Systementwicklung zukünftig über die Fähigkeit zur rechtzeitigen Einführung neuer Produkte und damit über die Sicherung von Pioniervorteilen in den Märkten entscheiden.

5.　Wichtige Komponenten einer Informations- und Kommunikationsstrategie

5.1　Telekommunikations-Netz

Das Netz bildet die unterste technische Ebene, die die notwendigen Voraussetzung für das Zusammenwirken der übrigen Infrastrukturen schafft. Darüber hinaus wird es jedoch immer mehr zu einer entscheidenden Komponente von Qualität (Verfügbarkeit) und vor allem Reichweite der Marktpräsenz.

Die ursprüngliche Aufgabe der Anbindung des unternehmensweiten Innen- und Außendienstes im nationalen Maßstab tritt daher zunehmend in den Hintergrund. Immer wichtiger und unter strategischen Marktgesichtspunkten gesehen wird die Vernetzung zwischen den unterschiedlichsten Vertriebsstellen (z.B. eigener Außendienst, Makler, Banken), fremde Rechen- und Verarbeitungszentren sowie die Anbindung der Kunden selbst auf nationaler wie internationaler Ebene.

Damit ergeben sich völlig neue Anforderungen an die Dimension Leistung und Größe, Qualität, Flexibilität und Schnelligkeit des Netzes:

- wachsende qualitative Anforderungen ergeben sich zunächst aus der Abhängigkeit jedes VU von einem ständig verfügbaren, zuverlässigen und vor allem sicheren Informationsaustausch zwischen beliebigen Lokationen, zwischen verschiedenen Übertragungswegen (z.B. Wählleitungen, festgeschalteten Leitungen, Satelliten- und Funkwegen) und -techniken, unterschiedlichen Protokollen und Hardware- und Software-Komponenten.
- Die höheren Leistungsanforderungen resultieren aus der wachsenden Zahl an Netzteilnehmern sowie den steigenden Ansprüchen an die Übertragungsgeschwindigkeiten und -volumina.
- Die zunehmende geschäftliche Bedeutung stellt schließlich besondere Anforderungen an die Flexibilität des Netzes und an ein kostengünstiges Netzmanagement.

Folgende Beobachtungen geben einen Eindruck von den Größendimensionen bei der Allianz: wie viele Terminals weltweit am offenen Allianz-Netz angeschlossenen sind, läßt sich bereits nicht mehr feststellen; für Deutschland rechnen wir mit ca. 80.000 Allianz-internen Online Terminals mit ca. 8 Mio. Transaktionen täglich. Nicht eingerechnet sind hier die über diverse Rechnerverbünde bereits heute angeschlossenen Kunden- und Vertriebsterminals anderer Partner. Allein die Betreuungs-, Wartungs- und Logistikprobleme für diese Vielzahl von Netzwerkkomponenten erfordern eigene Konzeptionen und personelle Infrastrukturen.

5.2 Multimedia-Technik

Neue Informations- und Kommunikationstechnologie hebt die Grenzen von Raum und Zeit auf. Unter Multimedia versteht man die Kombination von Text, Grafik, Foto, Sprache und Bewegtbild, so daß Kommunikation und Information in digitalisierter Form besser verständlich und einprägsamer sind. Die Grundidee ist dabei, daß die Teilnehmer an jedem beliebigen Ort (zu Hause, im Büro) Zugang zu allen möglichen Diensten ohne Wartezeiten haben, selbst diese Dienste beliebig abrufen und interaktiv kommunizieren können.

Drei Typen von Multimedia-Techniken sind zu unterscheiden:

Offline CD-ROM: Bei Anwendung der CD-ROM-Technik ist die Interaktion des Teilnehmers auf den Datenbestand beschränkt, der mit der CD-ROM ausgeliefert wird. Mit einem PC inklusive CD-ROM Laufwerk kann der Nutzer auf diese Daten zugreifen. Die Speicherkapazität einer CD-ROM ist aber so umfangreich, daß z.B. interaktives Shopping schon heute realisiert werden kann (z.B. Otto-Versand). Der Kunde kann interaktiv seinen Warenkorb zusammenstellen, die Zahlungs- und Lieferungsweise auswählen bzw. ausdrucken.

Online PC: Der Teilnehmer stellt über Modem eine Verbindung zwischen seinem PC und dem Anbieter von elektronischen Diensten her. Teilnehmer und Dienstleister sind über Netze verbunden und der Datenaustausch kann jederzeit ohne Wartezeit in beide Richtungen durchgeführt werden.

Online interaktives TV: Auch bei dieser Technik sind Teilnehmer und Dienstleister über ein Netz miteinander verbunden. Das Endgerät des Teilnehmers ist dabei das TV-Gerät oder (künftig) ein videofähiger PC, über die auch die Interaktion läuft.

Spätestens nach Aufgabe des Netz- und Telefondienstmonopols wird die Öffnung für private Anbieter Wettbewerb schaffen und Marktkräfte freisetzen (wie dies deutlich die Entwicklung des Mobilfunks zeigt) und die elektronische Vernetzung auch mit dem Kunden deutlich beschleunigen. Auf diesen neuen physischen Infrastrukturen werden künftig vertikale (d.h. zunächst unternehmensunabhängige) und firmenspezifische Dienste (z.B. Videokonferenz, E-Mail, Video on Demand; Informations- und Angebotsdienste) entwickelt und angeboten.

Mit den neuen Techniken entstehen auch neue Distributionskanäle. Die Kundeninteraktion und der „Point of Sale" verlagern sich immer mehr in die Privatsphäre des Kunden auf dessen heimischen PC oder TV-Gerät. Schon heute bieten Online-Dienste Versicherungsprodukte an. Der Kunde wählt zu Hause ohne Vertreterkontakt das für ihn passende Produkt aus, gibt interaktiv seine persönliche Daten an und spezifiziert Tarifmerkmale und Vertragsbedingungen. Über Modem und Leitungsnetzen wird mit der Versicherung kommuniziert und gegebenenfalls eine Police abgeschlossen.

Die Auswirkungen der Multimedia-Technik auf die Versicherungswirtschaft sind vielfältig. Schon heute werden Versicherungen über den Vertriebskanal Online-Dienst verkauft (vgl. Internet), Versicherungsvergleiche auf CD-ROM angeboten (vgl. WISO) oder Versicherungsprodukte werden über Videotext präsentiert.

Aus strategischer Sicht ist es entscheidend, möglichst ohne Zeitverzug attraktive Leistungen bereitzustellen, denn spätere Anbieter können hier nur durch Preiszugeständnisse Boden wieder gutmachen.

Drei Beispiele sollen skizzieren, wie Multimedia-Technik bei der Allianz eingesetzt wird

– mit Computer Based Training wird die innerbetriebliche Aus- und Weiterbildung beschleunigt und trotzdem gründlich durchgeführt,

– über Videokonferenzen sollen verschiedene Standorte der Allianz miteinander verbunden werden. In Testfeldern werden z.Zt. mehrere Telekonferenzanlagen bis hin zu PC-Einzelplatzsystemen erprobt,

– demnächst wird es in mehreren Allianzfilialen ein interaktives Schaufenster geben.

5.3 Zentrale Kompetenz-Center

Rechenzentren
Die Rolle und die technisch-wirtschaftliche Angemessenheit der klassischen Rechenzentren werden von vielen sogenannten Experten seit einiger Zeit kritisch hinterfragt.

Die Leistungssprünge der Rechnertechnologie, die veränderten und anspruchsvoller werdenden Anwendungen und die Forderung nach einem Heranbringen der Rechenleistung an den Benutzer werden häufig als Argumente für die Dezentralisierung von Technik bis hin zur Auflösung zentralisierter RZ-Einheiten angeführt.

Aufgrund der zunehmenden Verflechtung der Produkte und Märkte erfordert eine effektive Geschäftssteuerung eine zeitnahe Integration aller relevanten Informationen. Dies gilt vor allem unter einer Gesamtsicht Kunde. Zentralisierte Anwendungen wie z.B. zentralisiertes Inkasso oder Multimedia-Anwendungen aber auch der für unsere Industrie wichtige Aspekt der Sicherheit, der bautechnische Maßnahmen, weitgehend automatisierte Back-up-Systeme, organisatorisch abgesicherte Prozeduren und nicht zuletzt qualifiziertes Personal für das Systemmanagement erfordert, implizieren eine Zentralisierung. Das Kompetenz-Center Rechenzentrum verändert seine Rolle, behält aber seine Bedeutung.

Indem Telelekommunikation die Begrenzung von Raum und Zeit aufhebt, schafft sie die Möglichkeit, Steuerung, Rechenleistung und Speicherkapazitäten zu trennen. Beispielsweise verbleiben an einem Allianz-Standort die Speichermedien, während in einem anderen die Rechenkapazität zentralisiert wird. Den physischen Druck haben wir komplett in unserem Rechenzentrum München zentralisiert, gesteuert wird der Druck selbstverständlich von den Zweigniederlassungen aus.

Die Allianz beschreitet - ähnlich wie Großunternehmen anderer Industriezweige - derzeit einen klaren Kurs der Konsolidierung und Konzentration. Nur so sehen wir die Möglichkeit gewahrt, betriebswirtschaftlich vernünftige Lösungen zu erreichen, Zukunftssicherheit und Betriebssicherheit zu gewährleisten, einen hohen Servicegrad für unsere unterschiedlichen Kunden zu bieten und Leistungen zu realisieren, die man selbst nur über Mengen erreichen kann.

Call-Center
Call-Center bieten die Möglichkeit an einem Ort, wobei dieser im Prinzip frei gewählt werden kann, Telefon-Serviceleistungen zu zentralisieren. Die zwei entscheidenden Vorteile sind Erhöhung der Erreichbarkeit und optimale Nutzung der Ressourcen. Das Allianz-weite Vertreterinformationssystem haben wir aus den Rechenzentren ausgelagert und am Standort Berlin-Köpenick zentralisiert. Neben dem telefonischen Informationsservice sind weitere drei Hauptmodule in unserem Call-Center integriert:

1. *Ein Anrufmanagement*, mit dem Anrufer automatisch identifiziert werden, präventive Anruferinformationen gegeben werden und die Anrufe intelligent verteilt werden (Warteschlangenmanagement, automatische Anpassung an Laständerungen, zeitgesteuerte Aufträge, freie Definition von VIP-Nummern).
2. *Eine Voice Response Unit*, die einen Informationszugang mit Sprachkommandos ermöglicht und Benutzeridentifikationen überprüft. Ansagetexte können online aufgenommen und verändert werden, Routineanrufe werden automatisch abgewickelt und Rückrufaufträge können erstellt werden.
3. *Ein Problemverfolgungssystem*, das alle Anrufe und die angesprochenen Probleme dokumentiert, wobei der Status der Problemlösung jederzeit abgefragt werden kann.

5.4 Informations- und Kommunikationssysteme vor Ort

Angesichts der Kostensituation, der Forderung nach Flexibilität und Schnelligkeit auf Markt- und Kundenerfordernisse zu agieren und zu reagieren, ist eine intelligente und effiziente Kombination personeller und technischer Leistungspotentiale erforderlich. Um z.B. ein erfolgreiches Schadenmanagement zu erreichen, das einerseits eine schnelle und abschließende Schadenregulierung aus Sicht des Geschädigten ermöglicht, andererseits auf Aufwand, Kosten und Zeit aus Sicht des Unternehmens Einfluß zu nehmen in der Lage ist, wird nur im optimalen Zusammenspiel von Technik und Menschen möglich sein. Grundvoraussetzung sind aber Informations- und Kommunikationssysteme, die eine Schadensbeurteilung und -regulierung vor Ort unterstützen. Zwei Beispiele mögen dies verdeutlichen:

Die Allianz beschleunigt in der Autoversicherung die Reparaturkostenkalkulation noch einmal deutlich. Sie stattet etwa 600 eigene Kfz-Sachverständige mit Pen-PCs aus, mit denen diese bei Besichtigung unfallbeschädigter Kraftfahrzeuge vor Ort innerhalb weniger Minuten den Schaden kalkulieren und das entsprechende Gutachten erstellen und ausdrucken lassen können. Die Werkstatt kann dann sofort mit der Reparatur beginnen. Das von der Allianz eingesetzte System könnte man als mobile Schadenschnelldienststation bezeichnen. Die Vorteile liegen auf der Hand: Doppelte Datenerfassung in Papierform und Terminaleingabe entfallen. Sind die Daten einmal im Pen-PC erfaßt, können sie sofort an den Großrechner zur Berechnung des Gutachtens übertragen werden. Die Software auf dem Pen-PC kontrolliert selbständig viele Eingaben auf Plausabilität und warnt entsprechend bei Falscheingaben. Reparaturarten werden auf logische Zusammenhänge überprüft und Vorgaben automatisch abgefragt. Damit werden eine Reihe von Fehlerquellen ausgeschlossen. Die Erfassung und Kalkulation der Schäden wird mit dem Pen-PC präziser und sicherer. Die Abwicklung der Schäden beschleunigt sich und reduziert dadurch auch die durchschnittlichen Schadenskosten.

Auch im Schadenaußendienst im Nicht-Kraftbereich setzt die Allianz z.Z. in einem Pilotfeldversuch innovative Technik ein. Ausgestattet mit einem Notebook mit integriertem Drucker, einer Kommunikationsschnittstelle über Datex-P und einem Datenaustausch über Terminal-Emulation realtime mit der Schaden-Anwendung am Host bearbeitet der Regulierer den Schaden vor Ort. Auch hier liegen die Vorteile auf der Hand: Der Regulierer wird ohne Wartezeiten sofort über einen Auftrag informiert. Er wird bei der Ermittlung des Schadengrundes und der Schadenhöhe EDV-technisch unterstützt und der Regulierungsbericht wird automatisch erstellt. Zusätzlich werden Informationen ber Risikoanalyse und -kalkulation elektronisch erfaßt, der Innendienst kennt den Stand der Schadenbearbeitung und Doppelarbeiten werden vermieden.

Zum Tragen kommen solche Technologien nicht nur dann, wenn sie technisch ausgereift sind, sondern wenn sie eingebunden sind in eine integrierte Vorgangsbearbeitung, die sich nicht am Ist-Zustand orientiert, sondern bei der die Informationsflüsse durch Prozeß- und Kundenorientierung optimiert worden sind.

6. Fazit

Der Titel des Referats lautete: Versicherungswirtschaft im Wandel - Telekommunikation im Veränderungsprozeß der Versicherungsunternehmen. Ich hoffe, es ist deutlich geworden, daß die modernen Informations- und Kommunikationstechnologien, vor allem aber die Telekommunikation unter den veränderten Rahmenbedingungen in der Versicherungswirtschaft eine bedeutende Rolle spielen wird. Wir müssen nutzen, was diese Informationstechniken hergeben. Es fließen nicht nur die Grenzen von Raum und Zeit. Die elektronische Verbindung hält sich an keine Vorgabe und bestimmte Vertriebswege. Internationale Netze bieten jedem PC einen Zugang und machen ihn zum potentiellen Verkaufspunkt auch für Versicherungsprodukte. Der Begriff vom Standort füllt sich mit neuem Inhalt. Niemand kann heute vorhersagen, wann und wo welches Medium wie erfolgreich genutzt werden wird. Sicher ist nur, daß man einen Rückstand nie wieder aufholt; das bedeutet: rechtzeitig die Weichen stellen, denn: wer heute nicht an übermorgen denkt, ist morgen schon von gestern.

Telekommunikation als Instrument des Wettbewerbs

Manfred Schlottke

Ausgangspunkt der Überlegungen, sich mit der Telekommunikation und insbesondere mit den organisatorischen Möglichkeiten und damit dem wirtschaftlichen Nutzen eines Corporate Networks zu befassen, war die bekannte Korrelation von Bruttosozialprodukt und Telefondichte (Bild 1). Die ersten Arbeiten zielten darauf ab, den volkswirtschaftlichen Nutzen und Zusammenhang auf eine betriebswirtschaftliche Ebene abzuleiten, um damit die unmittelbaren Nutzenüberlegungen für ein einzelnes Unternehmen darzustellen.

Zielrichtung der Überlegung war also von Anfang an nicht nur der einschränkende Blick auf die reinen Kostensenkungsmöglichkeiten durch den Einsatz dieser Technik, sondern vielmehr die Frage, welcher Wettbewerbsnutzen sich darstellen läßt. Dieser Ansatz war auch deswegen angebracht, da 1989 bereits bekannt war, daß die europäische Versicherungswirtschaft sich ab dem 1. Juli 1994 im Rahmen der Deregulierung neu positionieren muß.

Weiterhin zeigte die Deregulierung und Liberalisierung im Telekommunikationsmarkt eine Reihe von neuen Produkten und Einsatzmöglichkeiten auf. Die Harmonisierungsbestrebungen in der Europäischen Union und das erste Poststrukturgesetz in Deutschland ließen neue Märkte und Möglichkeiten erkennen.

Mit der Umsetzung der Richtlinie der Europäischen Kommission vom 28. Juni 1990 über den Wettbewerb auf dem Markt für Telekommunikationsdienste (90/388/EWG) in deutsches Recht zum 1. Januar 1993 hat sich der Anwendungsbereich für Corporate Networks erweitert.

Corporate Networks sind unternehmenseigene Netze (Daten, Sprache, integrierte Sprach-/Datenanwendung), die von dem Unternehmen selbst und nicht von der Deutschen Telekom betrieben werden. Bis zum 01.01.93 waren Corporate Networks bereits für Datenkommunikation im und zwischen verschiedenen Unternehmen zulässig. Lediglich im Sprachbereich gab es Einschränkungen. Die Übertragung von Sprache war nur innerhalb eines Unternehmens erlaubt, nicht aber in einem Verbund rechtlich selbständiger Unternehmen. So konnte ein Unternehmen mit verschiedenen unselbständigen Niederlassungen in Deutschland ein privates Sprachübertragungsnetz zwischen den einzelnen Niederlassungen aufbauen. Dies war aber nicht möglich zwischen verbundenen, d.h. rechtlich selbständigen Unternehmen. Seit dem 01.01.93 wurden die Verwendungsmöglichkeiten für Corporate Networks erweitert. Es ist jetzt möglich, ein Sprachübertragungsnetz zwischen rechtlich selbständigen Unternehmen zu betreiben, die verbundene Unternehmen im Sinne des § 15 AktG sind. So kann nach der neuen Regelung z. B. Sprachübertragung über ein Corporate Network zwi-

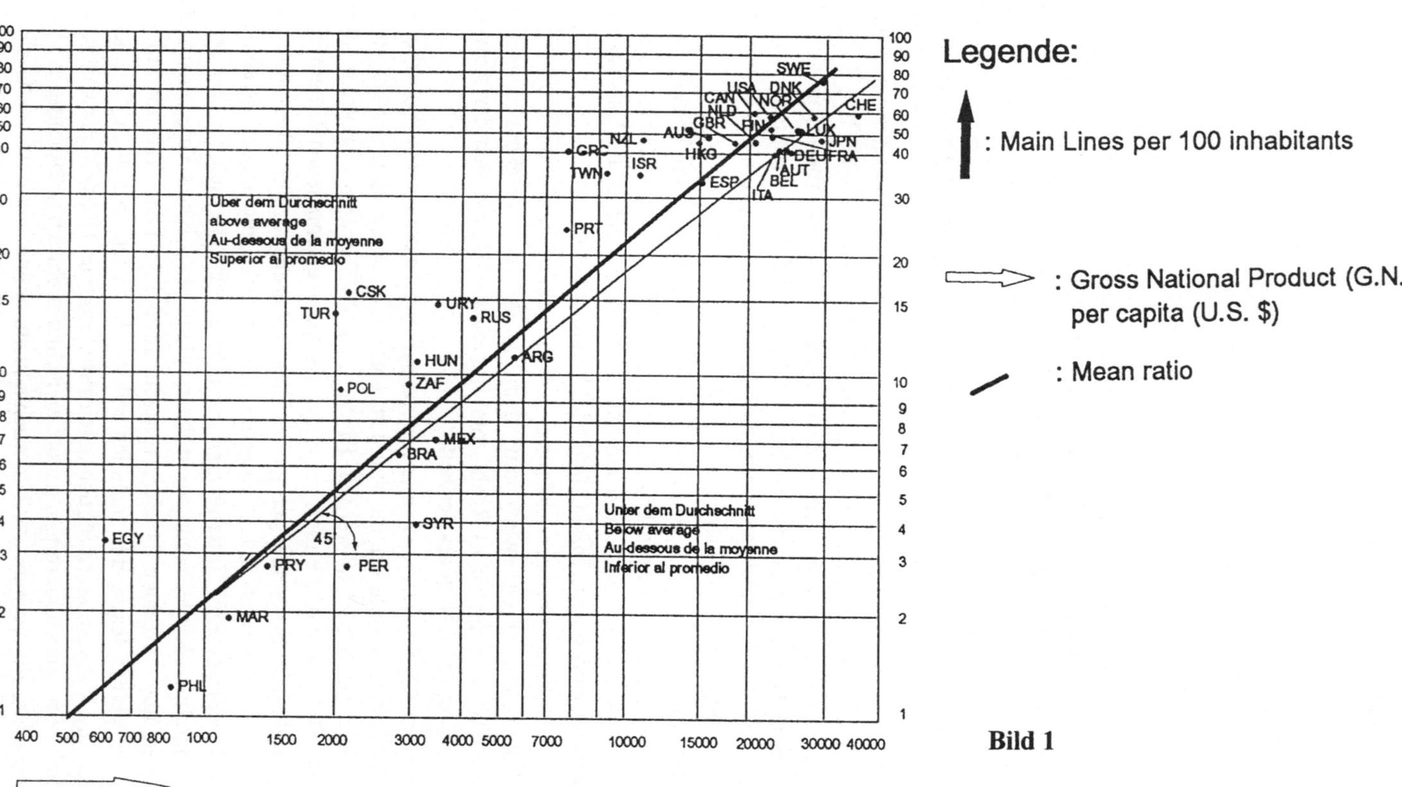

Legende:

: Main Lines per 100 inhabitants

: Gross National Product (G.N.P.)
per capita (U.S. $)

: Mean ratio

Bild 1

schen zwei rechtlich selbständigen Unternehmen eines Konzerns betrieben werden. Neben dieser Vermittlung von Sprache für andere zwischen zusammengefaßten Unternehmen, für die eine Allgemeingenehmigung von dem Bundesminister für Post und Telekommunikation erteilt wird, besteht seit dem 01.01.93 zusätzlich die Möglichkeit der Vermittlung von Sprache für einen abschließend festgelegten Kreis von Teilnehmern. Die Vermittlung darf nicht kommerziell und nicht für die Öffentlichkeit erfolgen. Es können z. B. bestehende und potentielle Kunden das Corporate Network des Unternehmens benutzen, dessen primäre Leistung die Kunden erwerben wollen.

Die durch die Umsetzung der EG-Richtlinie teilweise Liberalisierung des Telekommunikationsmarktes stellt lediglich den ordnungspolitischen Rahmen für die wirtschaftliche Nutzung von Corporate Networks dar. Um für Unternehmen eine verbesserte Wirtschaftlichkeit zu erzielen, ist eine adäquate Telekommunikationstechnik erforderlich, welche die ökonomischen Möglichkeiten des Corporate Network nutzt.

Hierfür adäquate Telekommunikationssysteme sind durch die Digitalisierung und die Entwicklung leistungsfähiger Multiplexer gegeben.

Darüber hinaus waren auch Neustrukturierungsansätze der Versicherungswirtschaft zu erkennen (Bild 2). Vor diesem Hintergrund entstanden also die Überlegungen. Allerdings mußte auch gleichzeitig festgestellt werden, daß es am Markt noch keine Konzepte für derartige Überlegungen zu kaufen gab und darüber hinaus erkennbar wurde, daß eine Reihe von Produkten für die Realisierung eines solchen Vorhabens noch nicht verfügbar waren (Bild 3).

Die Versicherungswirtschaft in Deutschland, die sich auf das Europa 1994 vorbereitete, stellte einen beachtlichen Wirtschaftsfaktor dar. Etwas über 100 Versicherungsgruppen erwirtschaften ein Beitragsaufkommen von rd. 200 Mrd. DM im Jahr, verwalten rd. 900 Mrd. DM Kapitalanlagen und beschäftigen etwas über 300.000 Arbeitnehmer. In der Rangliste der Versicherungen liegt die R+V Versicherungsgruppe (R+V steht für Raiffeisen und Volksbanken) in Deutschland auf der Position 4, bezogen auf das jährliche Beitragsaufkommen. Geschäftsgegenstand sind alle Versicherungssparten einschließlich der Rückversicherung. Im Gegensatz zu anderen Unternehmen wird der Vertrieb der Versicherungsprodukte überwiegend über ein Bankstellennetz betrieben. Je nach Sparte werden 50 - 80 % des Beitragsaufkommens von der genossenschaftlichen Bankengruppe, also den Volksbanken und Raiffeisenbanken, erarbeitet (Bild 4). Die technische Bearbeitung des Geschäftes erfolgt über zentrale Rechensysteme. Rechnerkapazität und externer Speicherplatz sind in den letzten Jahren entsprechend der rasanten Geschäftsausweitung stark gestiegen. Diese Aspekte müssen bei Telekommunikationsplanung mit berücksichtigt werden, da es einen direkten Zusammenhang zwischen Rechnerkapazität und Speicherplatz einerseits und der benötigten Telekommunikationsleistung - hier also auch der Bandbreite - gibt (Gesetz von Ruge). Im Bereich der Telekommunikation wurde in der R+V Versicherung schon vor 6 Jahren begonnen, auf eine einheitliche Siemens-Hicom-Technik umzustellen (Bild 5). Dieses ist für den Aufbau eines Corporate Network zwar nicht zwingend erforderlich, es hat sich aber gezeigt, daß dadurch unnötige Schnittstellenprobleme vermieden werden konnten und darüber hinaus ein jeweils einheitlicher Software-Stand erreicht werden kann.

Universalbanken
(inkl. Verbundsysteme der Sparkassen und Kreditgenossenschaften)
Assets: 10.200Mrd. DM
Spezialinstitute/ Nischenbanken
(u.a. Wertpapierhäuser, Hypothekenbanken)
Assets: 7.500 Mrd. DM
Postbanken
Assets: 250 Mrd. DM
Auslandsbanken
Assets: 2.400 Mrd. DM
Versicherungen
(Prämieneinnahmen: 430 Mrd. DM)
Kreditkartengesellschaften
(mit 50 Mio. ausgegebenen Kreditkarten)
Automobilhersteller
(Vollbanklizenz)
Verbände
(z.B. ADAC, VISA)
Computernetz- und Datenanbieter
(z.B. IBM, Bundespost-TELEKOM)
10.200 Institute mit 245.000 Stellen
324 Mio. Verbraucher mit einem Anlagepotential von 760 Mrd. DM p.a.
(Bundesrepublik: 151 Mrd. DM) 6.500 Großunternehmen über 1 Mio. Mittelständler

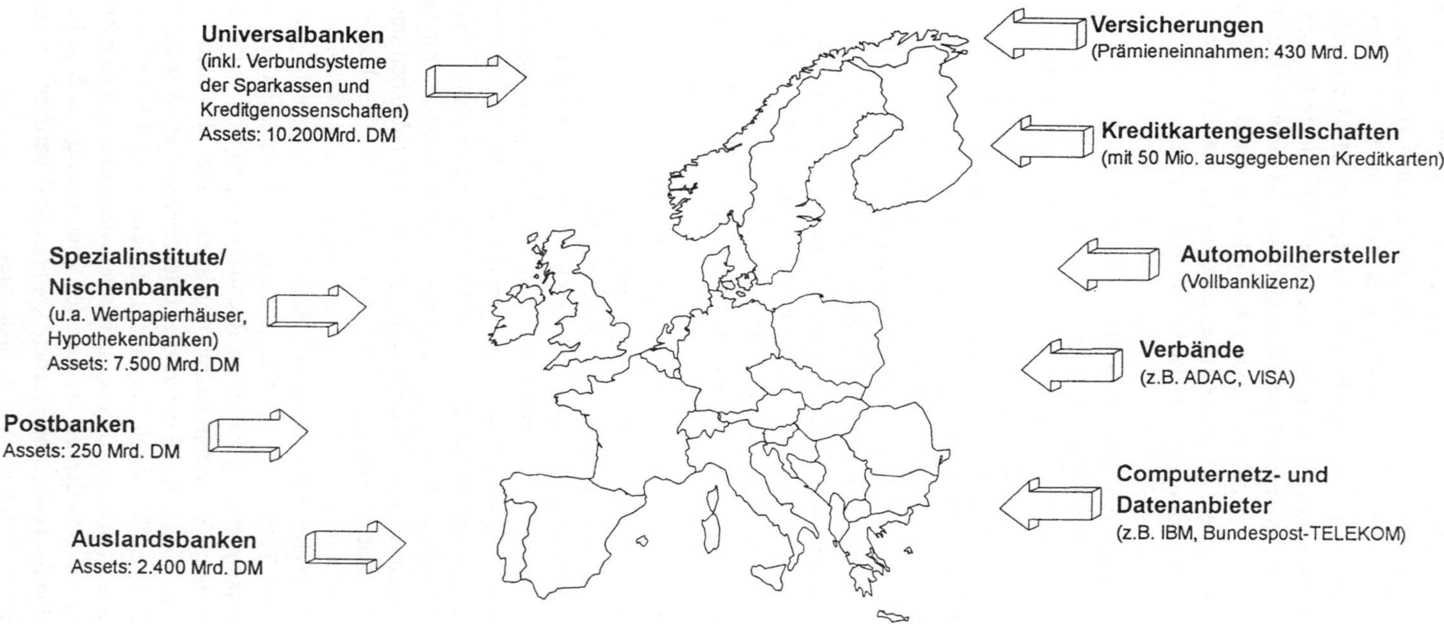

Bild 2

- Deregulierung/Liberalisierung

- EU-Harmonisierung

- Poststrukturgesetz

- Neustrukturierung der Versicherungswirtschaft

- Digitalisierung der Telekommunikation

- Fehlende Konzepte

- Fehlende Produkte

Bild 3

- Hauptverwaltung Wiesbaden mit 15 Niederlassungen
  und 75 Geschäftsstellen in Deutschland

- Vertriebsverbund mit 3000 Volks- und Raiffeisenbanken mit
  20.000 Zweigstellen

- 12.000 Mitarbeiter

- 100 Mrd. DM Lebensversicherungssumme

- Kapitalanlagen von 28 Mrd. DM

- 13 Mio. Versicherungsverträge

- 8 Mrd. DM Beitragseinnahmen

Bild 4

1989	Entscheidung für <u>einen</u> TK-Bereich im Unternehmen
1990	Beginn des Aufbaues (MA-Qualifizierung)
1991	Kommunikationsstudie (Siemens AG)
1992	SIMUX Testfeld
1993	Pilotinstallation Wiesbaden - Stuttgart
1994	Vertrag (Deutsche Telekom - Siemens - R+V) Aufbau des CN bis Ende 1994
1995	Test im Breitbandbereich Organisationsimplementierungen

Bild 5

- Break-even-point   < 3 Jahre
- Übertragungsgeschwindigkeiten von 128 kbit/s, 256 kbit/s, etc. möglich
- Direktion, Filialdirektion und Assistance ist ein Netz, Nutzung der Leistungsmerkmale
- Erreichbarkeit wird erhöht
- Ferngespräche werden größtenteils durch Ortsgespräche ersetzt

Bild 6

❑ Sprach- und Datenanwendungen (sofort)

❑ Video- und Imageanwendungen (kurzfristig)

❑ Ausbaufähigkeit für den gesamten GENO-Verbund muß möglich sein

❑ Integration in leistungsfähigere Techniken muß möglich sein
(> 2 Mbit/s bis > 150 Mbit/s)

❑ Einsparungen gegenüber konventioneller Technik mindestens 20%

❑ Basis für die Umsetzung neuer Organisations- und Ablaufstrukturen

Bild 7

Zu Beginn der Arbeiten wurden die möglichen Vorteile eines Sprach-Daten-Netzes zusammengetragen. Dabei wurde nicht nur die R+V Versicherungsgruppe betrachtet, sondern der mögliche Nutzen unter Einbezug anderer genossenschaftlicher Partner betrachtet. Einen wichtigen Aspekt bildeten auch die Einsatzmöglichkeiten von Schriftgutmanagement-Systemen, also der Image-Speicherung und -Verarbeitung unter zentralen und dezentralen Gesichtspunkten. Kosten-Nutzen-Überlegungen ergaben schon damals, daß der Break-Even-Point nach ca. 2-3 Jahren nach Aufnahme des Netzbetriebes erreicht werden müßte (Bild 6).

Schwerpunkt der Überlegungen blieb jedoch das Ziel, daß es auf dieser neuen technischen Infrastruktur als Basis möglich sein muß, neue Organisationsstrukturen zu implementieren. Gedacht war an neue Service-Center-Konzeptionen für den Kundendienst, Zentralisierung von Schreibdiensten bei dezentraler Nutzung, direkte Anwendungen aus operativen Anwendungssystemen der zentralen Datenverarbeitung, Video-Anwendungen für Antragsannahme und Schadenregulierung sowie die Möglichkeit eines ortsunabhängigen Personaleinsatzes. Der generelle Ansatz war immer, vorhandene Prozesse zu vereinfachen, zu beschleunigen oder sogar ganz wegfallen zu lassen (Bild 7).

Gleichzeitig wurden alle Telekommunikations-Aktivitäten in einer einzigen Organisationseinheit zusammengefaßt. Rückblickend betrachtet hat sich gezeigt, daß dieses ein absolutes Muß ist, um solche Projekte erfolgreich durchführen zu können. Eine kürzlich durchgeführte Untersuchung des Gesamtverbandes der Deutschen Versicherungswirtschaft hat jedoch ergeben, daß noch bei 30 % der Versicherungsgruppen Datenverarbeitung und Telekommunikationstechnik sich in unterschiedlichen Vorstandsbereichen befinden und daß bei nahezu allen Unternehmen Telekommunikationstechnik und Datenverarbeitung auch in einem Vorstandsbereich strikt getrennt sind.

Direktion Wiesbaden
R+V
FEP
TR-GW
Hicom
300
n x 2Mbit/s
CDN
Filiale 2
R+V
Hicom
300
TR-GW
3174
SIMUX
2Mbit/s
Orts- und
Nahbereich
der
jeweiligen
Nieder-
lassungen
Filialdirektion Stuttgart
R+V
SIMUX
Hicom
300
TR-GW
3174
2Mbit/s
Orts- und
Nahbereich
der
jeweiligen
Nieder-
lassungen

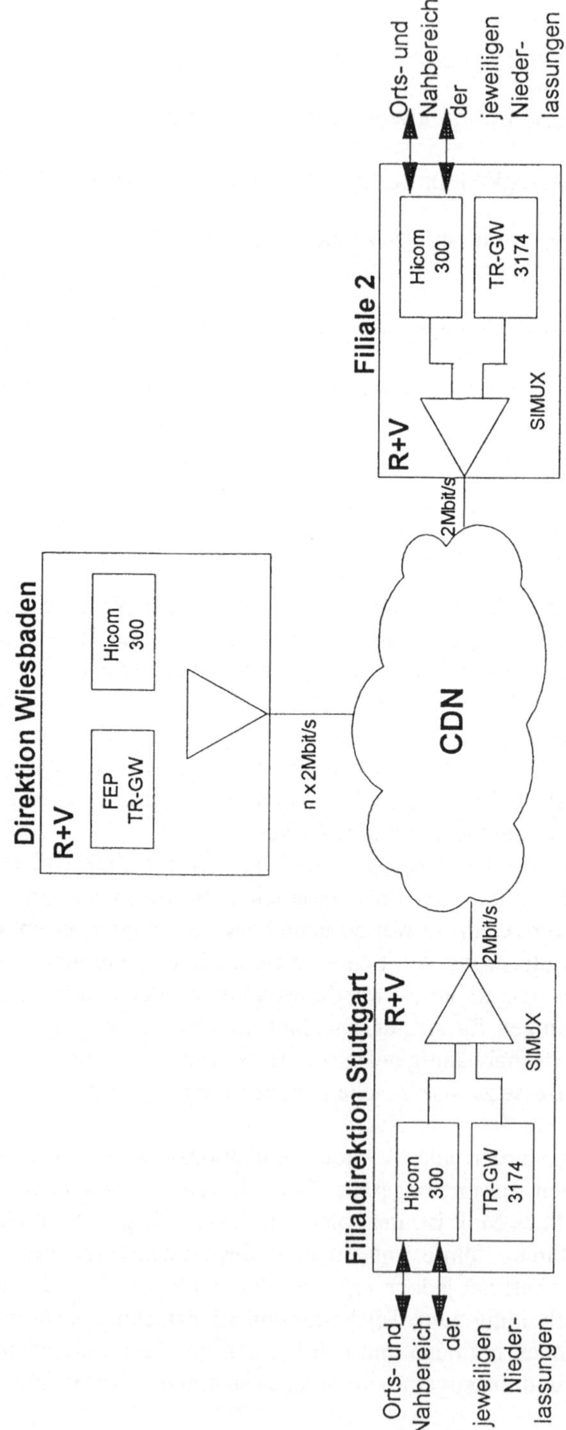

Bild 8

Neben diesen organisatorischen Vorbereitungen wurde gleichzeitig mit einer Mitarbeiter-Qualifizierung begonnen und die Siemens AG beauftragt, eine Kommunikationsstudie zu erarbeiten. Ein wesentliches Ergebnis der Ist-Aufnahme im Rahmen der Kommunikationsstudie war, daß sich die Aufwendungen der Verkehrsgebühren aufteilten in 30 % für Datenkommunikation und 70 % für Sprachkommuniktion. Dieses Ergebnis, d. h. das ermittelte Kosteneinsparungspotential, war die Grundlage für die Entscheidung, unverzüglich mit dem Aufbau eines integrierten Corporate Networks für den Daten- und Sprachbereich zu beginnen.

Anfang 1993 konnte die Pilot-Installation in Betrieb gehen (Bild 8). Anfang 1994 wurde der Vertrag zwischen der Deutschen Telekom, der Siemens AG und der R+V Versicherung abgeschlossen und Ende 1994 wurde das Projekt planmäßig beendet. Es können damit die vorgesehen Organisationsimplementierungen vorgenommen werden.

Bei der Systemauswahl war die Struktur der derzeitigen R+V-Anwendungen zu berücksichtigen. Generell basieren bei R+V die Datenanwendungen auf IBM-Architektur und die Sprachanwendungen auf Siemens Hicom-300-Technik. Die Entscheidung fiel für Simux/Newbridge der Firma Siemens. Die Frage des Netzbetreibers wurde für das Pilotfeld zugunsten des CDN (Customer Dedicated Network) der Deutschen Telekom beantwortet. Die Front-End-Prozessoren des zentralen Datenverarbeitungssystems und die Token-Ring-Gateways einerseits und die Informationsströme aus den Hicom-Systemen andererseits gehen auf das Simux-System und werden gemultiplext an das CDN abgegeben, um am jeweils anderen Ende durch den gleichen Multiplexer-Typ an die entsprechenden Hicom- und DV-Systeme weitergegeben zu werden. Für den Störungsfall dient das ISDN-Netz (Integrated Services Digital Network) der Telekom als Backup (Bild 9).

Der nächste Schritt wird ein gemeinsam mit der Telekom vorbereiteter Breitband-Versuch (vermutlich auf ATM-Basis) am Ort der Hauptverwaltung in Wiesbaden sein, bei dem die verschiedenen örtlich getrennten Verwaltungsgebäude derart miteinander verbunden werden, daß eine LAN-Netzwerk-Koppelung ermöglicht wird und darüber hinaus Images in gewünschter Geschwindigkeit übertragen werden könne. (Bilder 10 und 11).

Die Arbeitsergebnisse haben gezeigt, daß der Nutzen und die Einsatzmöglichkeiten eines Corporate Networks weitaus umfangreicher sind als ursprünglich angenommen werden. Ursächlich hierfür ist die sofortige und gleichzeitige Installation von Sprach- und Datenanwendungen. Video- und Image-Anwendungen können kurzfristig implementiert werden. Neue Organisations- und Ablaufstrukturen bringen generelle Kostenreduzierungen und eine deutliche Erhöhung der Reaktionsgeschwindigkeit. Neue Formen von Kundenservice durch Standort-unabhängige Dienstleistungen im 24-Stunden-Betrieb und überregionale Gesprächsvermittlung zum jeweiligen Spezialisten sind möglich geworden. Dezentrales Beleg-scannen bei zentraler optischer Speicherung und überregionale Nutzung von zentralen elektronischen Archiven in dezentralen Zugriff erhöhen die Auskunftsbereitschaft und Arbeitsgeschwindigkeit wesentlich (Bilder 12, 13 und 14).

Diese Möglichkeiten haben dazu geführt, daß sich viele Unternehmen mit ähnlichen Themenstellungen befassen und daß der Begriff Corporate Network nahezu zu

Dx-P
TELEKOM-DUST
DIR WI
CDN
FD
TELEKOM-DUST
IDN
SIMUX
ISDN
SIMUX
Amt
IDB
3174
HICOM
FD
SIMUX
SIMUX
Amt7
Amt3
ISDN
IDB
IDB
3745
3745
HICOM
HOST
HOST
HICOM
JFK1
JFK2
CTC-HOST
Legende:
CDN   : Customer Dedicated Network
DX-P   : Datex-P Netz
IDN   : Integriertes Text- und Daten Netz
ISDN   : Integriertes Sprach-Daten-Netz
IDB   : ISDN Daten Backup (Taxi-Box)
DUST   : Datenumsetzungsstelle
Host-Kopplung CTC
S2m
X.21- DDV
X.21- Datex-P
SO

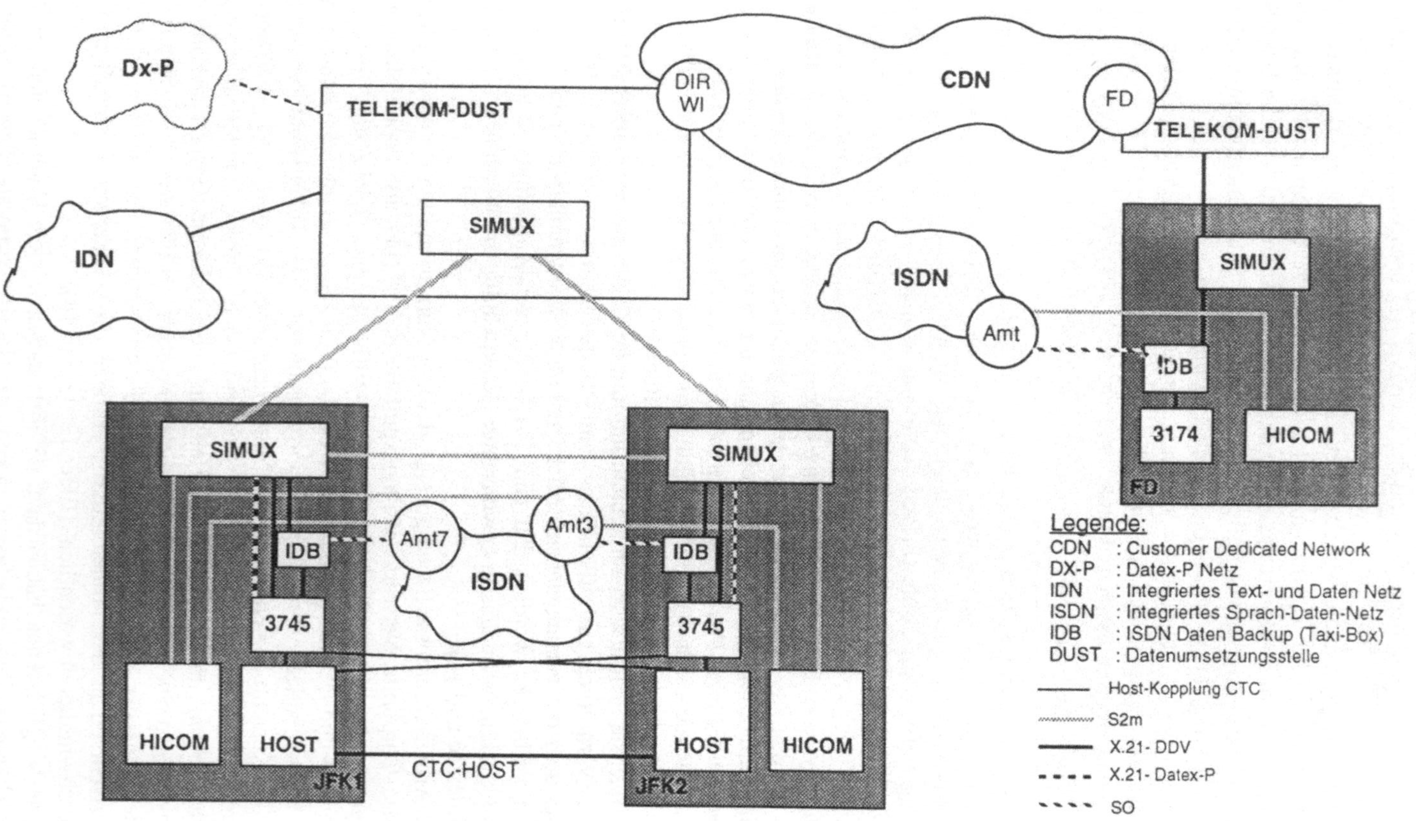

Bild 9

Dx-P
IDN
TELEKOM-DUST
SIMUX
DIR
WI
CDN
FD
TELEKOM-DUST
SIMUX
SIMUX
IDB
3745
Amt7
Amt3
ISDN
SIMUX
IDB
3745
HICOM
HOST
JFK1
CTC-HOST
HOST
HICOM
AL48
SIMUX
HICOM
GW
3174
AL28
Amt7
ISDN
Amt5
Amt3
SIMUX
HICOM
GW
3174
AL11
SIMUX
HICOM
GW
3174
Kureck
LWL
S2m
X.21 - DDV
X.21 - Datex-P
SO

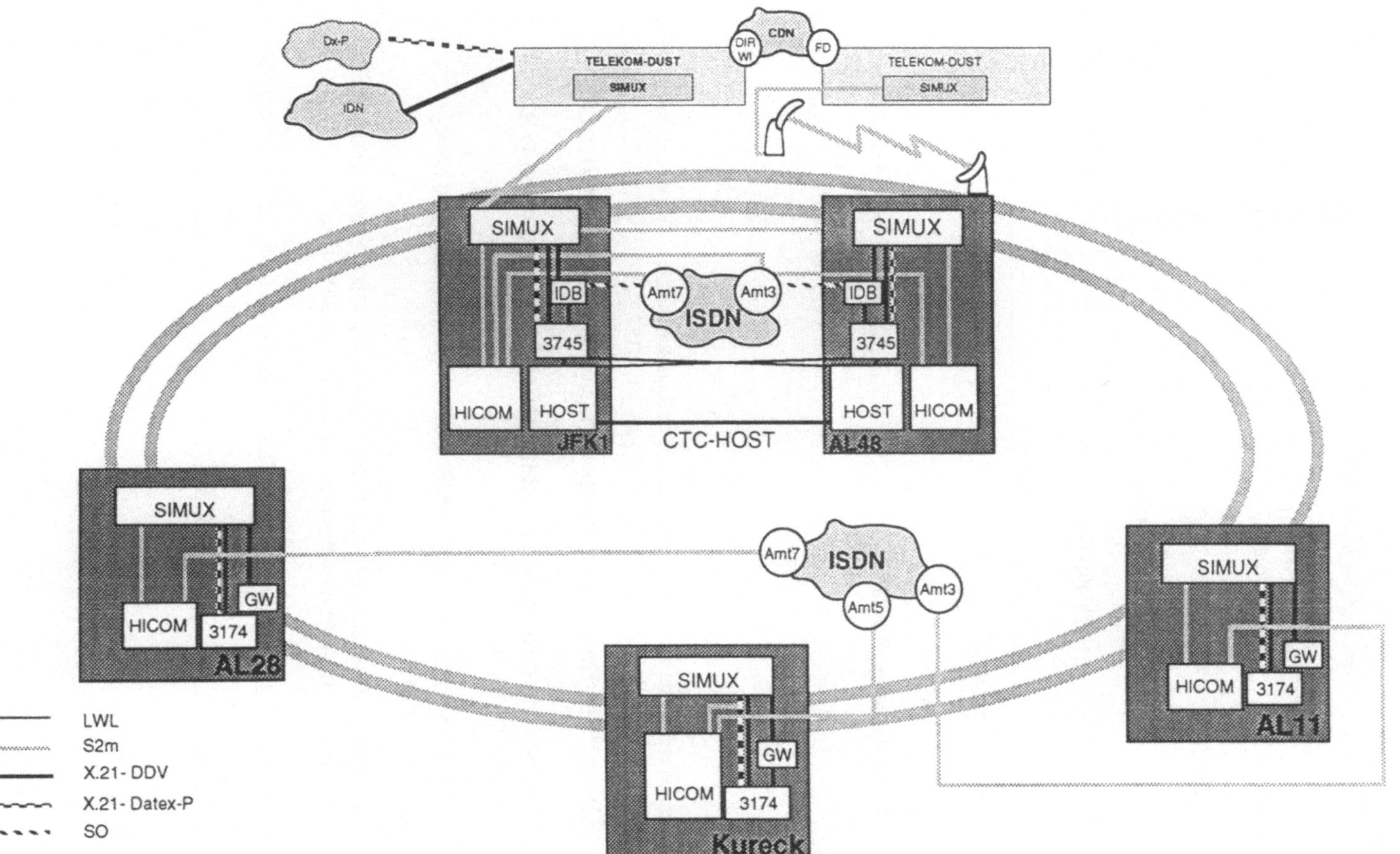

Bild 10

26

❏	SIMUX	Installation der Filialdirektionen	Installation
❏	ACD/ICD	Assistance, Infrastruktur für PACT	Installation
❏	MAN	LWL Wiesbaden	Entwickl./Test
❏	HDMA	Netz Management	Entwicklung
❏	ISDN	Zubringerdienste POS/POC	Planung
❏	IN	intelligentes Netz	Planung
❏	Fax Server	integrierte FAX-Anwendung	Entwicklung
❏	Datennetzkonzept		Entwicklung
❏	Videokonferenz		Test
❏	Kapazitätsmanagement		Planung

Bild 11

❏ Dezentrales Belegscannen bei zentraler optischer Speicherung

❏ Überregionale Nutzung von zentralen elektronischen Archiven
mit dezentralem Zugriff

❏ Online-Versand von Fax und Electronic Mail direkt aus DV-
Anwendungen

❏ Direktzugriff auf und Update von Bestandsdaten, Electronic Mail
und Verteilung von Beratungs-Software für den Außendienst

❏ Überregionale Videokonferenz für Information und Kurzschulungen

Bild 12

◻ Nutzung von Video-Telekommunikationsmedien für Annahme und Schadenregulierung

◻ Innendienstverwaltung an kostengünstigen Standorten

◻ Reduzierung klassischer Transportwege (Postdienst, Botendienst)

◻ Zusammenführen von Schreibdiensten an wenigen Standorten

◻ Kundenservice durch standortunabhängige Dienstleistungen im 24-Stunden-Betrieb und überregionale Gesprächsvermittlung zum jeweiligen Spezialisten

Bild 13

◻ Einheitlicher Rufnummernplan

◻ Neue Organisationsstruktur

- Service Center
- Schreibdienste
- Fax-Anwendungen aus operativen Systemen
- Video-Anwendungen für Annahme und Schaden
- Ortsunabhängiger Personaleinsatz (in - House)

◻ Less Total Cycle Time

Bild 14

- Deutsche Telekom

- Deutsche Bahn

- RWE/Mannesmann Gruppe

- VEBA Gruppe

- VIAG Gruppe

- Service Provider ohne eigenes Netz

Bild 15

- Migrationskonzept ATM

- CiT-Programmschnittstellen

- Maintenance von Least-Cost-Routing

- Kooperation verschiedener CN

- Mandantenfähiges Accounting und Billing

- Security-, Change-, Quality-Management

Bild 16

einem Modewort geworden ist. Das darf jedoch nicht darüber hinwegtäuschen, daß Installationen nach wie vor schwierig sind und Konzepte und Produkte weiterhin nicht ausreichend am Markt vorhanden sind. Dieses dürfte sich jedoch mit dem Auftreten neuer Wettbewerber spätestens ab 1998 ändern (Bilder 15 und 16).

Neben den rein operativen Zielen des Corporate Networks, die bereits dargestellt wurden, dient das Sprach-Daten-Netz als taktisches Mittel im Rahmen der Unternehmensstrategie zur langfristigen Verbesserung der Gewinnperspektiven. Dabei sollen mit Hilfe des Einsatzes eines R+V Corporate Network die relativen Wettbewerbsvorteile in bezug auf einzelne Geschäftsfelder erhöht werden. Somit kommt dem Corporate Network bei R+V die Rolle eines kritischen Erfolgsfaktors zu.

Die Verwendung eines modernen Telekommunikationsnetzes reduziert sowohl die Kosten für die Beschaffung und Verbreitung von Informationen (Transaktionskosten) als auch die Kosten der Marktteilnahme. Die Verringerung der Transaktionskosten führt zu einer Zunahme an Kommunikation und somit in der Tendenz auch zu einer quantitativen und qualitativen Verbesserung der Informationsversorgung innerhalb eines Unternehmens.

Die Verfügbarkeit von qualitativ verbesserten Informationen ist geeignet, das Risiko von Entscheidungen und somit auch die Opportunitätskosten von Entscheidungen zu reduzieren. Darüber hinaus trägt eine verbesserte Informationsversorgung dazu bei, daß eine effizientere und effektivere Allokation der Betriebsmittel im Leistungsprozeß des Unternehmens möglich wird. Es wird dadurch der Verbrauch von Ressourcen verringert und die Kosten für den Faktoreinsatz werden niedriger gehalten.

Mit Hilfe moderner Kommunikationstechnik besteht die Möglichkeit, Organisationen flexibler zu gestalten. Diese Flexibilität umfaßt sowohl die Struktur einer Organisation als auch die Abläufe innerhalb einer Organisation. Bestimmte Funktionen müssen nicht mehr an einem bestimmten Ort ansässig sein, sondern können vielmehr nach Kostengesichtspunkten verlagert werden. So besteht die Möglichkeit, arbeitsintensive Tätigkeiten dort ausführen zu lassen, wo die Arbeitskosten günstiger sind.

Neben einer Flexibilität in der Organisationsstruktur erhöht die Verwendung eines Corporate Network ebenfalls die Flexibilität der Abläufe. Gerade in Versicherungsunternehmen werden eine Vielzahl von Informationen an verschiedensten Stellen im Unternehmen benötigt. Um diese Informationsverteilung zu ermöglichen, wird in vielen Fällen das Übertragungsmedium Papier verwendet, welches im Rahmen fest definierter Vorgangsbearbeitungen weitergeleitet wird. Durch den Einsatz von Sprach-Daten-Übertragungsnetzen können die Informationen schneller verteilt werden als dies z. B. durch das Bewegen von Papier als Informationsspeicher im Postdurchlauf möglich ist. Ebenfalls ist ein gleichzeitiger Zugriff mehrerer Stellen auf eine bestimmte Information möglich, da die Informationen elektronisch gespeichert sind. Eine Akte ist z. B. nur einmal vorhanden und kann somit immer nur an einer Stelle im Unternehmen zur Informationsverarbeitung herangezogen werden.

Die organisatorischen Strukturen und Abläufe können mit Hilfe von Corporate Networks flexibler gestaltet werden und erlauben so eine rasche Anpassung der Organisation an die jeweils vom Markt oder vom Kunden vorgegebene Situation.

Eine weitere Möglichkeit zur Verbesserung der Wettbewerbssituation besteht in der stärkeren Kundenorientierung. Mit der Umsetzung der Lebens- und Schadenversicherungs-Richtlinien der EG-Kommission in deutsches Recht zum 01.07.1994 erfolgte eine Deregulierung des deutschen Versicherungsmarktes. Damit einher geht eine Verschlechterung der Markttransparenz für den Kunden und somit besteht ein wesentlich höherer Informationsbedarf des Kunden.

Der höhere Informationsbedarf steigert die Transaktionskosten des Kunden. Das Corporate Network ist ein geeignetes Mittel, die Kosten der Informationsbeschaffung für den Kunden zu reduzieren. So kann sich z. B. ein bestehender oder potentieller R+V-Kunde zum Orts- oder Nahbereichstarif bei der Zentrale in Wiesbaden telefonisch Informationen beschaffen, die sein Versicherungsportfolio betreffen. Neben den derzeit reinen Telefongebühren verringert sich auch der Zeitaufwand für die Informationsbeschaffung. Ein Kunde kann bei der ihn betreuenden Filialdirektion anrufen. Sollten die vom Kunden gewünschten Informationen dort nicht verfügbar sein, so besteht die Möglichkeit, den Kunden sofort an die entsprechende Stelle der Hauptverwaltung in Wiesbaden oder an einen anderen Ort in Deutschland weiterzuleiten. Diese Art der Informationsbeschaffung spart dem Kunden Geld und Zeit. Neben einer verbesserten Informationsversorgung ist das Corporate Network auch geeignet, die Qualität der dem Kunden angebotenen Leistungen zu erhöhen. So kann durch den Einsatz dieser Technik die zeitliche Qualitätsdimension der Verfügbarkeit als Qualitätsmerkmal beeinflußt werden. Diese Qualitätserhöhung kann zum einen durch eine schnellere Bearbeitung des Versicherungsantrages erfolgen, so daß der gewünschte Versicherungsschutz dem Kunden schneller zur Verfügung steht. Die schnellere Bearbeitung wird durch den Einsatz des Corporate Network möglich, welches eine flexiblere Organisation und damit schnellere Durchlaufzeiten unterstützt.

Zum anderen führt die Straffung organisatorischer Abläufe dazu, daß eine zügigere Schadenabwicklung erfolgt. Der Kunde kann dadurch im Schadenfall sehr viel schneller über die Versicherungsleistung verfügen. Möglich wird dies durch die Nutzung von unternehmenseigenen Sprach-Daten-Netzen, welche den zeitintensiven Transport von Akten obsolet machen.

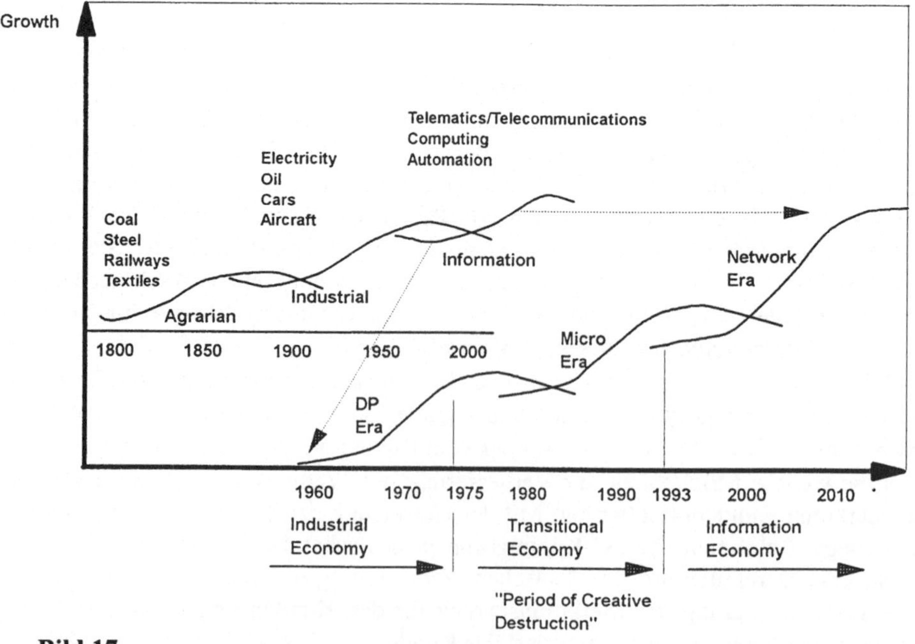

Bild 17

Wie dargestellt wurde, werden durch den Einsatz des Corporate Network Faktoren beeinflußt, wie z. B. Produktqualität, die den Kauf eines Produktes und die Inanspruchnahme einer Dienstleistung determinieren. Diese Kauffaktoren stellen Eigenschaften dar, die den Wert der Unternehmensleistungen für den Kunden ausmachen und können somit als Quellen von relativen Wettbewerbsvorteilen angesehen werden. Die relativen Wettbewerbsvorteile wiederum beeinflussen in starkem Maße die strategische Grundkonzeption einer strategischen Geschäftseinheit, Differenzierung bzw. Kostenführerschaft.

Der Einsatz eines Corporate Network kann zur Ausbildung bzw. Stärkung von relativen Wettbewerbsvorteilen führen, wie z. B. günstige Kostensituation durch eine nachhaltige Senkung der Transaktionskosten oder kundenorientierte Qualitätssicherung durch die Möglichkeit der sehr schnellen Anpassung an Kundenanforderungen.

Abschließend und unabhängig von den dargestellten Betrachtungen müssen wir jedoch auch feststellen, daß wir vor einer neuen dynamischen technischen Entwicklung stehen: der Periode der Netzwerke. Vom Agrarzeitalter über das Industriezeitalter sind wir im Zeitalter der Informationstechnik angekommen. Wenn wir diese letzte Periode genauer betrachten, dann stellen wir fest, daß wir über die Datenverarbeitungs- und Mikroelektronikentwicklung eine Periode der Netzwerke erreicht haben (Bild 17). Hier stehen wir erst am Anfang der Entwicklung. Vergangenheit und Erfahrung haben jedoch gezeigt, daß die frühzeitige Nutzbarmachung am Beginn einer technischen Periode Unternehmen und Institutionen in eine besonders günstige Wettbewerbssituation bringen. Ein weiterer und umfassender Aspekt Telekommunikation als Instrument des Wettbewerbs zu sehen und zu nutzen.

Elektronik in Verwaltung und Vertrieb von Versicherungen [1]

Jörg Finsinger

Um in einem Versicherungsmarkt, der sich dynamisch verändert, wettbewerbsfähig zu bleiben, müssen Versicherungsunternehmen versuchen, neue Produkt- und Marketingideen mit neuen EDV- Systemen zu realisieren.

Versicherungsunternehmen benötigen dringend Produktivitätssteigerungen, um die Nachfrage nach flexiblen Versicherungsdeckungen zu vernünftigen Preisen befriedigen zu können. Leider arbeiten die überkommenen auf dem Großrechner basierenden EDV-Systeme heute gegen die Industrie, der sie lange Zeit hervorragend gedient haben. Diese Systeme sind unwirtschaftlich und inflexibel; sie behindern die Unternehmen bei der Umsetzung neuer Marktstrategien.

Die Zeit ist reif für das Auftreten aggressiver Nischenanbieter mit besonders niedrigen Verwaltungs- und Vertriebskosten. Diese Wettbewerber steigern ihre Marktanteile zunächst langsam, werden aber mittelfristig alteingesessene Gesellschaften bedrohen, die weiterhin an teure Verwaltungs- und Vertriebssysteme gebunden bleiben.

Für ein Beispiel wenden wir nun unseren Blick über die Grenzen nach Frankreich. In Tabelle 1 finden Sie das Verhältnis von Betriebs- und Vertriebsaufwendungen zum Prämienvolumen bei französischen Lebensversicherern im Jahre 1993.

Tabelle 1: Gesamtkosten, d.h. Provisionen und Verwaltungskosten in % der abgegrenzten Bruttoprämien des Jahres 1993 für französische Lebensversicherer

Unternehmen	%	Unternehmen	%
Ecureuil Vie	3,1	Abeille Vie	10,7
Asssurances Federales Vie	3,5	Soravie	10,7
Previposte	3,7	Federation Continentale	11,0
Sogecap	4,0	Mutuelle du Mans	13,8
Natio Vie	4,7	Alpha Assurances Vie	14,3
Predica	5,0	AXA Assurances Vie	16,9
Socapi	5,5	UAP Vie	17,6
ACM Vie	7,5	AGF Vie	18,0
Cardif Societe Vie	9,1	GAN Vie	22,0
CNP	10,5	Mondiale	23,7

Quelle: L'Argus, Datamonitor

Die Werte liegen zwischen 3% und 23%. In Tabelle 2 sind in der rechten Spalte die entsprechenden Werte (Gesamtkosten / Prämie) für den deutschen Markt aufgeführt. Insider wissen, daß durchschnittliche deutsche Lebensversicherer EDV-Kosten in Höhe von 3% der Prämien haben.

Tabelle 2: Gesamtkosten, d.h. Verwaltungskosten und Provisionen dividiert durch abgegrenzte Bruttoprämien für deutsche Lebensversicherer

Versicherung	Verwaltungskosten dividiert durch abgegrenzte Prämien	Gesamtkosten dividiert durch abgegrenzte Prämien
Aachener u. Münchner	5,9	30,7
Adler	4,5	16,0
Agrippina	4,5	22,7
Albingia	4,0	20,4
Alico	10,4	13,2
Allianz	4,4	15,4
Alte Leipziger	6,8	19,1
ARAG Leben	8,6	31,2
Barmenia	8,0	24,4
Bayerische Beamten	7,6	22,2
Bayernversicherung	3,3	14,1
Berlin-Kölnische	8,7	25,0
Berlinische	10,1	25,5
BHW Lebensvers.	11,9	31,4
Citi Leben	12,9	32,9
Colonia	5,0	20,7
Commerzbank+Partner	7,9	17,1
Concordia	7,1	22,6
Condor	5,8	18,3
Continentale	4,9	26,6
Cosmos	3,7	13,2
Debeka	3,6	21,6
Deutsche Bank	6,4	15,0
Deutsche Beamten	8,9	29,3
Deutscher Herold	5,1	24,3
Deutscher Lloyd	7,5	19,5
Deutscher Ring	10,6	30,8
DEVK Allg. Leben	2,8	31,0
DEVK Dt. Eisenbahn	7,8	17,9
Dialog	3,2	26,6
Equity & Law	7,5	39,6
Europa	2,0	16,9
Evang. Familienfür.	8,1	20,6

Versicherung	Verwaltungskosten dividiert durch abgegrenzte Prämien	Gesamtkosten dividiert durch abgegrenzte Prämien
Futura	7,6	34,7
Generali	5,4	14,7
Gerling	4,5	15,9
Gothaer	7,3	26,5
Grundeigentümer	14,1	20,1
Hannoversche	2,6	5,9
Hanse-Merkur	9,1	24,7
Helvetia-Anker	5,8	20,0
Hessen-Nassauische	6,4	22,7
HUK-Coburg-Leben	2,2	6,8
Ideal	9,2	31,6
Iduna	7,4	22,8
Inter	6,9	33,6
Karlsruher Hinterb.	5,9	22,8
Karlsruher Leben	5,9	24,4
Kölner Post	7,0	21,7
Kravag	6,6	18,9
Landeslebenshilfe	3,8	10,1
Lebensvers. Saarl.	5,3	18,8
Lebensvers. v. 1871	10,0	32,7
LVM Leben	4,1	19,5
Mannheimer	5,4	20,1
Mecklenburgische	4,6	21,5
Münchener Leben	5,4	17,5
Münchener Verein	6,5	18,4
Neckura	11,2	53,0
neue Leben	2,7	19,0
Neue LV der BBV	8,5	29,8
Nordstern	5,2	22,2
Nova	5,0	18,4
Nürnberger	7,8	26,7
Nürnberger Beamten	5,9	40,4
Öffentl. Berlin	7,7	24,3
Öffentl. Braunschw.	4,8	16,5
Öffentl. Oldenburg	5,5	18,0
Ontos	3,0	43,5
ÖVA Badische Spar.	7,1	20,1
PKB Leben	3,3	14,1
Plus	7,7	66,3
Provinzial Hannover	3,4	14,8
Provinzial Rhein	3,5	16,6

Versicherung	Verwaltungskosten dividiert durch abgegrenzte Prämien	Gesamtkosten dividiert durch abgegrenzte Prämien
Provinzial Schlesw.	3,9	14,3
Prudentia	1,6	2,0
Quelle	7,2	21,5
R+V Lebensvers. AG	4,9	16,9
Rheinland	7,3	25,6
Schweizerische Ren.	4,3	16,1
SDK	4,6	23,6
Signal	4,9	37,3
Sparkassen-Versich.	5,4	16,2
Stuttgarter	8,3	25,5
Transatlantische	6,4	19,7
UAP International	9,8	16,1
Universa	6,4	25,8
Vereinigte Postver.	3,8	14,0
Vereinte	5,4	19,9
Victoria	6,6	22,5
Volksfürsorge	7,6	23,8
Volkswohlbund	4,8	42,6
Westfäl. Provinzial	3,6	13,6
Winterthur	6,2	16,7
Württembergische	6,0	20,9
Wüstenrot	3,3	18,8
WWK	6,1	21,5
Zürich Leben	6,1	18,7
Durchschnittskosten	5,8	21,0

Der französische und der deutsche Markt sind heute nicht mehr vergleichbar. 1986 hingegen war der französische Markt dem deutschen Markt noch ähnlich, unter anderem lagen die Kostensätze auf etwa gleich hohem Niveau wie in Deutschland. Der damalige Finanz- und Wirtschaftsminister Balladur entschloß sich nun, den französischen Markt zu deregulieren. Die Abschaffung vieler die Marktkräfte erstickenden Regulierungen wurde im Jahre 1986 mit kleinen Schritten z.T. durch eine neue Verwaltungspraxis eingeleitet. Darauf folgten mehrere gesetzliche Reformen. Zusätzlich wurde die Asymmetrie der steuerlichen Behandlung von Versicherungs- und Bankprodukten eingeebnet. Die Deregulierung entfesselte Wettbewerbskräfte, die den französischen Markt revolutionierten. Die Ergebnisse sehen Sie an den heute extrem niedrigen Kostensätzen, die eine neue Art von Geschäftätigkeit und Produkten widerspiegeln. Die Unternehmen mußten ihre Kosten senken, um im Geschäft bleiben zu können.

Als Folge davon änderten sich die französischen Vertriebssysteme: heute tätigen die Banken 54% der Lebensversicherungsabschlüsse. Die ersten acht Versicherer, die in Tabelle 1 aufgeführt sind, sind ausschließlich Bankenversicherer. Da die Tabelle die Lebensversicherer nicht alphabetisch, sondern nach der Höhe der Kostensätze (und zwar aufsteigend) auflistet, sind die acht Bankenversicherer auch die am kosteneffektivsten arbeitenden Versicherer.

Auch bei uns in Deutschland und Österreich versuchen die Versicherungen und die Banken zusammenzuarbeiten. Die Banken gehen Allianzen ein. Sie übernehmen Gesellschaftsanteile und machen Ihren Einfluß in der Kooperation geltend. Sie nutzen ihre Geschäftsverbindungen und insbesondere ihren Kundenstamm, um dort Vertragsabschlüsse zu tätigen. Die Unternehmenskulturen der Versicherer bleiben die alten. Die Bankenkultur, die Denke der Banker, und die Versichererkultur mit der dazugehörigen Denke stehen nebeneinander.

In Frankreich dagegen haben die Banken ihre eigenen Töchter gegründet und diese mit ihrer eigenen Unternehmenskultur ausgestattet. Sie haben auf der grünen Wiese eine neue Organisation aufgebaut, eine neue EDV hingestellt, die Produkte neu konzipiert und die Rückversicherung zum Teil an eine eigene Captive delegiert. Eine neue Geburt scheint leichter zu sein als die Reform eines alten Systems, die Umstellung der EDV oder die Migration in die neue Welt der relationalen Datenbanken.

Ausgangssituation in den deutschsprachigen Ländern

Der deutsche Versicherungsmarkt wurde erst 1994 dereguliert, acht Jahre nach dem französischen Markt. Auch der deutsche Markt wird sich verändern. Es ist eher nicht zu erwarten, daß er dem französischen Modell mit dem Start von Bankenversicherern auf der grünen Wiese folgt. Erstens ist die Ausgangslage und die Kooperation der Banken und Versicherungen verschieden. Zweitens - und das ist für uns heute von besonderer Bedeutung - gibt es nunmehr die Möglichkeit, alte EDV-Systeme in neue zu überführen.

Das Überleben der Versicherungsunternehmen wird von ihrer Bereitschaft und ihrer Fähigkeit abhängen, sich zu ändern und sich der neuen Geschäftsumgebung anzupassen. Leider war Flexibilität eine bei Versicherern in den deutschsprachigen Ländern Österreich, Schweiz und Deutschland eher selten anzutreffende Eigenschaft. Ich möchte nun gerne einige Fakten zur Charakterisierung der Ausgangssituation in diesen Ländern angeben.

Versicherungsvertragsbearbeitung

Eine Versicherungsvertragsbearbeitung im Massengeschäft erfordert heute durchschnittlich 20 bis 40 Arbeitsgänge und dauert in der Regel 10 bis 40 Tage. Es soll auch schon manchmal länger dauern, bis die Police bei dem Kunden einlangt. Die Zukunft wird gerade hier große Umwälzungen bringen. Bessere Verwaltungssysteme sind in anderen Ländern Gegenwart und sogar Standard. Dort leistet die EDV z.B. ein effektives Workflowmanagement.

Produktentwicklung

Zweites Faktum: Es dauert hierzulande ein bis eineinhalb Jahre, bis ein neues Versicherungsprodukt auf den Markt gebracht werden kann. Auf dynamischen Wettbewerbsmärkten mußten Versicherer schneller auf die Strategien der Konkurrenz und auf Marktbewegungen reagieren. Sie haben daher flexible elektronische Verwaltungssysteme entwickelt, die es erlauben, in etwa zwei Wochen ein neues Produkt auf den Markt zu bringen.

Die EDV-Systeme der deutschen Versicherer sind mit den Knochen von Dinosauriern zu vergleichen. Die Frage lautet: Wie und wann können die hinderlichen Knochen abgeschmolzen werden, so daß der Organismus wieder flexibel wird? In der Fachsprache nennt man das Problem der Anpassung Migration: Wie ersetze ich die heutigen EDV-gestützten Verwaltungssysteme durch neue und flexible Systeme, ohne die Funktionen der alten Systeme zu verlieren?

Softwareentwicklung

Noch ein drittes Faktum: Die Versicherer im deutschsprachigen Raum sind gleichzeitig EDV-Produzenten. Sie produzieren ihre eigenen EDV-Systeme. Das ist eigentlich verwunderlich, weil ja ein Versicherer versichern soll, er sollte kein Produzent von Software sein müssen. Das ist aber heute so. Es dürfte nur eine Frage der Zeit sein, bis sich das ändert. Bald werden nur noch einige wenige große Versicherer in der Lage sein, ihre EDV selbst zu fertigen. Die anderen Versicherer müssen sich Standardsoftware kaufen, die dann an ihre spezifische Situation angepaßt wird. Dieser Trend ist im Ausland klar erkennbar. Die alten selbstgefertigten EDV-Systeme sind nicht mehr konkurrenzfähig, sie sind zu wenig flexibel, sie sind wartungsintensiv und teuer. Heute ist es oft so, daß die Versicherer 70 bis 80 % ihrer EDV-Ressourcen nur zur Wartung der alten Systeme verwenden.

Was führte in diese Situation?

Warum führte die Evolution zum Dinosaurier? Warum entwickelte sich die EDV der deutschen Versicherer zum Hindernis für flexible Marktreaktionen? In einer stabilen Welt des Überflusses gedeihen solche Fehlentwicklungen. Der Grund dafür ist klar: die Umgebung. Erst im Jahre 1994 wurde liberalisiert. Vor 1994 gab es in der Kfz-Versicherung, der Lebens- und Krankenversicherung eine Prämiengenehmigungspflicht. Die Tarife und natürlich die Einteilung in Wagnisse mußten von der staatlichen Aufsicht genehmigt werden. Die Wagnisklassen waren daher einheitlich und im Vergleich zum Ausland recht wenig differenziert. In Ländern wie Großbritannien und USA wurden zur Bewertung von Risiken oft tausend mal mehr Risikomerkmale berücksichtigt. Warum? Die Versicherer dieser Länder durften sie einsetzen, und der Markt zwang sie, das auch zu tun.

Hinzu kam in den deutschsprachigen Ländern die Bedingungskontrolle. Die Bedingungen von Versicherungsverträgen waren genehmigungspflichtig. Die Aufsicht interpretierte ihre Kontrollpflicht dahingehend, daß Bedingungswerke vollständig, einheitlich und übersichtlich sein sollten. Diese Forderungen waren, bis auf die letzte, die aber nie erfüllt war, unsinnig. Vollständig können Bedingungen immer nur in bezug auf ein konkretes zu versicherndes Risiko sein. Jedes Risiko ist aber anders, und Anreize zur Meidung von Risiken kann man am besten dadurch schaffen, daß man Risiken nur teilweise deckt. Einheitlichkeit wurde im Massengeschäft weitgehend durchgesetzt, weshalb viele unterschiedliche Risiken mit nur einem Bedingungswerk versichert waren. Die Bedingungen konnten nicht an individuelle Risiken oder an die Bedürfnisse von speziellen Marktsegmenten angepaßt werden. Die Genehmigungsverfahren für neue Bedingungswerken haben oftmals bis zu fünf oder sechs Jahren in Anspruch genommen. Selbst wenn es im Regelfall etwas schneller ging, insbesondere in den letzten Jahren, ist die Aufsicht offener für neue Produkte geworden. Sie können es sich vorstellen: Die Flexibilität, die man sich nun heute wünscht, die brauchte man in der Vergangenheit gar nicht, die konnte man gar nicht nutzen.

In anderen Ländern, in denen die Bedingungswerke frei waren, war die Produktgestaltung einer der wichtigsten Wettbewerbsparameter, und deshalb waren die Versicherungsprodukte ebenso vielfältig wie andere Produkte. Dort wurden frühzeitig Verwaltungssysteme und EDV-Systeme entwickelt, die eine schnellere Einführung von Produkten ermöglichten.

Im nunmehr deregulierten Markt müssen die deutschen Versicherer solche Produktflexibilität gewinnen. Die Statistiken (Policierung und Produktentwicklung) belegen dies. Nur solange, wie der Markt noch von den althergebrachten Systemen dominiert wird, dauert die Verschnaufpause. Obwohl die neuen Systeme dringend benötigt werden und daher entwickelt werden müssen, fehlen jedoch die Ressourcen dafür. Deshalb müssen die Versicherer außerhalb ihrer DV-Abteilungen danach suchen.

Wie kann die Zukunft aussehen?

Obwohl ich schon kurz erwähnt habe, was Gesellschaften in anderen Ländern tun, möchte ich noch einige spezifische Beispiele anführen, um zu erläutern, wie die Zukunft aussehen könnte:

Policierung: Underwriting am Point of Sale

Wie bereits gesagt, war es vor 1994 nicht möglich, im Markt das zu betreiben, was ein Unternehmen zum Versicherer macht, nämlich kompetentes Underwriting, die Bewertung und die Selektion von Risiken. Ein Versicherer hat zwei Arten von Kosten: die Schadenskosten einerseits und die Verwaltungs- und Vertriebskosten andererseits. Wir haben eingangs vor allem auf die Verwaltungs- und Vertriebskosten abgestellt, den größten Kostenblock stellen aber natürlich die Schäden dar. Die wichtigste Aufgabe eines Versicherungsunternehmens ist daher die Kontrolle dieser Kosten. Wenn ein Versicherer nun Kosten vermeiden oder senken will, dann muß er damit beginnen, Bestände mit einer günstigen Relation zwischen Prämie und Schäden aufzubauen. Er muß versuchen, zu jedem Risiko den passenden Vertrag zu schneidern. Der Vertrag sollte nicht nur eine Deckung für die versicherbaren Risiken bieten, sondern auch noch einen Anreiz zur Schadenminderung enthalten. Die nicht versicherbaren Teile des Risikos, das sind meist Risiken, welche mit moralischem Risiko - vom Versicherer nicht kontrollierbar - verbunden sind, sollten weitgehend ausgeschlossen sein.

In der Zeit vor 1994 war echtes Underwriting in Deutschland gar nicht möglich, weil nur standardisierte Verträge angeboten werden durften. Heute dagegen muß man Risiken selektieren, muß man auf einzelne Marktsegmente zugeschnittene Produkte entwickeln.

Überall dort, wo die EDV präsent ist, also in der Zentrale, in den Generaldirektionen oder beim Vermittler am Point of Sale sind wesentliche Kundeninformationen und Dienstleistungsprogramme zur Beratung und Verwaltung verfügbar. Bei manchen Unternehmen ist die EDV sogar schon so ausgelegt, daß Normalrisiken am Point of Sale direkt policiert werden können. Der Antrag wird im Computer ausgefüllt, die Antragsprüfung macht eine Software, und die Police kann ausgedruckt werden. In einer halben Stunde kann der Vorgang erledigt sein. Für 90% des Normalgeschäftes bei Lebensversicherungen liefert die computergestützte Antragsprüfung das O.K.

Die US-amerikanische Schadensversicherung Secura beschritt erst in diesem Jahrzehnt den Weg in die neue Technologie und macht ähnliche Erfahrungen im Geschäft mit Hauseigentümern. 1993 betrug das Prämienvolumen der Secura in Appleton, Wisconsin, 180 Mill. US-Dollar, sie hat Kunden in mehreren Staaten. 1989 begann sie damit, ihre Geschäftsvorgänge effizienter zu gestalten, um stärker kunden-, markt- und ergebnisorientiert zu werden. Um diese Ziele zu erreichen, wurde die Gesellschaft dezentralisiert und damit mehr Verantwortung auf die unteren und die vorgelagerten Stufen der Organisation gelegt. Zusätzlich zu diesen organisatorischen Veränderungen wurde ein neues Informationssystem eingesetzt, welches als Hilfsmittel für ein Reengineering der Geschäftsprozesse diente.

Die besonderen Vorzüge des Systems sind:
- Echtzeitverarbeitung, d.h. Abschaffung der Batch-Verarbeitung und des Wartens auf die Ausführung, das zuvor bei der Korrektur von Policen auftrat,
- die Fähigkeit, neue Workflows zu definieren, um Arbeitsvorgänge zu reduzieren,
- eine automatisierte Risikoprüfungskomponente, um möglichst viele der routinemäßigen Risikoprüfungen durchzuführen. Das System, genannt UDS, d.h. Underwriting Decision Support (Risikoprüfungsunterstützung), prüft Anträge und schickt nur dann eine Nachricht an einen Sachbearbeiter, wenn der Antrag oder die Police von einem Experten beurteilt werden muß.

Früher erledigte die SECURA Risikoprüfungen beim Geschäft mit Hauseigentümern ausschließlich manuell. Neue Policen benötigten im Durchschnitt 19 Tage. Heute werden bei der SECURA manuelle Risikoprüfungen nur noch bei 40 Prozent der Anträge vorgenommen. Sie braucht durchschnittlich neun Tage, um eine Police zu bearbeiten. Dieser Fortschritt ist beachtlich, wenn man bedenkt, daß es sich bei einem Großteil dieses Geschäftes nicht um standardisiertes Massengeschäft handelt. Für den Versicherer stellte sich der entscheidende Vorteil jedoch bei einer Analyse der Schadenquote heraus. Diese war drastisch gesunken, weil für die Prüfung komplizierter Risiken mehr Zeit zur Verfügung stand.

Das System, welches als Serie III bezeichnet wird, weist zudem viele andere Komponenten auf, die ein kundenorientiertes Underwriting und Marketing ermöglichen.

Produktentwicklung

Im dynamischen Wettbewerb ist es überlebenswichtig, schnell neue Produkte auf den Markt bringen zu können. Am Beispiel der Raucher- und Nichtraucherpolicen, die nunmehr auch in Deutschland Mode werden, möchte ich das näher erörtern.

Wenn ein einziger Versicherer beginnt, spezielle gute Risiken aus dem Markt zu selektieren, was passiert dann? Den anderen, die das nicht tun, verbleiben nurmehr die schlechten Risiken. Das unterscheidet die Versicherung wesensmäßig von jedem anderen Produkt: Ein Versicherer selektiert gute Risiken, spart Kosten, dann bleiben den anderen Versicherern schlechtere Risiken und höhere Kosten, auch wenn diese Versicherer weder ihre Produktion noch ihren Vertrieb umgestellt haben. Das gibt es in dieser Form nirgendwo sonst in einer anderen Industrie. In anderen Industrien sind die Produktionskosten eines Unternehmens weitgehend unabhängig vom Verhalten der anderen Unternehmen.

Dieser Prozeß der Risikoselektion führt dazu, daß fortlaufend neue Produkte in den Markt gelangen. Ständig werden neue Methoden der Risikoselektion erfunden. Infolgedessen gibt es stets einen Zwang, mit neuen Tarifen und Produkten zu reagieren.

Produktentwicklung beginnt immer mit einer Markt- und Bedarfsanalyse. Das geplante Produkt soll ja einmal verkauft werden. Danach sind gegebenenfalls die juristischen und versicherungstechnischen Fragen zu lösen. Schließlich muß ein EDV-gestütztes Marketing und eine EDV-gestützte Verwaltung geschaffen werden. Tarife müssen kalkuliert werden. Dabei sind historische Schadenserfahrungen auszuwerten.

Bisher wurden Tarifbücher verfaßt und vervielfältigt. In Zukunft wird es statt dessen nur noch Software geben. Es wird weder Tarifbücher noch Tarife im alten Sinne geben. Sie werden vollständig durch Vermittlungsprogramme ersetzt. Die Programme kalkulieren Prämien für Risiken, aber sie leisten weitaus mehr.

Die Entwicklung neuer Produkte und ihre Umsetzung ist auch eine Herausforderung für Versicherungsgesellschaften, die sich schon lange in weniger reglementierten Märkten bewegen. Mit den Produkten und den Marktstrategien mußten auch bei ihnen die EDV-Systeme angepaßt und verbessert werden.

American Bankers Insurance ist eine Gesellschaft, die einen solchen Veränderungsprozeß bereits durchlaufen hat. Sie gehört zur American Bankers Insurance Group (ABIB), einem Konglomerat von zehn Versicherungsgesellschaften mit einem Prämienvolumen von mehr als 2 Mrd. US-Dollar in Nord-, Mittel- und Südamerika sowie in der Karibik.

Ebenso wie viele andere Gesellschaften begannen American Bankers mit einer umfangreichen Bewertung ihrer Geschäftsvorgänge, um ein fortgesetztes Wachstum sicherzustellen. Das Ergebnis dieses Prozesses war eine Liste von "kritischen Erfolgsfaktoren", welche sich als wesentlich für die Geschäftsentscheidungen erwiesen. Die

42

sechs kritischen Erfolgsfaktoren, die den größten Einfluß auf die langfristige System-
strategie von American Bankers hatten, waren:

- die Fähigkeit, neue Produkte schnell zu implementieren und aufrechtzuerhalten,
- die Erhöhung der Produktivität und die Senkung der Ausgaben bei American
  Bankers und den Kunden des Unternehmens,
- die Fähigkeit, vertragliche Vereinbarungen zu treffen und aufrechtzuerhalten,
- die richtige Abrechnung im Rahmen der Geschäftsbeziehung mit dem Kunden,
- die Fähigkeit als Mehrspartengesellschaft, dem Kunden als eine einheitliche
  Gesellschaft zu erscheinen, und
- das effiziente Management des Geschäftsrisikos.

Nach der Entscheidung über diese Ziele war die Gesellschaft eher in der Lage, sich
auf ihre Schwachpunkte und auf Möglichkeiten der Verbesserung zu konzentrieren.
Sie entschied sich dafür, sich stärker auf die Fähigkeit zu konzentrieren, neue Produkte schneller zu automatisieren. American Bankers bietet Hunderte von neuen Produkten an und erzeugt ständig neue. Beim Verkauf eines Produktes möchte das Unternehmen die Police so schnell wie möglich tarifieren, um mit der Bearbeitung der
Prämie so bald als möglich anfangen zu können.

Der zweite kritische Erfolgsfaktor, die Erhöhung der Produktivität und die Senkung der Ausgaben von ABIG und ihren Kunden, stand ebenfalls hinter der Suche
von American Bankers nach einer unabhängigen Tarifierungssoftware. Dies wurde
als eine Maßnahme zur Kostensenkung gesehen, da bei American Bankers verschiedene Abteilungen unabhängig voneinander daran arbeiteten, Tariftabellen zu
entwickeln und neue Produkte zu implementieren. Das Unternehmen wollte diese
Tarifierungsaktivität zentralisieren, die Arbeitsbelastung der Programmierer reduzieren und die mehrfache Dateneingabe durch verschiedene Abteilungen beseitigen.
Offensichtlich würde dies zu einer Senkung der Kosten sowohl bei der Programmierung als auch bei der Aufrechterhaltung der Tarife führen.

Im März 1994 traf das mit der Umstrukturierung beauftragte Team die Entscheidung, mit einem Softwareunternehmen, Policy Management Systems Corporation,
zusammenzuarbeiten, um einen Rating Processor herzustellen, eine unabhängige
Tarifierungssoftware, die sich bereits in der Entwicklung befand. Mehrere Faktoren
führten zu dieser Entscheidung, unter anderem die graphische Benutzeroberfläche des
Anwenderprogramms und dessen Beziehung zur gesamten Systemfamilie, die beim
selben Anbieter erhältlich war.

Nach einer zweimonatigen Zusammenarbeit mit dem Softwarehaus hatte das
ABIG-Team eine funktionsfähige Version der Anwendung. Es entschied sich dafür,
ein Pilotprojekt mit einem ihrer Produkte für Hauseigentümer zu starten. Aufgrund
des Erfolgs des Pilotprojekts ging das System am 5. Juli 1994 in zwei Staaten mit
dem ersten Produkt in die Herstellung.

Nach ihrem anfänglichen Erfolg begannen American Bankers mit der Umwandlung ihres wichtigsten Versicherungsprodukts für Hauseigentümer für Rating Processor. Innerhalb von sieben Wochen kamen sie mit diesem Produkt in 46 Staaten und
86 Tarifierungsbücher auf den Markt.

Sieben Wochen mögen für ein einzelnes Produkt als sehr lang erscheinen. Um den tatsächlichen Arbeitsumfang vollständig würdigen zu können, ist aber eine gewisse Kenntnis des US-Versicherungsmarkts erforderlich: Jeder Staat hat seine eigene Regulierungsbehörde, deren Genehmigung das Versicherungsunternehmen einholen muß, wenn es ein neues Produkt auf den Markt bringen will. Jeder einzelne Staat stellt spezifische Anforderungen an solche Produkte, bei denen das Basisprodukt leicht verändert wird. Was American Bankers tatsächlich vollbrachten, war die Implementierung von 46 Varianten eines Einzelproduktes innerhalb von einer Zeitspanne von sieben Wochen!

Mit dieser Anwendung, d.h. mit Rating Processor, lösen American Bankers auch das folgende Dilemma: Wie kann das Unternehmen ein flexibles System erhalten, ohne die Investitionen in die bestehenden Systeme zu verlieren? Rating Processor arbeitet in Verbindung mit den bestehenden Systemen, die diejenigen Daten aufnehmen und speichern, auf die der Rating Processor zugreift. Der Rating Processor benötigt sie für eine Abfolge von Berechnungen und den Druck des Textes, den der Kunde schließlich zu Gesicht bekommt.

Nach den Angaben von ABIG würde allein die Programmierung der Tarifierungsmodule für ein neues Produkt drei bis vier Wochen benötigen. Mit ihrer neuen Tarifierungssoftware, dem Rating Processor, ist diese Zeit auf weniger als drei Tage reduziert worden. Darüber hinaus sind sie in der Lage gewesen, die Tarifierungsmodule den aus der EDV -Abteilung auszulagern und sie in die Hände der eigentlichen Nutzer zu legen. Dabei handelt es sich um jene, welche die Algorithmen, die Tarife, und die Tarifungstabellen entwickeln und pflegen. Durch diese Neuaufteilung des Arbeitsflusses realisieren American Bankers erhebliche Kosteneinsparungen.

Es ist fast schon überflüssig zu sagen, daß American Bankers beabsichtigen, dieses neue System in Verbindung mit Anwendersoftware für andere Sparten des Versicherungsgeschäfts zu benutzen, wie z.B. für die Todesfallversicherung, für Spezialprodukte und für die betriebliche Altersversorgung.

Softwareentwicklung

Auf der Basis einiger der oben erwähnten Beispiele können wir die Schlußfolgerung ziehen, daß die Informationstechnik heute fast Wunder vollbringen kann. Allerdings führt nicht jede Maßnahme im Bereich Forschung und Entwicklung zu befriedigenden Ergebnissen. Niemand weiß dies besser als Versicherungsgesellschaften, die riesige Summen in ihre eigene Forschung gesteckt haben, nur um nachher in der Auseinandersetzung mit ständigen Veränderungen und neuen Entwicklungen allein dazustehen. Die Entwicklung neuer Technologien im eigenen Unternehmen bindet Humankapital und hält das Unternehmen von der Betätigung in seinem eigentlichen Kerngeschäft fern. Deshalb sollten nur Versicherungsprodukte von Versicherungsunternehmen, aber technologische Anwendungen sollten am besten von Technologieunternehmen entwickelt werden.

Dieser Grundsatz wurde in den obigen Beispielen durch zwei Versicherungsunternehmen, das eine groß, das andere klein, bestätigt, und sie sind keineswegs die einzigen. Policy Management Systems Corporation (PMSC), der Welt größter Anbieter von Informationssystemen für die Versicherungsbranche, vergab überall in der Welt Lizenzen für Software, wie z.B. für jene, die von SECURA und ABIG verwendet wurde. Ihre Anstrengungen im Bereich Forschung und Entwicklung setzen sich fort. Das Unternehmen, welches die Software nicht mehr im Hause entwickelt, kann sich also durchaus schon mit moderner Software versorgen. Heute kann man die unterschiedlichen Angebote vergleichen und gegeneinanderstellen. Für zukünftige (Fort-) Entwicklungen wird der Versicherer jedoch von seinem Softwarehaus oder vom Softwaremarkt abhängig. Deshalb ist es von Vorteil, wenn der Versicherer eine langfristige Partnerschaft eingehen kann, wie z.B. über die Teilnahme an einem Programm MESA von PMSC kann das Versicherungsunternehmen Systempflege und Programmerweiterungen teilhaben, und zwar während der gesamten Laufzeit der Lizenz des Kunden.

Die betriebsinterne Entwicklung von Informationssystemen entzieht dem Unternehmen immer mehr wertvolles Humankapital, Zeit und Geld. Daher ist sinnvoller, Technologiespezialisten die Aufgabe der Forschung und Entwicklung zu übertragen.

Fazit

Wird die Zukunft des Marktes in den deutschsprachigen Ländern ebenso aussehen wie in den Vereinigten Staaten oder anderen Ländern? Dies kann nur die Zeit erweisen...

Es gibt in Deutschland schon Software zur Antragsprüfung. Es gibt ein Programm der Münchener Rück, es gibt die Kölnische Rück, die sogar eine für den Point of Sale ausgelegte Software hat. Es handelt sich hier aber um Insellösungen, die noch nicht in ein gesamtes Verwaltungssystem integriert sind. Heute muß jeder einzelne Versicherer diese Integration selbst leisten.

Solange die EDV-System in Moduln aufgebaut sind, sollte eine Integration leicht möglich sein. Das ermöglicht ebenfalls eine zentral gesteuerte Risikoselektion und natürlich ein schnelleres Handeln gegenüber dem Kunden.

Denkbar ist es jedoch, daß ein EDV-System, welches in allen seinen Komponenten einheitlich geplant und umgesetzt ist, mehr leisten kann, als die Verbindung von Insellösungen.

Bei fortgeschrittenen Systemen kann dem Kunden vor Ort die Police ausgedruckt werden. Die Kosteneinsparungen in der Verwaltung sind evident. Das doppelte Eingeben von Daten beim Vermittler und beim Versicherer ist bei einem integrierten Verwaltungssystem nicht mehr erforderlich. Früher hat der Vermittler Kunden- und Vertragsdaten eingegeben, dann wurde der Antrag in Papierform an die Versicherung geschickt, und die hat den Antrag erneut manuell erfaßt. Rückfragen führten zu Korrespondenz und Telefonaten. Daraufhin mußten neue Daten beim Vermittler und beim Versicherer erfaßt werden. All das wird in Zukunft stark vereinfacht werden. Dies ist sogar bereits heute möglich. Es muß nur eine Gesellschaft den Anfang machen und den neuen Ansatz ausprobieren.

Der Auslöser für Veränderungen ist natürlich der Wettbewerb. Bisher waren bei uns Tarife typischerweise über Jahre hinweg in Kraft. Es ist daher noch heute unvorstellbar, daß aufgrund der Deregulierung z.B. monatlich oder vierteljährlich die Tarifierung mit der Schadensstatistik abgeglichen wird und die Tarifierung, die Annahmekriterien oder die Ausschlüsse oder die wählbaren Zusatzversicherungen entsprechend verändert werden. In den USA ist es eher typisch, daß man dreimonatlich die Kfz-Tarife oder die Annahmerichtlinien ändert. In den Niederlanden, so sagte man mir, werden sie teilweise sogar monatlich überarbeitet.

Warum sind solche eklatanten Unterschiede zwischen diesen Märkten entstanden? Dies liegt daran, daß Versicherungsunternehmen in einer Umgebung mit intensiverem Wettbewerb in der Lage sein müssen, die für sie besten Risiken auszuwählen und sich auch gegen andere Risiken zu entscheiden. In diesen Ländern werden flexible EDV-Systeme dazu verwandt, neues Geschäft zu gewinnen und zu erhalten; diese EDV-Systeme unterstützen neue Geschäftsideen. Nach der Deregulierung in unserem Markt müssen die Versicherungsunternehmen diesem Beispiel folgen oder aber einen Weg beschreiten, der sie zu Dinosauriern macht.

---

1) Es handelt sich um eine überarbeitete Mitschrift des mündlichen Vortrages.

Die organisatorische Herausforderung

Arnold Picot[*]

1. Ausgangspunkt: Die Organisation von Banken und Versicherungen

1.1 Organisation richtet sich auf ein Effizienzziel: Kosten der Arbeitsteilung

Kennzeichen der Leistungserstellung in der Wirtschaft ist die Arbeitsteiligkeit. Auch im Bereich der Finanzdienstleistungen ist eine quasi handwerkliche Erstellung von Bank- oder Versicherungsleistungen im Einpersonenbetrieb kaum denkbar. Ganz im Gegenteil: Am Erstellungsprozeß - z.B. von der Idee einer Tarifvariante bis zum konkreten Abschluß einer Police oder auch vom Erteilen einer Wertpapierorder bis zur Depotgutschrift und Kontobelastung - sind eine Vielzahl von Mitarbeitern, Institutionen und auch technischer Ressourcen beteiligt.

Damit stellt sich das Organisationsproblem: Wie kann in diesem stark arbeitsteiligen Prozeß sichergestellt werden, daß die Handlungen der einzelnen Beteiligten mit möglichst wenig „Reibung" sowie motiviert ineinandergreifen?

1.1.1 Kosten der Arbeitsteilung

„Reibungen" - also Handlungen, die für den Kunden nicht wertschöpfend, aber durch den Prozeß bedingt sind, zeigen sich in vielerlei Form: Ein Sachbearbeiter tippt beispielsweise ein von einem Kunden ausgefülltes Formular nochmals ab oder muß sich in einen von Kollegen bearbeiteten Vorgang erst einarbeiten. Es kommt zu Doppelarbeiten und Fehlern. Nacharbeiten und Korrekturen sind nötig. Bleiben sie unbemerkt, entstehen dadurch Schäden wie Kreditverluste, ungerechtfertigte Regulierungen oder die Belastung einer Kundenbeziehung. Um derartige Risiken zu beherrschen, wird massiver Überwachungsaufwand betrieben. Ein nennenswerter Anteil der Stab- und Linienfunktionen ist diesem Bereich zuzurechnen. Insgesamt gehen Schätzungen davon aus, daß wir mehr als 50% unseres Bruttosozialproduktes für solche direkten und indirekten Kosten der Arbeitsteilung aufwenden, die innerhalb von Unternehmen sowie in den Beziehungen zu den Märkten anfallen[1].

---

[*] Ich danke Herrn Dipl.-Kfm. Markus Böhme für die wertvolle Unterstützung bei der Vorbereitung dieses Beitrags.

[1] Vgl. Wallis/ North (1986).

Die Kosten der Arbeitsteilung zu optimieren, ist daher eine wettbewerbliche Notwendigkeit. Da es sich dabei um Kosten der Information und Kommunikation handelt, spielen Fortschritte im Bereich der Informationstechnologie und Telekommunikation eine besondere Rolle.

1.1.2 Organisatorische Gestaltungsebenen

Die Herausforderung an den Organisator besteht darin, Personal- und Technikeinsatz durch geeignete organisatorische Abläufe und Strukturen so auf die Anforderungen des Geschäftes auszurichten, daß die „Reibung" im Sinne der Koordinations- bzw. Transaktionskosten minimiert wird. Dazu stehen ihm zwei Stellhebel zur Verfügung: Die Gestaltung des Leistungserstellungsprozesses und die Wahl der Koordinationsformen in den einzelnen Prozeßschritten. In einem modernen Organisationsverständnis beziehen sich diese Stellhebel nicht nur auf den Binnenbereich des Unternehmens, sondern sie schließen die Schnittstellen zur Außenwelt, also die unternehmensübergreifenden Wertschöpfungsprozesse ausdrücklich mit ein.

Gestaltung der Leistungskette

Die Leistungskette ist eine logische Sequenz von wertschöpfenden Aktivitäten, die nötig sind, um eine Finanzdienstleistung zu erbringen, z.B. eine Versicherung abzuschließen oder einen Zahlungsvorgang per Kreditkarte auszuführen. Die einzelnen Schritte können dabei durchaus von unterschiedlichen Personen, Organisationseinheiten oder gar Unternehmen wahrgenommen werden.

Neue Techologien, insbesondere aus dem Gebiet der Telekommunikation, ermöglichen es, Finanzdienstleistungen auf neuartige Weise zu erbringen. Dieser Effekt stellt sich jedoch nicht automatisch ein, sondern die Marktchance muß entdeckt und durch entsprechende unternehmerische Strategien realisiert werden. Statt den gewohnten Erstellungsprozeß und die Aufgabenverteilung zwischen Unternehmen, Kunden und Lieferanten als gegeben zu betrachten, konnten kreative Unternehmer durch Neugestaltung dieser Leistungsketten Wettbewerbsvorteile erzielen. Unter den Schlagworten „Prozeßmanagement" und „Reengineering" sind zahlreiche Erfolgsbeispiele bekannt.[2] Ein klassisches Beispiel aus dem Finanzdienstleistungssektor stellt die Weiterentwicklung des Scheckverkehrs dar. Während Schecks ursprünglich physisch über die abwickelnden Banken dem Aussteller präsentiert wurden, haben entsprechende Technologien eine andere Lösung möglich gemacht. Bei Check Truncation verbleibt der Scheck physisch bei der ersten beteiligten Bank, und nur die Information wird entsprechend kostengünstiger weitertransportiert und verarbeitet. Von Electronic Underwriting bis hin zu Multimedia werden eine Vielzahl von Technologien verfügbar, die Chancen zur Neugestaltung der Leistungsketten zahlreicher Finanzdienstleistungen ermöglichen.

---

[2] Vgl. z.B. Nippa/Picot (1995) und Hammer/Champy (1994).

Auswahl von Koordinationsformen

Die Neukonzeption der Leistungskette sagt noch nichts darüber aus, wer unter welchem „Regime" welche Prozeßschritte bearbeitet. Prinzipiell kommt für jede Aktivität ein ganzes Kontinuum von Koordinationsformen in Frage:[3] Sie reichen vom kurzfristigen Bezug der Leistung am Markt über Joint-Ventures und strategische Allianzen bis zu verschiedenen Abstufungen der internen Integration im Unternehmen. Dort können einzelne Aufgaben funktional zusammengefaßt, in dezentrale Einheiten integriert oder sogar im Sinne ganzheitlicher Sachbearbeitung von Case Managern oder Teams bearbeitet werden.

Intern integrierte Koordinationsformen verwendet man tendenziell für Aufgaben, die strategisch bedeutend sind, stark unternehmensspezifische Systeme und Fähigkeiten erfordern sowie von hohem Volumen gekennzeicht sind. Diese Integrationstendenz kann ggf. noch durch Faktoren unterstützt werden, die die Transaktionskosten des marktlichen Bezugs der Leistung erhöhen: Mangelnde Reife und Stabilität des Beschaffungsmarktes, z.B. wegen zu geringer Verläßlichkeit von Anbietern („Garagenfirmen"), rechtlicher Unsicherheiten und kultureller Differenzen sowie geringe Verfügbarkeit und Ausgereiftheit entsprechender Informations- und Telekommunikationstechnologien. Jedoch gilt auch der Umkehrschluß: Stellen die genannten Faktoren keine Barrieren dar, entsteht eine Tendenz in Richtung marktlicher Koordinationsformen.

Diese Entwicklungen verlaufen durchaus differenziert: Während z.B. die Mehrzahl der Banken Aktivitäten wie Kreditkartenprocessing oder Global Custody outsourcen, schlagen andere genau den entgegengesetzten Weg ein und entwickeln sich zu Spezialisten in diesen Bereichen. Veränderungen der o.g. Faktoren bilden die Basis für neue unternehmerische Strategien. Aus der konkreten Unternehmenssituation heraus haben sich daher einige Finanzdienstleister für eine Spezialisierungsstrategie entschieden, während andere die Aktivität aufgegeben haben. Übergreifend betrachtet lassen sich in zwei miteinander verknüpften Bereichen dafür wichtige Entwicklungen nachzeichnen: In den Spezifika des Bank- und Versicherungsgeschäftes sowie in der Entwicklung neuer Informations- und Telekommunikationstechnologien.

1.2 Bank- und Versicherungsgeschäfte weisen zwei besondere Spezifika auf

Das Geschäft, auf das Banken und Versicherungen ihre Organisation ausrichten, prägt die Leistungskette und die Wahl der Koordinationsformen. Der Einsatz neuer Informations- und Telekommunikationstechnologien ermöglicht in einem Informationsgeschäft drastische Veränderungen der Leistungskette. Gleichzeitig werden traditionelle Vertriebsstrukturen und -koordinationsformen zunehmend in Frage gestellt.

---

[3] Vgl. Picot (1982), Picot (1991) und Picot/Franck (1995).

1.2.1 Banken und Versicherungen betreiben ein Informationsgeschäft

Im Unterschied zu Industrieunternehmen erbringen Finanzdienstleister ihre Wertschöpfung nicht durch die Veredelung körperlicher Vorprodukte, sondern durch Informationsverarbeitung. Die Leistungskette und der dahinterstehende Personal- und Sachaufwand wird durch mittelbare und unmittelbare Kosten der Informationsverarbeitung dominiert. Dabei sind drei Ebenen zu unterscheiden: Geschäfts- und kundenbezogener Informationseinsatz, interne Abwicklung sowie Entwicklung und Betrieb von IT-Systemen und Infrastrukturen.[4] Für US-Banken liegen entsprechende Schätzungen für die Verteilung des Verwaltungsaufwandes auf diese drei Ebenen vor, die jedoch im Prinzip auch für europäische und deutsche Institute gültig sein dürften.[5]

– Der Geschäfts- und kundenbezogene Informationseinsatz umfaßt primär urteilende und schließende Entscheidungsprozesse, z.B. über die Einstufung von Risiken, das Anerkennen eines Regulierungsanspruches oder eines Kreditantrages. Dieser Ebene sind auch übergeordnete Strategie-, Führungs- und Steuerungsprozesse zuzuordnen. Interne und externe Informationen werden aufgenommen, gewertet und manifestieren sich in der Generierung neuer Tarife, Fondsprodukte oder der Entscheidung, eine Position einzugehen. Je nach Segment fallen etwa 20-50% des Verwaltungsaufwandes auf dieser Ebene an.

– Die interne Abwicklung weist zunehmend den Charakter von Mehrwertdiensten auf.[6] Mehrwertdienste reichern die reinen Datenübertragungs- und Vermittlungsdienste um zusätzliche Informationsleistungen an.[7] Genau dies ist z.B. bei der Verarbeitung von Überweisungsaufträgen, Wertpapierorders oder Versicherungsanträgen in zweifacher Form der Fall. Die Datenübertragung erfolgt erstens in spezifischer in der Regel auch besonders abgesicherter Form, so daß ein Mehrwert entsteht. Zweitens kommen ergänzende Leistungen wie z.B. Settlement oder Routing hinzu. Die abwickelnden Informations- und Kommunikationssysteme im Back-Office werden zwar zunehmend automatisiert, weisen jedoch momentan noch hohe Personalkostenanteile auf. Während im Wholesale Banking etwa 35% des Verwaltungsaufwandes diesem Bereich zuzurechnen sind, beträgt der Anteil im Retail Banking ca. 70%. Da in Versicherungen ein ähnlich hohes Maß der Wertschöpfung auf dieser Ebene erbracht werden dürfte, weist die interne Abwicklung noch massive Einsatzpotentiale für neue Telekommunikations-technologien auf.

– Entwicklung und Betrieb von IT-Systemen und Infrastrukturen als unmittelbare Kosten der Informationsverarbeitung betragen nochmals 10-15% des Verwaltungsaufwandes. In einer aktuellen Untersuchung zu Produktivität und Wirtschaftlichkeit der Informationsverarbeitung in deutschen Unternehmen, die an meinem Institut

---

[4] Vgl. Steiner/Teixera (1990), S. 59ff, ähnlich auch das Drei-Ebenen-Modell von Wollnik (1986) und die Erweiterung von Wieland (1995), S. 122ff.

[5] Vgl. Steiner/Teixera (1990), S. 65.

[6] Vgl. Wieland (1995), S. 131ff.

[7] Vgl. z.B. Waldenberger (1990).

durchgeführt wurde, nehmen Finanzdienstleister ebenfalls eine Spitzenstellung ein - nur Transport- und Tourisitikunternehmen betreiben auf dieser Ebene ähnlich hohen Aufwand.[8] Geschäftsbanken und Erstversicherer wenden im Durchschnitt jährlich etwa 20 TDM IT-Kosten pro Nutzer auf und beschäftigen im Gegenzug schon etwa jeden zwanzigsten Mitarbeiter in entsprechenden IT-Abteilungen. Für Rückversicherungen liegen die Werte sogar doppelt so hoch.

Insgesamt dürften die mittelbaren und unmittelbaren Kosten der Informationsverarbeitung bei Finanzdienstleistern in der Größenordnung von 90% des Verwaltungsaufwandes liegen. Sie sind damit ausgesprochen transaktionskostenintensiv, da Transaktionskosten stets Kosten der Information und Kommunikation darstellen. Eine überlegene, an den Koordinationskosten ansetzende Organisation könnte für Finanzdienstleister noch größere Wettbewerbsvorteile begründen, als dies z.B. in der Automobilindustrie möglich wäre. Einen Schlüsselfaktor müssen dabei neue Informations- und Telekommunikations-technologien spielen, die zwar tendenziell den Aufwand auf der System- und Infrastrukturebene erhöhen. Ansatzpunkte ergeben sich dort besonders auf der Ebene der internen Abwicklung, die eine relativ mehrwertdiensttypische Aufgabenstruktur aufweist. Der hohe Anteil des Verwaltungsaufwandes, den diese Ebene bindet, garantiert gleichzeitig eine starke Hebelwirkung. Desweiteren können erhebliche Nutzenpotentiale auf der Ebene des geschäfts- und kundenbezogenen Informationseinsatzes realisiert werden. Durch den Einsatz neuer IuK-Technologien lassen sich z.B. häufig vorteilhaftere Risiko-selektionen erzielen oder erhöhter Kundennutzen schaffen, der sich erlösseitig niederschlägt.

1.2.2 Der Vertrieb von Finanzdienstleistungen erfordert eine kundennahe Organisation

Finanzdienstleistungen können nicht anonym auf Vorrat produziert werden. Die Vertriebsfunktion ist integraler Bestandteil des Leistungsprozesses. Banken und Versicherungen benötigen daher den direkten, in der Regel laufenden Kontakt zu ihren Kunden.

Mit Ausnahme einiger spezialisierter Institute, die sich auf Industrieversicherungen bzw. Wholesale- und Institutional Banking konzentrieren, sind die meisten Banken und Versicherungen zumindest auch im Massengeschäft mit Privatkunden und Gewerbetreibenden tätig.

Bisher gab es daher Alternativen zu einer starken, regional strukturierten Vertriebsorganisation: Filialnetze der Banken und Außendienst sowie Niederlassungen der Versicherungen. In die großen regionalen Einheiten wurden häufig auch weitgehende Abwicklungsfunktionen (z.B. Überweisungs-, Scheckverarbeitung) integriert, um Zeit und Transport- bzw. Übertragungskosten einzusparen.

Die Entwicklungen bei neuerern Informations- und Telekommunikationstechnologien stellen diese Notwendigkeiten zunehmend in Frage:

---

[8] Vgl. Picot/Gründler (1995).

52

– Neben Finanzdienstleistungsvertrieb durch persönlichen Kontakt treten verstärkt mediatisierte Transaktionen auf.

– Effiziente Netzdienste ermöglichen die Zentralisierung von Abwicklungsfunktionen.

1.3 Informations- und Kommunikationstechnik beeinflußt die Kosten der Arbeitsteilung und ermöglicht neue Organisationsformen

Der starke Einfluß von Informations- und Kommunikationstechnologien auf die Organisation des informationsintensiven Bank- und Versicherungsgeschäft wurde bereits betont. Wie stellen sich diese Zusammenhänge nun konkret dar? Neue IuK-Technologien üben auf Finanzdienstleister zwei scheinbar gegenläufige Einflüsse aus. Einerseits entsteht ein Trend zu dezentralen, kleinen Einheiten, andererseits scheint funktionale Spezialisierung in zum Teil neuartiger Weise möglich.

Der erstgenannte Trend wird durch die preisgünstigere Verfügbarkeit und Leistungsfähigkeit von Hardwarekomponenten und Standardsoftware ausgelöst. Dadurch sinken die minimal erforderlichen Betriebsgrößen für realtiv standardisierte Processing-Aktivitäten. Gleichzeitig befähigen integrierte Datenbanken und Workflowsysteme Sachbearbeiter zu ganzheitlicherer Sachbearbeitung. Damit wird die Bildung kleiner und schlagkräftiger Einheiten mit dezentralen Systemen möglich. Einige Beispiele belegen diesen Trend:

– Mutual Benefit Life konnte einen mehrstufigen Bearbeitungsvorgang für Versicherungsanträge, an dem 19 Bearbeiter in 5 Abteilungen beteiligt waren, auf einen einzigen Case Manager konzentrieren. Ermöglicht wurde diese Aufgabenintegration erst durch ein entsprechendes Datenbanksystem. Durch die Einsparung unproduktiver Zeiten und Aktivitäten - also typischer Kosten der Arbeitsteilung - konnte die Durchlaufzeit von durchschnittlich 25 auf 2-5 Tage reduziert werden. Die Produktivität stieg drastisch: Trotz beträchtlicher Personaleinsparungen wurde die Bearbeitungskapazität verdoppelt.[9]

– Noch eindrucksvoller erscheinen die Erfolge mit ähnlichem Konzept bei IBM Credit. Durch den Einsatz von Case Managern mit Datenbankunterstützung wurde die Durchlaufzeit eines Kreditantrages von 6 Tagen auf 4 Stunden reduziert. Mit leicht verringertem Personalstand konnten plötzlich hundertmal mehr Kreditanträge bearbeitet werden.[10]

– Nicht nur im Unternehmen, sondern auch am Markt entsteht ein Trend zu kleineren Einheiten. Durch die marktliche Verfügbarkeit entsprechender IT-Services sank z.B. Mitte der achtziger Jahre in den USA die minimal effiziente Größe für die Ausgabe hochprofitabler bankspezifischer Kreditkarten von über 5.000 Kunden auf die Größenordnung weniger hundert. Dadurch konnten rund 1.500 Credit Unions innerhalb weniger Jahre rund 1,7 Mio. Bankcards ausgeben und dadurch knapp 10

---

[9] Vgl. Hammer (1990), S. 106.

[10] Vgl. Hammer/Champy (1994), S. 36ff.

Mrd. US$ an hochrentablen Aktiva generieren. Vergleichsweise wenige Karten und Geschäftsvolumen pro neuen Wettbewerber, in der Summe jedoch bedeutend.[11] In diesen Trend sind auch zahlreiche Direktbanken und -versicherer einzuordnen, auf die ich später noch eingehen werde.

Es gibt jedoch auch eine gegenläufige Entwicklung: Die Wartungs- und Neu- bzw. Weiterentwicklungskosten für strategische Informationssysteme und -netze steigen in zahlreichen abwicklungsintensiven Bereichen stark an. Das Geschäft wandelt sich zu einem wenig differenzierten Fixkostengeschäft, in dem naturgemäß nur noch wenige Wettbewerber überleben können. Die Globalisierung einzelner Geschäfte verstärkt diesen Trend noch. Komplementär dazu spielen zunehmend spezifische Fähigkeiten im IT-Bereich und insbesondere im Feld der Telekommunikation und Mehrwertdienste eine zunehmende Rolle in einzelnen Wettbewerbssegmenten. Ein einzelnes Unternehmen kann diese diverse Vielzahl notwendiger Fähigkeiten in der Regel kaum aufbauen und überlegen weiterentwickeln - es muß sich konzentrieren und bestimmte Aktivitäten Dritten überlassen. Verschärft wird diese Disaggregationstendenz schließlich durch stark sinkende Telekommunikationskosten bei gleichzeitig steigender Möglichkeiten neuer Dienste. In einer Leistungskette, durch die primär Informationen fließen, verbinden Telekommunikationsdienste die einzelnen Schritte. Ein stark verbessertes Preis-/Leistungsverhältnis ermöglicht damit die Auslagerung einzelner Schritte über räumliche und Unternehmensgrenzen. Damit entsteht eine Tendenz zur funktionalen Zentralisierung. Einige Beispiele belegen dies:

– J.P. Morgan konnte z.B. in Großbritannien Rechenzentren schließen, da die gesunkenen Telekommunikationskosten eine Zusammenfassung des Processings in den USA ermöglichten. Der gleiche Trade-off hat dazu geführt, daß dänische Banken dazu übergegangen sind, die interne Abwicklung ihrer grönländischen Aktivitäten in ihre dänischen Rechenzentren zu integrieren.[12]

– Nicht nur im Unternehmen wird zentralisiert, sondern auch Unternehmen spezialisieren sich: Security Custody & Processing ist ein typisches Beispiel. Die State Street Bank in Boston hat sich fast ausschließlich auf Aktivitäten in diesem Bereich konzentriert. Sie dürfte etwa 10% des Weltbestandes an Wertpapieren verwalten und ist damit unangefochtener Marktführer - von den knapp 1.500 US-Wertpapierfonds ließen 1988 über 40% ihren Bestand bei diesem Institut verwalten. Nur die allergrößten Fondsgesellschaften können es sich noch leisten, diese Aktivitäten selbst wahrzunehmen. Etwaige Differenzierungsvorteile erkaufen sie dabei jedoch mit hohen Kostennachteilen gegenüber dem spezialisierten Dienstleister.[13]

– Noch stärkere Effekte bestehen im internationalen Zahlungsverkehr. SWIFT bietet als Genossenschaft seit 1977 für ihre Mitglieder einen entsprechenden Mehrwertdienst an. Mittlerweile haben sich alle größeren Institute diesem Netz angeschlossen. Durch die Bündelung auf einen Dienstleister konnten die Kosten pro Nachricht

---

[11] Vgl. Steiner/Teixera (1990), S. 219f.

[12] Vgl. Wieland (1995), S. 157.

[13] Vgl. Steiner/Teixera (1990), S. 210ff.

54

jährlich um etwa 40% reduziert werden. Erfahrungskurveneffekte, die eine Bank mit ihrem eigenen Volumen nie erreichen könnte. Konkurrierende, interne Mehrwertdienste werden dadurch in Nischen zurückgedrängt oder werden zum Wettbewerbsnachteil.[14]

Eine gewisse Regelmäßigkeit ist zu beobachten. Während sich Dezentralisierungstendenzen häufiger an den Downstream-Aktivitäten der Leistungskette entfalten, wirken Upstream verstärkt Zentralisierungstendenzen. Den geeigneten Mix im Spannungsfeld zwischen integrierenden und disaggregierenden Effekten neuer Informations- und Telekommunikationstechnologien zu finden, stellt Banken und Versicherungen vor eine weitreichende Herausforderung. Sie erfordert umfangreiche Veränderungen und wird von vielfältigen Risiken begleitet. Der in den genannten Beispielen erzielte Pay-off macht sie zu lohnenden Zielen.

2. Unternehmerische Herausforderungen für Banken und Versicherungen

Diverse Entwicklungen im Branchenumfeld traditioneller Banken und Versicherungen stellen diese Wettbewerber vor zusätzliche unternehmerische Herausforderungen. Einerseits verändert sich das marktliche Umfeld und der Konkurrenzkampf mit vergleichbar strukturierten Wettbewerbern. Andererseits treten neue, einfacher strukturierte und fokussierte Wettbewerber in den Markt ein. Sie gewinnen schnell Marktanteile und scheinen mit der verschärften Wettbewerbssituation teilweise besser zurecht zu kommen als etablierte Finanzdienstleister. Diese Entwicklungen üben zunehmenden Druck auf traditionelle Finanzdienstleister aus, die organisatorische Herausforderung anzunehmen- und entsprechende Umstrukturierungen anzustoßen.

2.1 Der Wettbewerbsdruck auf etablierte Banken und Versicherungen nimmt zu

2.1.1 Etablierte Finanzdienstleister sind relativ hoch integrierte Unternehmen

Die meisten etablierten Banken und Versicherungen arbeiten seit Jahrzehnten nach einem Erfolgsrezept: Möglichst hohe Wertschöpfung und effiziente Abwicklung durch Integration einer Vielzahl von Kundenbedürfnissen, Produkten und Aktivitäten in gemeinsame Strukturen. Sie verfolgen in doppelter Hinsicht ein integriertes Konzept:

– Die Vertriebskanäle vertreiben ein breites Sortiment von Finanzdienstleistungen und sprechen dafür oft relativ heterogene Kundengruppen an. Mehrere hundert unterschiedliche Produkte in einer typischen Bankfiliale, das Vollsortiment des klassischen Versicherungsvertreters und insbesondere zunehmende Allfinanzorientierung

---

[14] Vgl. Wieland (1995), S. 109ff.

belegen diese Integrationsstrategie, die auf Economies of Scope im Front-Office abzielt.

– Im Back-Office besteht eine hohe Leistungstiefe. Für den überwiegenden Teil der Leistungskette werden integrierte, also interne Koordinationsformen gewählt: Sie werden im Unternehmen abgewickelt und, um Economies of Scale zu erreichen, funktional zentralisiert. Dadurch entsteht eine vielfältige Verknüpfung der Leistungsketten in der internen Abwicklung.

Die Kombination von hoher Wertschöpfung und Volumenvorteilen war bisher eine Erfolgsformel im Finanzdienstleistungssektor. Allerdings bietet die integrierte Strategie dem Wettbewerb eine breite Angriffsfläche. Etablierte Marktführer stützen ihre Wettbewerbsvorteile auf eine Vielzahl von Aktivitäten und müssen diese alle konsequent weiterentwickeln.

2.1.2 Das Wettbewerbsumfeld für etablierte Wettbewerber verschärft sich

Der Wettbewerb hat sich in den letzten Jahren eindeutig verschärft:

– Im Zeitraum 1983-91 ist die Eigenkapitalrendite der deutschen Kreditinstitute von 20% auf 14% gefallen. Wesentlicher Treiber dieser Entwicklung war der Rückgang der durchschnittlichen Zinsspanne von 2,3% auf 1,8% im gleichen Zeitraum.[15]

– Die deutschen Versicherungsunternehmen mußten im Zeitraum 1989-92 einen Einbruch ihrer Vorsteuergewinne von durchschnittlich 1,8% auf 1,3% des Bruttoprämienvolumens hinnehmen. Am stärksten waren davon die Schadens- und Unfallversicherer betroffen, die statt 2,8% nur noch 1,8% ihrer Bruttoprämien als Jahresüberschuß vor Steuern ausweisen konnten.[16] Gleichzeitig nimmt auch das Prämienwachstum ab. Nach 10% in 1993 und 8% in 1994 wird für 1995 nur noch mit 6% gerechnet. Dabei wurde das Wachstum primär durch Tariferhöhungen realisiert, das Neugeschäft stagniert.[17]

Durch die Einführung neuer Informations- und Telekommunikationstechnologien hat diese Branche einen Umbruch und einen Umverteilungsprozeß erfahren: Während Kunden von der Einführung neuer Technologien direkt profitieren konnten, wurde indirekt die Branchenrentabilität belastet. Jedoch nur im Durchschnitt; die Schere zwischen Marktführern und Nachzüglern weitet sich, so daß überlegene Unternehmen auch in einem veränderten Branchenumfeld überdurchschnittliche Renditen erzielen können. Im einzelnen haben folgende Entwicklungen diesen Prozeß begründet und dürften ihn auch weiter beschleunigen:

---

[15] Monatsberichte der deutschen Bundesbank, August 1992, S. 30-47.

[16] Handelsblatt vom 08.09.1994.

[17] Handelsblatt vom 14.03.1995.

56

– Durch die Einführung neuer Informations- und Telekommunikationstechnologien wurde die Produktivität in der internen Abwicklung in den letzten Jahren massiv gesteigert. Wenn jedoch die Produktivität schneller als die Nachfrage wächst, entstehen in einer Branche Überkapazitäten. Nach Expertenschätzungen sollen in den Vertriebs- und Verwaltungsapparaten im Versicherungssektor Überkapazitäten von mehr als 30% bestehen. Im Bankensektor stehen in den nächsten Jahren angeblich 100.000 Arbeitsplätze und ein Viertel der Zweigstellen zur Disposition.[18]

– Die weiter massiv zunehmende IT-Intensität vieler Zweige des Bank- und Versicherungsgeschäftes verwandelt diese Bereiche zunehmend in Fixkostengeschäfte. Im Verbund mit Überkapazitäten und fallenden Regulierungen führt dies in der Regel zu Verdrängungswettbewerb. Die Analogie zum Luftverkehr liegt auf der Hand.

– Durch IT wurden zahlreiche Produkte mit hohen Kundennutzen erst möglich, besonders deutlich wird dies im Bereich Cash-Management. Das Merill Lynch Cash-Management Account ist ein genauso IT-intensives Produkt wie die zahlreichen Cash-Management Produkte für Firmenkunden. Durch den hohen Leistungsstandard der Produkte konnten Kunden ihre Einlagen auf niedrigverzinslichen Transaktionskonten stark absenken und zerstörten damit die Mischkalkulation aus defizitärem Zahlungsverkehr und hochprofitablen Einlagen. Was bleibt ist ein defizitärer Zahlungsverkehr, dessen Preisniveau im Verdrängungswettbewerb kaum wieder auf ein akzeptables Niveau steigen dürfte. Obwohl US-Banken in den 80er Jahren ihre Provisionen für Cash Management Services etwa verdoppelt haben, ist der Nettoeffekt dieses Trends auf ihre Gewinnmargen stark negativ.[19]

– Zusätzlich erhöht der IT-Einsatz auch den Informationsstand der Kunden. Der Übergang von Last-Day-Reporting auf Same-Day-Reporting bis hin zur Übermittlung von Kontoständen und Umsätzen im 15 Minutentakt ermöglicht Firmenkunden ein weitaus aggressiveres Cash-Management. Da diese Potentiale zunehmend genutzt werden, sinken die durchschnittlichen Einlagen auf Transaktionskonten weiter ab.

– Letztlich treten in diese Branche auch noch neue Wettbewerber ein, die in scheinbar unbedeutenden Marktnischen und bisher hochdefizitären Segmenten Geld verdienen. Ermöglicht wird dies durch fallende Regulierungen und organisatorische und technische Innovationen. Ausländische Wettbewerber sowie Non- und Near-Banks konkurrieren plötzlich mit etablierten Banken um die angestammten Kunden. Ähnliches ist im Versicherungsmarkt insbesondere durch die Deregulierung seit 1.7.1994 zu erwarten. Die Margen dürften sich dann in Richtung der schon länger deregulierten Versicherungsmärkte wie Großbritannien und Frankreich orientieren. Dort werden nicht einmal mehr die Hälfte der aktuellen deutschen Gewinnspannen erzielt.[20]

---

[18] Vgl. Muth (1993) bzw. Der Spiegel 17/1995.

[19] Vgl. Steiner/Teixera (1990), 158f.

[20] Handelsblatt vom 14.03.1995.

Im folgenden werde ich die Herausforderung durch einige besonders interessante
Wettbewerber kurz nachzeichnen, da sich aus ihren Erfolgsrezepten Schlüsse für die
Lösung der organisatorischen Herausforderungen ziehen lassen, der sich Banken und
Versicherungen durch die genannten Faktoren gegenübersehen.

2.2   Die besondere Herausforderung durch segmentierte Wettbewerber

2.2.1 Neue Wettbewerber stellen die klassischen Erfolgsrezepte in Frage

Besonders interessant unter den neuen Wettbewerbern ist ein Typus, der ganz und gar
nicht nach dem integrierten Konzept arbeitet, sondern einen segmentierten Ansatz
verfolgt. Einige Erfolgbeispiele unterstreichen dies (Abbildung 1):

Einige Erfolgsbeispiele segmentorientierter Wettbewerber

	MARKTERFOLG	FINANZIELLER ERFOLG
DIRECT LINE U.K., gegründet 1985	2,4 Mio Kfz- und Haushaltspolicen wächst 2-3 mal so schnell wie der Markt	Umsatzrendite 18% ROI 177%*
FIRSTDIRECT U.K., gegründet 1989	500.000 "upscale" Kunden Wachstumsrate 25% p.a.	k.A. **
CHARLES SCHWAB USA	3.1 Mio Kunden, davon 200.000 im Online Betrieb	Umsatzrendite 13% Eigenkapitalrendite 29%
SKANDIA BANK SWE, gegründet 1994	30.000 Kunden nach einem halben Jahr	?
DIREKT ANLAGE BANK D, gegründet 1994	14.000 Kunden und über 1 Mrd DM Anlagevolumen nach einem Jahr	?
COMDIRECT BANK D, gegründet 1995	100 Mio DM Kundengelder innerhalb weniger Wochen	?

* 1994 vor Steuern, ROI bezogen auf eingezahltes Kapital
** keine seperate Berichterstattung durch die Muttergesellschaft Midland Bank plc

SCHAUBILD 1

Abb. 1: Erfolgsbeispiele segmentorientierter Wettbewerber

– Die Royal Bank of Scotland erzielt mit ihrer 1985 gegründeten Versicherung Di-
rect Line ein Prämienvolumen von 600 Mio. britischen Pfund in den Segmenten
Kfz-Versicherung (1,9 Mio Policen) und Haushaltsversicherung (500.000 Policen).
Da die Schadens- (65%) und die Aufwandsquote (15%) jeweils deutlich unter dem
Branchendurchschnitt liegen, konnten 110 Mio. britische Pfund Gewinn vor Steu-
ern erzielt werden. Eine zehnmal höhere Marge als vergleichbare deutsche Versi-

58

cherungen erzielen und fast das doppelte des von der Mutter investierten Kapitals.[21] Mit ihrer Tochter Banking Direct versucht die Royal Bank of Scotland seit kurzem dieses Konzept auch im Bankgeschäft anzuwenden.

– Dort ist sie jedoch nur einer von vielen Folgern. Pionier war der Konkurrent Midland Bank, der mit seiner Tochter Firstdirect schon seit 1989 erfolgreich am Markt operiert. Ihr Geschäft hat diese Bank bezeichnenderweise an einem Sonntag aufgenommen. Mittlerweile bietet die Bank ihren 500.000 Kunden rund um die Uhr 365 Tage im Jahr ein Vollsortiment von Bankleistungen an - ausschließlich über das Medium Telefon. Darunter eine vollständige Privatkreditpalette inklusive Hypotheken. 10.000-12.000 neue Kunden kommen jeden Monat hinzu. Die Nachfrage wird dabei ähnlich wie bei Direct Line durch TV-Werbung und Direct Mail generiert. Empfehlungen zufriedener Kunden sind ein weiterer wichtiger Faktor, durch die 25% des Neugeschäfts akquiriert wird. Dabei kann es sich Firstdirect leisten, sehr selektiv zu sein und jeden vierten Kunden im Kreditbereich abzulehnen. Über den finanziellen Erfolg von Firstdirect sind keine konkreten Angaben verfügbar, da die Muttergesellschaft Midland Bank keine seperaten GuV-Zahlen für ihre Tochter ausweist. Branchenkenner gehen jedoch von einer überlegenen Kostenposition aus. Während bei traditionellen britischen Großbanken rund 60% der durch Zins- und Provisionsüberschüsse erzielten Wertschöpfung durch den laufenden Verwaltungsaufwand aufgezehrt werden, dürfte diese Relation bei Firstdirect eher bei 25% liegen.[22]

– Charles Schwab operiert in den USA schon länger als fokussierter Discount Broker mit stationärem Vertriebsnetz. Schwab hat sich auf Aktientransaktionen ohne Beratung spezialisiert und damit eine neue Kundenschicht für Aktieninvestments gewonnen. Insgesamt bedient Schwab mittlerweile 3,1 Mio. Kunden. 200.000 davon nicht mehr im stationären Vertrieb, sondern virtuell. Seine Software „StreetSmart" bietet Kunden nicht nur erhebliche Vorteile in der Verwaltung ihres Depots, sondern übermittelt Wertpapierorders per Modem direkt in das Abwicklungssystem von Charles Schwab.[23] Der Erfolg ist an den Geschäftsergebnissen ablesbar: Auf ein Umsatzvolumen von zuletzt 1 Mrd. US$ erzielte Schwab in den letzten drei Jahren nach Steuern jeweils zweistellige Umsatzrenditen. Die Eigenkapitalrendite lag dabei jeweils in der Größenordnung von 30%.[24]

– Ähnliche Beispiele gibt es auch in Schweden und Deutschland. Der Versicherungskonzern Skandia konnte mit seiner Telefonbank innerhalb eines halben Jahres 30.000 Kunden gewinnen. Die Hypo-Bank akquirierte mit ihrer Direkt Anlage Bank im gleichen Zeitraum etwa 14.000 Kunden mit einer Anlagesumme von über 1 Mrd DM.[26] Die Commerzbank-Tochter comdirect konnte nach wenigen Wochen

---

[21] Royal Bank of Scotland plc. Annual Reviews & Financial Statements 1994.

[22] Vgl. u.a. Williams (1994) und den Economist vom 19.6.93, S. 75ff.

[23] Fortune, May 29, 1995, S. 57/58.

[24] Charles Schwab Corp.: Annual Report 1994.

[26] Der Spiegel 17/1995

bereits Einlagen von 100 Mio. DM vereinnahmen.[27] „Kanibali-sierung" ist dabei eher die Ausnahme, der überwiegende Teil der Kunden brachte tatsächlich neues Geschäft: Die Direkt Anlage Bank hat nur etwa 5% ihrer Kunden aus dem Hypo-Bank Konzern abgeworben. Und auch hier wurden neue Wege beschritten: Skandia wickelt sein Kundenvolumen im Front-Office mit einer Schichtbesetzung von nur einem Dutzend Kundenberatern ab - die Systeminvestitionen blieben unter einer halben Million DM.[28]

– Auch auf dem deutschen Versicherungsmarkt gibt es Erfolgsbeispiele: Direktversicherer wie Cosmos, DA, Europa, Quelle oder Tellit Direct halten zwar erst 2% des Sachversicherungsmarktes, vereinnahmen aber z.B. im Kfz-Versiche-rungsbereich schon 20% des Neugeschäftes. Der Kostenvorteil gegenüber etablierten Versicherern erscheint dramatisch. Während die Branche im Durchschnitt 9,1% der Brutto-prämien als Verwaltungskosten aufwendet, kommt die Europa Direktversicherung mit 2,6% aus. Zusammen mit dem starken Wachstum, das mittelfristig einen Marktanteil von 10-15% im Kfz-Segment erwarten läßt, sind Direktversicherer eine ernsthafte Bedrohung für etablierte Versicherungen.[29]

Hinter den Beispielen steht ein klarer Trend. Nach einer Analyse der europäischen Versicherungsindustrie wenden 80% der gleichzeitig überdurchschnittlich schnell wachsenden und überdurchschnittlich profitablen Unternehmen ein segmentiertes Konzept an.[30] Worauf basiert nun das Erfolgsrezept dieser „Angreifer" ?

2.2.2 Organisation als strategischer Erfolgsfaktor der neuen Wettbewerber

Die meisten dieser „Angreifer" können auf Fähigkeiten ihrer Konzernmütter aufsetzen. Ihre Heimat liegt in der gleichen Branche im Ausland (Tellit), als Bank im Versicherungsgeschäft (Skandia), bzw. als Versicherung im Bankgeschäft (Direct Line/-Royal Bank of Scotland), in anderen Sparten des Bankgeschäftes (Banque Directe/ Paribas) und teilweise sogar direkt in der Branche (Direkt Anlage Bank/Hypo, comdirect/Commerzbank, Firstdirect/Midland Bank). Alle diese Unternehmen sind jedoch „Clean-Sheet-Startups". Sie operieren unabhängig und - soweit von der Herkunft gegeben - in Konkurrenz zur Mutter. Dadurch konnten sie ein neues Geschäftsver-

---

[26] Financial Times vom 20.03.95

[26] Handelsblatt vom 22.09.1994

[26] vgl. Muth (1993)

[26] Financial Times vom 02.09.94

[26] Wirtschaftswoche vom 12.08.94 Direkt Anlage Bank: Direkt 3/95 und Direkt Anlage Bank Anzeige in der SZ vom 19.05.95.

[27] Der Spiegel 17/1995.

[28] Financial Times vom 20.03.95.

[29] Handelsblatt vom 22.09.1994.

[30] Vgl. Muth (1993).

ständnis entwickeln, ihre Organisation voll auf das Zielsegment ausrichten und die Potentiale neuer IuK-Technik voll nutzen.

Neues Geschäftsverständnis

Die neuen Wettbewerber setzten bewußt einen Kontrapunkt zum integrierten Geschäftsverständnis ihrer etablierten Konkurrenten. Sie konzentrieren sich auf ein genau umrissenes Marktsegment und setzen in diesem Segment neue Spielregeln.

Direct Line hat erkannt, daß zumindest in den Segmenten Kfz- und Haushaltsversicherungen der Vertrieb von Versicherungspolicen effizienter origanisiert werden könnte. Statt zwischen 10-30% Provisionen für die Vertriebsorganisation aufzuwenden, die bei jeder jährlichen Verlängerung der Police wieder fällig werden, kommt Direct Line mit einem einmaligen Vertriebsaufwand von unter 10% der Bruttoprämien aus. Statt Kunden einzeln über eine stationäre oder mobile Vertriebsorganisation zu werben, wird über massive Werbung in Massenmedien Nachfrage generiert und am Telefon realisiert. Direct Line Kunden verlängern zu 80% ihre Policen am Jahresende, während im Branchendurchschnitt die Hälfte der Kunden abspringt und mühsam neu akquiriert werden muß.[31]

Die Direkt Anlage Bank setzt ausschließlich auf gehobene und informierte Kunden, die bei etablierten Banken zwischen den Stühlen „Privates Anlage Management" und „Standardisiertes Massengeschäft" sitzen würden. Sie bietet ihnen ausschließlich Transaktionsleistungen im Wertpapierbereich an. Abgerundet wird das Angebot durch ergänzende Zahlungsverkehrsleistungen, durch die die Direkt Anlage Bank zu einer Zweitbankverbindung wird. Eine Kreditkarte, die auch den kostenlosen Zugang zum Geldautomatennetz der Hypo-Bank ermöglicht, wird erst ab einem relativ hohen Anlagevolumen ausgegeben. Kredit- und Einlagengeschäft werden dagegen nur in Verbindung mit Wertpapieren (Lombardkredit) bzw. als Nebenprodukt (Verzinsung des Verrechnungskontos) angeboten. Die Gebührenpolitik (Basisgebühren plus variable Beträge mit hoher Volumendegression) und die hohen Einlageanforderungen für die Ausgabe einer Kreditkarte, führen zu einem Selbstselektionsmechanismus an der Kundenbasis. Das durschnittliche Anlagevolumen pro Kunde bei der Direkt Anlage Bank liegt etwa doppelt so hoch wie im Branchendurchschnitt. Ähnlich definiert die comdirect Bank ihr Segment - mit dem Unterschied, daß Zahlungsverkehrsleistungen nicht zum Angebot gehören, sondern das Verrechnungskonto stärker Anlagezwecken dient. Jedoch plant sie eine Sortimentsausweitung nach dem Muster von Firstdirect.

Gleichzeitig konnten die Pioniere die Spielregeln im Segment neu definieren. Ob Wertpapiergeschäft ohne Beratung (Direkt Anlage Bank), vereinfachte Preismodelle (jede Transaktion 1 SEK - Skandia), die generelle Idee, Versicherungen am Telefon zu verkaufen (Direct Line) bis hin zur weitgehenden Automatisierung von Routineprozessen im Telefonbanking (Kontonummer, PIN, Kontostand, letzte Transaktionen - Skandia): Kunden mußten nicht mühsam überzeugt und lange Übergangsfristen mit

---

[31] Financial Times vom 02.09.94.

Doppelaufwand gefahren werden - der Standard konnte gesetzt und das Segment definiert werden.

Unter den vielen Innovationen ist dabei ein Muster zu erkennen. Statt den Kunden persönlich in der Geschäftsstelle oder zu Hause zu bedienen, setzen die neuen Wettbewerber verstärkt auf Selbstbedienung oder zumindest mediatisierte Fremdbedienung über Telefon und zunehmend Computer. Gleichzeitig entsteht eine Art virtueller Kundenkontakt, der nicht mehr starr an bestimmte Orte und Zeiten gebunden ist (Abbildung 2). Der Erfolg dieser Konzepte ist sichtbar, teilweise sogar überraschend: Skandia konnte mit seinem Automatisierungskonzept eine größere Zahl älterer, pensionierter Kunden mit hohem Geldvermögen gewinnen.

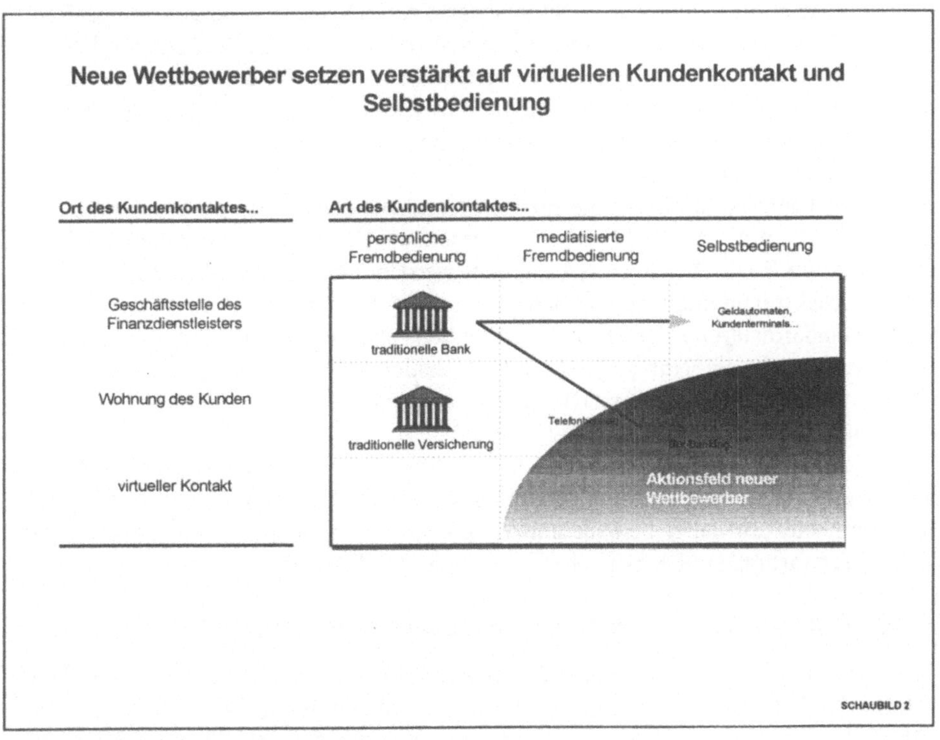

Abb. 2: Positionierung der neuen Wettbewerber

Ausrichtung der Organisation am Geschäft

Die neuen Spielregeln verändern das Geschäft. Dies fordert organisatorische Innovationen geradezu heraus und eröffnet neue Möglichkeiten effizienterer Arbeitsteilung. Genau diese Potentiale haben die Unternehmen erkannt und realisiert. Ihre Organisation nutzt neue IuK-Technologien, um Finanzdienstleistungen schneller und schlanker zu erbringen. Ermöglicht wurde dies durch die klare Fokussierung auf ein Marktsegment, die Neudefinition der Spielregeln und die Chance von Null aus zu starten. Etablierte Finanzdienstleister, die mit einer Binnensegmentierung ihre Vielzahl von Kundengruppen, Produkten und gelebten, aber teueren, Gewohnheiten in den Griff zu bekommen versuchen, müssen Kompromisse eingehen.

Die neuen Wettbewerber haben ihre Wettbewerbsvorteile in ihren Prozessen verankert, in der Gestaltung der Leistungstiefe und der Wahl der Koordinationsformen. Diese organisatorischen Wettbewerbsvorteile erweisen sich als tendenziell nachhaltiger als solche, die auf Produkten basieren. „Mee-too-Produkte" erscheinen schnell auf dem Markt. Überlegene Prozesse, die auch noch ständig weiterentwickelt werden sind schwerer zu kontern. Das Cash-Management-Account von Merill Lynch z.B. war zwar ein überlegenes Produkt. Seine mehrjährige Monopolstellung wurde jedoch durch seine innovative Leistungskette und spezifischen IT-Systeme gestützt.

Die Teletrader im zentralen, telefonischen Front-Office der Direkt Anlage Bank wickeln z.B. nur eine Hand voll unterschiedlicher Prozesse ab. Alle Prozesse können daher optimal im IT-System abgebildet werden und schon voll definiert an das Back-Office weitergegeben werden. Die interne Abwicklung ist dann tatsächlich eher ein Mehrwertdienst als ein klassische Bankleistung - mit entsprechenden organisatorischen Gestaltungspotentialen.

Ähnlich kann Tellit Direkt die meisten Kundenanfragen computerunterstützt direkt in seinem mit nur 40 Mitarbeitern besetzten Telefonpool abschließend bearbeiten. Was im Back-Office weiterbearbeitet werden muß, ist vollständig DV-erfasst, wodurch Rückfragen und Doppelarbeiten minimiert wurden.[32]

Die Standardisierung der Prozesse ermöglicht auch einen Abbau der Wertschöpfungstiefe: Durch die Nutzung externer Dienstleister im Routing und der Übermittlung von Wertpapierorders (Direkt Anlage Bank), aber auch durch Einsatz von kostengünstiger Standardsoftware (Skandia).

Eine solche Organisation läßt sich mit relativ wenig Personal und mit vergleichsweise geringem Investitionsvolumen realisieren. Dadurch können relativ enge Marktsegmente profitabel bedient und - insbesondere wenn das Marktsegment die Volumenserwartungen übertrifft - hervorragende Renditen erzielt werden.

Essentielle Bedeutung neuer IuK- und Telekommunikationstechnologien

Neue Informations- und Kommunikationstechnologien, speziell Telekommunikationstechnologien, spielen im Konzept der segmentierten Wettbewerber ein doppelte Rolle. Erstens wären alle diese Geschäfts- und Organisationsstrategien ohne die jetzt kostengünstig verfügbaren Technologien kaum denkbar. Zweitens besteht die Erfolgsformel der neuen Wettbewerber gerade in der spezifischen Abstimmung von Strategie, Organisation und Technologie für das gewählte Segment.

Die Skandia Telefonbank z.B. wäre weder vom Volumen noch vom Konzept her ohne LAN Client-/Server-Lösungen und integrierte PBX- und Computersysteme mit Sprach- und Dial-Tone-Erkennung nicht denkbar. Drei Merkmale neuer Informations- und Telekommunikationstechnologien sind dabei entscheidend. Erstens ermöglichen sie die integrierte und schnelle Abwicklung, auf die das Geschäft der Direktban-

---

[32] Wirtschaftswoche vom 12.08.94.

ken und -versicherer aufgebaut ist. Zweitens werden für Downstream-Aktivitäten Technologien verfügbar, die geringe Mindestgrößen aufweisen, gleichzeitig aber skalierbar sind. Daher wird es möglich, Downstream mit überschaubaren Investments anfangs kleine Segmente zu bedienen, dort aber schnell zu wachsen. Und drittens verleihen sie den Anwenderunternehmen die Flexibilität, sich entsprechend neuer Erfahrungen in weitere Geschäftszweige zu entwickeln. Die Direkt Anlage Bank z.B. hat im ersten Jahr ihres Bestehens ihr Angebot schon mehrfach ausgeweitet - mittlerweile umfaßt das Angebot auch Optionsprodukte, Auslandsanleihen und US-Wertpapiere und Fondssparpläne.

Neue Informations- und Telekommunikationstechnologien, mit Personal und Organisation zu einer Erfolgsformel für das spezifische Segment abgestimmt, resultieren meist in einer überlegenen Kostenposition. Nach einer Diebold Studie sind die Erfahrungen deutscher Banken mit dem Instrument Telefonbanking eher enttäuschend. Für Firstdirect oder andere Direktbanken, deren komplettes Geschäftssystem auf dieses Instrument ausgerichtet ist, dürfte die Kalkulation anders aussehen. Da die etwa 1.500 Firstdirect-Mitarbeiter mittlerweile über eine halbe Million Kunden betreuen, schlägt ihre Pro-Kopf-Produktivität sogar die führender japanischer City Banken. Mit dem Befund, daß japanische Banken mit rechnerisch 360 Kunden pro Retail-Mitarbeiter fast doppelt so produktiv sind wie vergleichbare deutsche Institute hat McKinsey großes Aufsehen erregt.[33] Firstdirect erreicht eine ähnliche Relation, obwohl alle Mitarbeiter in die Kalkulation einbezogen wurden und sich die Bank immer noch in der Aufbau- und Wachstumsphase befindet. Die stärker fokussierte und technisierte Skandia Telefonbank könnte sogar eine noch höhere Produktivität erreichen. Aus den verfügbaren Zahlen ließe sich eine zwei- bis dreimal bessere Kunden-/Mitarbeiterrelation als für die vieldiskutierten japanischen Musterbeispiele ableiten - deutsche Institute würden sogar mit 4-6 : 1 deklassiert. Hochinteressante Benchmarking-Partner operieren also vor der „Haustür" in der eigenen Branche, teilweise sogar im eigenen Konzern. Ähnliches gilt für Segmentversicherer. Sie sind von ihrer Kostenbasis her etwa 40-50% schlanker als traditionelle Wettbewerber.[34]

3. Wie können Banken und Versicherungen den neuen Herausforderungen organisatorisch begegnen?

Banken und Versicherungen haben die Herausforderungen erkannt und angenommen. Fast alle Großbanken haben eine segmentorientierte Direktbank in Planung oder sind gerade dabei, sie am Markt einzuführen. Auch wenn damit 500.000 Kunden angestrebt, wie bei der Deutschen Bank, oder Marktpotentiale von 15% aller Bankkunden, wie bei der Commerzbank, gesehen werden[35]: Den neuen Wettbewerbern allein durch Nachahmung zu begegnen, kann nicht die Antwort sein. Integrierte Versicherer - besonders in den U.S.A. und U.K. - haben Antworten auf die genannten Herausforde-

---

[33] Vgl. z.B. Bierer/Fassbender/Rüdel (1992).

[34] Vgl. Muth (1993).

[35] Der Spiegel 17/1995.

rungen gefunden und konkurrieren als Multi-Spezialisten ähnlich erfolgreich wie die Ein-Segment-Wettbewerber, zum Teil sind sie ihnen sogar überlegen.[36]

Die Organisation muß marktorientiert, quasi von außen nach innen, gestaltet werden. Wenn neue IuK-Technologien auch wichtige Anregungen geben und viele Möglichkeiten erst eröffnen, darf die Organisation nicht um die Technik herum „gebaut" werden. Das Unternehmen muß um den Kunden herum zentriert werden, Organisation und Technik integriert auf diesen Zweck hin optimiert werden. Dies wird häufig vergessen - die neuen Wettbewerber haben diese an sich alte Weisheit jedoch stringent befolgt und erfolgreich umgesetzt. Auch etablierte Bankkonzerne beschreiten diesen Weg schon seit langem in Teilbereichen: Zahlreiche Hypothekenbankentöchter ähneln in ihrem Konzept den neuen Segmentwettbewerbern.

Im Vorgehen ergeben sich drei Stufen, die in gewisser Weise aufeinander aufbauen: Zuerst ist das Unternehmen in seinen Makrostrukturen kundenorientiert auszurichten und zu segmentieren. Dann ist in den kleiner geschnittenen Einheiten das eigentliche Geschäftssystem zu gestalten, so daß überlegene Prozesse entstehen. Drittens ist als Querschnittsaufgabe die wirtschaftliche Nutzung einer wertvollen Ressource zu organisieren, die etablierten Banken und Versicherungen in hohem Umfang zur Verfügung steht, deren Nutzungspotential bisher aber bei weitem noch nicht ausgeschöpft scheint: die umfassende Kundeninformationsbasis.

3.1 Das Unternehmen auf den Kunden ausrichten: Segmentierung von Finanzdienstleistern

Die marktorientierte Ausrichtung der Makrostrukturen vollzieht sich in drei Schritten. Zuerst sind Geschäfte marktorientiert zu segmentieren, um die zukünftige Zielrichtung von Unternehmensentwicklung und -organisation festzulegen. Im zweiten Schritt ist die Organisation auf diese neue Segmentierung auszurichten, also der Schritt vom integrierten Finanzdienstleister zum Multi-Spezialisten. Dabei muß im dritten Schritt ein Gleichgewicht im Spannungsfeld zwischen Zentralisierung und Dezentralisierung gefunden werden, um einerseits so flexibel wie ein reiner Segmentwettbewerber agieren zu können und andererseits segmentübergreifende Größenvorteile zu nutzen.

3.1.1 Geschäftssegmentierung

Während sich Finanzdienstleister zumindest bis vor einigen Jahren primär nach ihrer Innensicht organisierten, geht jetzt der Trend mehr zur Außenorientierung, der Kundensicht. Die Produkt- / Regionenmatrix im Bankbereich und die Spartengliederung im Versicherungsbereich weicht zunehmend einer Segmentierung nach Bedarfsbündeln. Aus einer Produkt- / Kundenmatrix lassen sich Segmente und Schwerpunkte ableiten. Ergebnis sind überschaubare Segmente mit deutlich homogeneren Kundenstrukturen und -bedürfnissen als im integrierten Konzept. Auf der Ebene eines solchen Segmentes können etablierte Finanzdienstleister dann direkt mit Segmentwett-

---

[36] Vgl . Muth (1993).

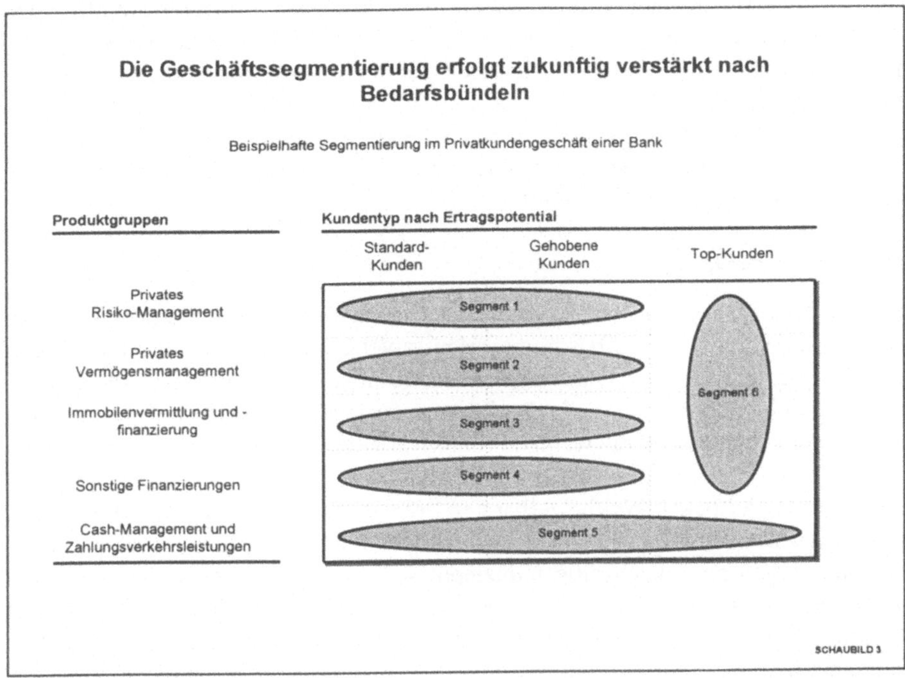

Abb.3: Beispielhafte Geschäftssegmentierung im Privatkundengeschäft

bewerbern konkurrieren. Abbildung 3 zeigt ein denkbares Ergebnis einer solchen Segmentierung im Privatkundengeschäft.

Während ein Segment die Vermögensanlage, Risikomanagement und Finanzierungen der Top-Kunden integriert, werden gehobene und Standardkunden jeweils von spezifischen Segmenten bedient werden. Der Zahlungsverkehr könnte allerdings wieder ein Segment über mehrere Kundengruppen hinweg darstellen. Jedoch sind in der Praxis auch noch feinere Segmentierungen zu beobachten, was zwei aktuelle Werbespots aus den USA belegen. Während Chase Manhattan Kunden mit guter Kredithistorie eine Bankcard mit besonders günstigen Zinssatz offeriert, folgt darauf ein Angebot für Ratenkredite für die entgegengesetzte Klientel: „If your credit history is less than perfect - call The Money Store !". Durch seine Erfahrung in diesem Segment konnte der Money Store entsprechende Fähigkeiten aufbauen, um aus dem Kundenpotential, das andere Banken automatisch ablehnen, die relativ besten Risiken zu selektieren.

3.1.2 Gestaltung der Leistungskette

Die schon diskutierten Segmentwettbewerber konzentrieren sich meist auf ein Segment und haben ihr komplettes Geschäftssystem darauf ausgerichtet - mit teilweise eindrucksvollem Markt- und finanziellem Erfolg. Ein etablierter Wettbewerber ist tendenziell benachteiligt, wenn er dem nur eine Organisation entgegensetzen kann, in

66

der hochkomplexe Leistungsketten gleichzeitig eine Vielzahl anderer Kunden- und Produktgruppen bedienen müssen. Die durch die Geschäftssegmentierung geschaffenen organisatorischen Potentiale können erst durch eine entsprechend gestaltete Leistungskette realisiert werden. Dies ist ein zweistufiger Prozeß: Erst nachdem die Produkte entsprechend definiert wurden, können die korrespondierenden Leistungsketten sinnvoll gestaltet werden. Geschäftspolitische und organisatorische Herausforderungen sind also wiederum eng verknüpft.

Spezifische Produkte

Produktgestaltung hat bei Finanzdienstleistern eine starke organisatorische Komponente. Produkte wie eine bestimmte Hausratversicherung oder ein Ratenkredit standardisieren den Leistungsaustausch an der Kundenschnittstelle. Auf diesen Leistungsaustausch müssen dann alle Funktionen ausgerichtet werden. Dies ist dann umso leichter, wenn nur relativ wenige Produktvarianten mit geringer Komplexität im Angebot sind.

Die meisten der neuen Wettbewerber beschränken sich nicht nur auf ein Segment, sondern auch auf wenige Produkte. Statt mehrerer hundert Varianten bieten Direktbanken nur 10-20 an. Gleichzeitig reduzieren sie durch Standardisierung die Komplexität dieser Produkte: Skandia hat keine komplexen Preismodelle mehr, fast jede Transaktion kostet einheitlich eine Krone. Bei der Direkt Anlage Bank gibt man eine voll standardisierte Order für eine bestimmte Menge einer bestimmten Wertpapierkennnummer ab - bei Charles Schwab sogar per elektronischem Datenaustausch.

Der optimale Mix zwischen Individualisierung und Standardisierung hängt dabei natürlich vom jeweiligen Geschäftssegment ab. Im Massensegment des Retail Bankings ist stärkere Konzentration und Standardisierung angezeigt. Das Beispiel der First Wachovia Bank in den USA zeigt, daß durch entsprechende Differenzierung im Standardsegment pro Betreuer 5-8 mal mehr Kunden betreut werden können als im gehobenen Segment.[37]

Erste Schritte in dieser Richtung gehen im Massensegment z.B. die Hypo-Bank und die Noris Bank. Mit der H.S.B. Hypo Service Bank wurde in Ostdeutschland ein Filialnetz aufgebaut, dessen Sortiment sich auf ca. 20 Produkte beschränkt. Die Noris Bank hat an der Produktkomplexität angesetzt. Statt Girokonto und Sparbuch anzubieten, werden ab einem bestimmten Betrag Giroeinlagen wie Sparbucheinlagen verzinst. Dadurch werden eine Vielzahl von Umbuchungen vermieden. Die Dresdner Bank hat damit begonnen, ihr Wertpapier- und Depotgeschäft in vier unterschiedliche Produkte mit spezifischen Konditionen und Leistungensmerkmalen zu differenzieren, um damit unterschiedlichen Kundengruppen besser gerecht zu werden. Ihr Discount Modell konkurriert damit auch mit Anbietern wie der Direkt Anlage Bank und comdirect. Obwohl die Dresdner Bank das Produkt der Segmentwettbewerber kopieren kann, läßt sich deren spezifische Leistungskette in den bestehenden Strukturen kaum nachahmen. Die Wettbewerbsvorteile dieser neuen Konkurrenten basieren nicht nur auf Produkten, sondern sind in den Prozessen verankert.

---

[37] Vgl. Steiner/Teixera (1990), S. 235.

Spezifische Leistungskette

Für ein vereinfachtes Produkt, das auf ein bestimmtes Segment ausgerichtet ist, lassen sich unter Nutzung des Einsatzpotentials neuer Informations- und Telekommunikationstechnologien für viele Finanzdienstleistungen Leistungsketten entwerfen, die traditionellen Prozessen überlegen sind. Die Aufgabenverteilung zwischen Kunde und Bank oder Versicherung kann sich verschieben, genauso wie sich intern das Zusammenspiel zwischen Front- und Back-Office verändern dürfte. Letzlich wird daraus auch eine veränderte Mischung zwischen manuellen und automatisierten Schritten resultieren. Die konkrete Gestaltung der Leistungskette ist dabei stark unternehmens- und segmentspezifisch. Daher können im folgenden nur exemplarisch einige Entwicklungen beleuchtet werden.

Die Kundenbetreuung bei der Direct Line oder Tellit Direct Versicherung hat z.B. wenig mit der klassischen Arbeitsteilung zwischen Versicherungsinnen- und -außendienst zu tun. Durch die Kombination des telefonischen Kontakts mit einem Informationssystem, das aus einer zentralen Datenbank alle Kunden-, Tarif- und Vertragsmerkmale bereitstellen kann, wird eine veränderte Leistungskette möglich, die auf umfangreichen Schriftverkehr und Formulare weitgehend verzichtet. Die 40 Mitarbeiter im Telefonpool der Tellit Direct können mit ihrem Informationssystem fast alle Kundenanfragen abschließend bearbeiten. Die verbleibenden Aufgaben für das Back-Office sind entweder Sonderfälle, oder es nimmt auch hier die Rolle eines Mehrwertdienstes ein, der einen Zahlungsvorgang veranlaßt oder eine Police versendet.

Ähnliche Veränderungen sind durch Electronic Underwriting zu erwarten, da hierdurch zahlreiche Bearbeitungsschritte des Innendienstes wegfallen und die weitere Bearbeitung ebenfalls stärker den Charakter eines Mehrwertdienstes annimmt. Beide Entwicklungen kombiniert im Verbund mit populären Netzdiensten wie Compuserve oder Btx ließen einen Übergang zu virtuellem Vertrieb mit Fremdbedienung zu. Hier würde der Kunde umfangreiche Teile der Leistungskette selbst übernehmen und eine weitere Vereinfachung der Leistungskette ermöglichen. Erste Ansätze zu einem solchem Electronic Underwriting in Selbstbedienung bieten US-Versicherungen schon in Compuserve an.

Im Bankbereich hat Charles Schwab in den USA genau diesen Schritt schon getan. Über das PC-Softwareprogramm „StreetSmart" verwalten 200.000 Kunden nicht nur ihre Depots sondern geben per Modem direkt Wertpapierorder an das Schwab-Abwicklungssystem. Schwab ist in diesem Bereich nur noch ein Mehrwertdienstanbieter, der die Aufträge über ein Routing System an entsprechende Market Maker weiterleitet und abrechnet. Mit einem zweiten Programm „FundMap" kann jeder Schwab-Kunde selbst geeignete Fonds für seine Bedürfnisse selektieren und entsprechend ordern - statt persönlicher Beratung investiert Schwab in die Erstellung und Wartung eines entsprechenden PC-Programms.[38]

---

[38] Fortune, May 29, 1995, S. 58.

Auch der stationäre Vertrieb verändert sich durch verstärkten IT-Einsatz - die meisten Banken haben heute Geldautomaten und Kontoauszugdrucker. Neben der Citibank Privatkunden AG und der Noris Bank richtet z.B. die H.S.B. Hypo Service Bank ihre Leistungskette besonders konsequent am Bedarf ihres Segmentes aus sowie an den Möglichkeiten neuer IuK-Technologien: Ein großer SB-Bereich für alle Standardtransaktionen, der die Hälfte des Filiallayouts einnimmt, steht neben einem Beratungsbereich, in dem relativ kostengünstige, meist nur angelernte Mitarbeiter Kredit- und Anlageprodukte verkaufen. Noch konsequenter setzen japanische Banken dieses Konzept um. Eine Großbank unterhält in Tokyo an allen Bahnstationen Automatenfilialen. Pendler können dort täglich standardisierte Bankdienstleistungen in Anspruch nehmen. Die wenigen Full-Service Geschäftsstellen bieten auch die komplexeren Leistungen wie Vermögensanlage und Finanzierungen an. Da die Betriebskosten einer Automatenzweigstelle nur einen Bruchteil der Kosten einer Full-Service-Geschäftsstelle ausmachen, erreicht die Bank bei geringeren Kosten eine höhere Marktabdeckung als vergleichbare Konkurrenten mit traditioneller Leistungskette.

Durch verbesserte Leistungsfähigkeit von Informations- und Telekommunikationstechnologien werden ständig neue Einsatzpotentiale im Finanzdienstleistungsbereich erschlossen, die für einen kreativen Anbieter Basis neuer Wettbewerbsvorteile sein können. Intuit bietet z.B. nicht nur seine Finanzsoftware Quicken an, sondern auch einen Mehrwertdienst, der Überweisungen kostengünstig unter weitgehender Umgehung des Bankensystems ermöglicht. Bisher nutzen von 5 Mio Quicken-Nutzern in den USA 300.000 Nutzer diesen Dienst. Wäre die Microsoft-Intiut Fusion nicht untersagt worden, wäre durch die Kombination mit Microsofts Kundenbasis und seinem Microsoft Network ein ernstzunehmender Anbieter mit überlegener Leistungskette im Segment privater Zahlungsverkehr entstanden.[39] Erste Ansätze, das weit verbreitete Internet für Zahlungsvorgänge zu nutzen, existieren ebenfalls bereits.[40]

3.1.3 Auswahl der Koordinationsformen

Eng verknüpft mit der Gestaltung der Leistungskette ist die Frage der Koordinationsformen, d.h. welche Teile der Leistungskette ein Finanzdienstleister anderen Dienstleistern überlassen soll, bzw. welche er wie selbst wahrnimmt und wie diese Aufgaben aufeinander abgestimmt werden.

Eigenerstellung oder Fremdbezug

Zuerst zur Entscheidung zwischen Eigen- und Fremdbezug (Abbildung 4). Eigenerstellung ist vorzuziehen, wenn die betreffende Aktivität für den Markterfolg von hoher strategischer Bedeutung ist und gleichzeitig hohe unternehmensspezifische Investitionen und Fähigkeiten erfordert. Traditionell wurden die meisten Aktivitäten im Finanzdienstleistungsbereich in dieses Feld eingeordnet. Lediglich einige Randak-

---

[39] Fortune, May 29, 1995, S. 10.

[40] Vgl. Credé (1995).

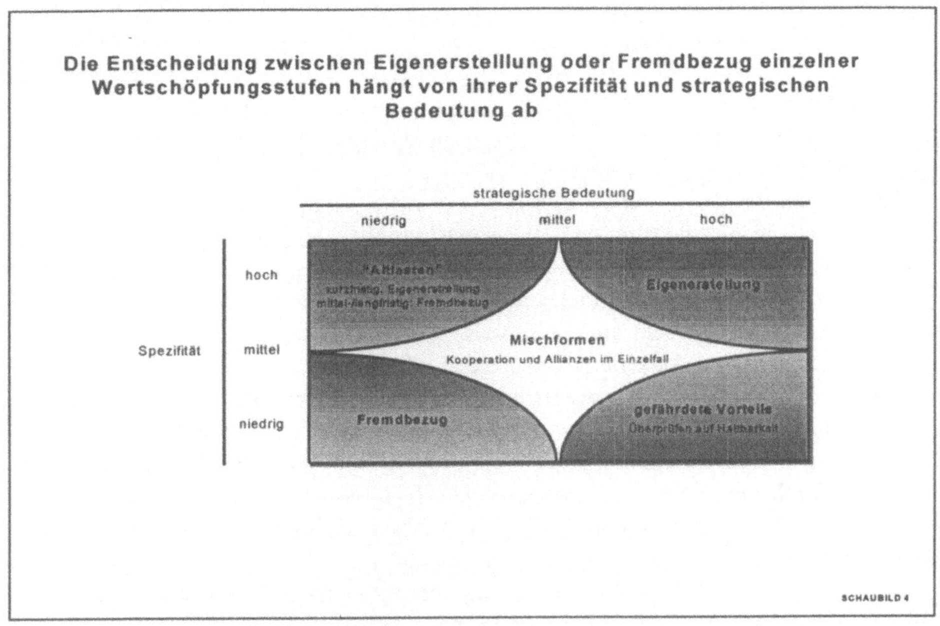

Abb. 4: Eigenerstellung oder Fremdbezug

tivitäten wie Rechenzentrumsbetrieb und Facility Management werden mittlerweile vermehrt von externen Dienstleistern übernommen. Dazwischen liegt eine Vielzahl von Fällen, bei denen die Ausprägungen weniger klar gelagert sind. Meist wurden diese Leistungen mangels Alternativen ebenfalls selbst erstellt. Teilweise wurden jedoch auch schon Allianzen und Kooperationen gewählt, wie die Gemeinschaftseinrichtungen der Sparkassen und Genossenschaftsbanken oder Kooperationen von Großbanken bei Softwareentwicklungsprojekten zeigen.

Unter dem Einfluß neuer Informations- und Telekommunikationstechnologien entstehen jedoch häufig Tendenzen in Richtung von Kooperationen und Allianzen oder zum Fremdbezug von Wertschöpfungsstufen.[41] Um einen Wettbewerbsvorsprung auf Basis überlegener Technologien zu halten, ist ein kontinuierlicher Investitionszyklus nötig, der in vielen Bereichen zu einem Investitionswettlauf eskaliert, in dem nur wenige Unternehmen überleben können. Dabei wandelt sich häufig auch die Spezifität des Geschäftes. Statt bank- und versicherungsspezifischer Fähigkeiten gewinnen sehr spezifische Fähigkeiten im IT-Bereich zunehmend an Bedeutung. Global Custody, Credit Card Processing und mehrere Segmente der Industrieversicherung sind beispielsweise in diese Kategorie einzuordnen. Viele Unternehmen haben solche gefährdeten strategischen Vorteile der Eigenerstellung einer Wertanalyse unterzogen. Nur echte Vorteile, die mittel- und langfristig sowohl differenzierungsnotwendig als auch haltbar erscheinen, rechtfertigen eine weitere Eigenerstellung. In den vielen Fällen konnten die beiden Kriterien jedoch nicht erfüllt werden

---

[41] Vgl. auch Picot/Ripperger/Wolff (1995).

und die Aktivität wurde aufgegeben. Im Gegenzug haben führende Unternehmen in diesem Bereich solche Aktivitäten zu Marktleistungen gemacht und wurden zum Infrastrukuranbieter. 1987 wurde annähernd die Hälfte der in den USA ausgegebenen Kreditkarten von externen Dienstleistern abgerechnet.[42] Die Auslagerung von unternehmenseigenen Netzen in Dienstleistungsgesellschaften, wie sie in Deutschland z.B. die Deutsche Bank betreibt, zielt in dieselbe Richtung.

Ein Vorteil des „Clean Sheet Startups" der neuen Wettbewerber liegt auch in der Tatsache, daß sie zumindest noch keine Altlasten mitschleppen: Aktivitäten, die zwar strategisch unbedeutend, aber hochspezifisch gestaltet sind. Diese hausgemachte Spezifität zwingt die Unternehmen kurzfristig zur Eigenerstellung. Mittel- bis langfristig erscheint es jedoch nicht sinnvoll, wertvolle Ressourcen durch die Weiterentwicklung dieser Aktivitäten zu binden. Zumindest im Systembereich ist ein Trend zur Bereinigung dieser Altlasten zu beobachten, wie die Neuentwicklungs-, Softwareengineering- und Datenmodellierungsprojekte zahlreicher Finanzdienstleister belegen. Funktionale Systeme mit proprietären Datenbeständen werden zunehmend durch modulare, segmentspezifische Systeme mit gemeinsamen Datenbanken ersetzt. Die Auslagerung strategisch wenig bedeutender Aktivitäten muß jedoch auch in den anderen Abwicklungs- und Infrastrukturbereichen konsequent in Angriff genommen werden. Langfristig können nur die strategisch bedeutenden und unternehmensspezifischen Kernaktivitäten erfolgreich selbst erstellt werden.

Zentralisierung oder Dezentralisierung

Für diese Kernaktivitäten stellt sich die Frage nach der Organisation im Unternehmen: Soll die Eigenerstellung zentral oder dezentral erfolgen? In diesem Fall ist zu klären, worauf die Unternehmensspezifität beruht. Handelt es sich bei spezifischen Systemen um Querschnittsysteme des Gesamtunternehmens? Handelt es sich bei spezifischen Fähigkeiten um Kernkompetenzen des Gesamtunternehmens, die aufgrund von Unteilbarkeiten nur in einer zentralen Funktion sinnvoll entwickelt werden können?[43] In diesen Fällen ist eine hohe Infrastruktur- und funktionale Spezifität anzunehmen, die Zentralisierungstendenzen entwickelt. Andererseits können die wettbewerblichen Erfordernisse bei ähnlichen Aktivitäten in unterschiedlichen Segmenten sehr unterschiedliche Anforderungen stellen. Während z.B. in der Vermögensanlage im Top-Segment die Beratungsqualität der dominierende Wettbewerbsfaktor sein kann, ist im Standardsegment die Abwicklungseffizienz bedeutender. Hier liegt hohe Segmentspezifität vor. Beide Dimensionen kombiniert ergeben eine Spezifitätsmatrix, die Normstrategien für drei Situationen generiert - geringe Spezifität auf beiden Dimensionen ist bei Eigenerstellung ausgeschlossen (Abbildung 5).

---

[42] Steiner/Teixera (1990), S. 130.

[43] Vgl. Picot/Franck (1995), S. 29ff.

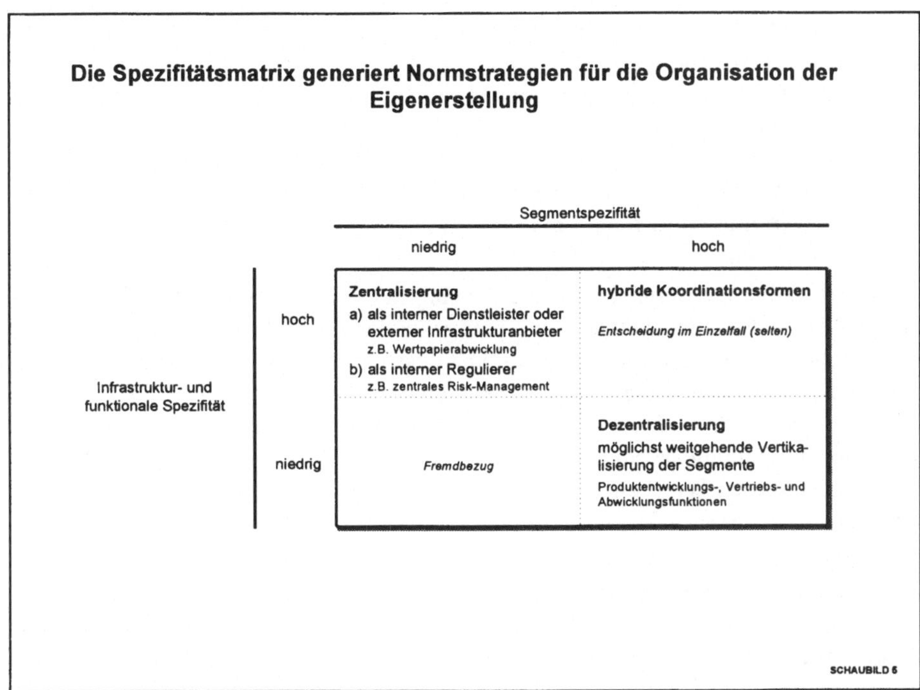

Abb. 5: Zentralisierung oder Dezentralisierung

Dabei ist jedoch nicht auf den status quo, sondern auf die zukünftigen Entwicklungen abzustellen, die durch den Einsatz neuer Informations- und Telekommunikationstechnologien maßgeblich geformt werden. In traditionellen Banken und Versicherungen überwiegen meistens Aktivitäten mit hoher Infrastruktur- und funktionaler Spezifität. Funktionale Abteilungen und Systeme sind über Jahre sowohl in der Zentrale wie in den regionalen Filialen und Generaldirektionen gewachsen. Bei zahlreichen Versicherern herrscht weiterhin die klassische Spartenorganisation. In jüngerer Zeit werden diese Abteilungen in Kundensegmente zergliedert.[44] In Großbanken haben die mächtigen Kreditabteilungen, deren Kompetenz sich auf alle Kundengruppen bezieht, Divisionalisierungsanstrengungen in der Regel relativ unbeschadet überstanden. Ähnlich stellen Rechenzentren in der Zentrale und in den regionalen Einheiten eine gemeinsame Infrastruktur für alle Produkt- und Kundengruppen zur Verfügung.

Einsatzpotentiale neuer Informations- und Telekommunikationstechnologien entkoppeln jedoch zunehmend Informationseinsatz und interne Abwicklung. Telekommunikationsdienste ermöglichen die bundesweite - in einigen Fällen sogar die europa- oder weltweite - Zusammenfassung von Processing-Aktivitäten an einem Standort. Fortgeschrittenere Dienste wie Desktop-Videoconferencing oder Virtual Reality, deren Nutzungspotential sich gerade erst entfaltet, dürften ähnliche Entwicklungen im Bereich know-how-intensiver Funktionen bzw. Sparten entwickeln. Die Mitarbeiter

---

[44] Vgl. z.B. Schmidt-Salzer (1991).

der Kreditabteilung müssen nicht mehr notwendigerweise an dem Ort arbeiten, an dem ihr Know-how benötigt wird. Sogar eine virtuelle Funktion wäre denkbar, deren Mitarbeiter über verschiedene Standorte verteilt sind. Durch eine virtuelle Bündelung z.B. aller Kreditfachleute der Hauptfilialen einer Großbank kann eine mehrfache kritische Masse entstehen, die das Problem der Unteilbarkeiten behebt und segmentspezifische Abteilungen möglich macht. Neue IuK-Technologien senken in diesem Fall die Infrastruktur- und funktionale Spezifität. Der Abbau von Altlasten wirkt in die gleiche Richtung.

Dadurch fallen Barrieren für die Umsetzung der Geschäftssegmentierung in segmentspezifische Leistungsketten. Eine weitgehende Vertikalisierung der Segmente wird möglich. Personelle und technische Ressourcen können dezentral zusammengefaßt, auf die Bedürfnisse des Segments ausgerichtet und ständig weiterentwickelt werden. Die schon diskutierten segmentorientierten Wettbewerber liefern zahlreiche Anschauungsbeispiele für dieses Konzept. Jedoch auch traditionelle Großbanken haben diesen Weg schon beschritten, wie die Auslagerung der Vermögensberatung für Top-Kunden in eigene Beratungstöchter oder Privatbanken zeigt.

Trotzdem werden auch weiterhin zahlreiche Aktivitäten Zentralisierungskandidaten bleiben und sogar neue hinzukommen. Hatten Zentralabteilungen bisher häufig „hoheitlichen" Charakter und funktionale Weisungsrechte, werden zentrale Aktivitäten zukünftig vermehrt zu internen Dienstleistern umstrukturiert. Sie erbringen für mehrere Segmente definierte Dienstleistungen zu marktorientierten Preisen und sind für die Entwicklung ihres internen Geschäftes voll verantwortlich. So erbringt das Wertpapierdienstleistungszentrum der Direkt Anlage Bank Abwicklungsleistungen sowohl für das eigene Segment als auch für Schwesterunternehmen im Hypo-Bank Konzern. Unterstrichen wird diese Entwicklung häufig durch Ausgründung von Dienstleistungsgesellschaften, so daß tatsächlich auch im handelsrechtlichen Sinne Umsätze fakturiert und Gewinne oder Verluste erzielt werden. In der Industrie hat z.B. ABB diesen Weg beschritten und weltweit fast alle internen Dienstleistungsfunktionen in Servicegesellschaften ausgegründet. Mehrere Versicherer haben ihre IT-Aktivitäten nach diesem Schema ausgelagert. Auch im Bankbereich gibt es Beispiele für dieses Konzept. So hat die Bayerische Vereinsbank ihre IT-Aktivitäten in die BV-Info ausgegründet und aus dem Corporate Network der Deutschen Bank ist die Deutsche Gesellschaft für Netzdienste entstanden.

Eine handelsrechtliche Verselbständigung erleichtert es auch, diese Dienstleistung externen Kunden anzubieten. Dadurch entwickelt sich der Dienstleister zum Infrastrukturanbieter. Aus dem Cost Center wird ein eigenständiges Geschäft. Die Deutsche Bank hat mit ihrer Tochter DGN solche Pläne. Die Citibank bietet in Deutschland Sparkassen und kleineren Banken mit ihrem Handelssystem für Optionsscheine ebenfalls eine Infrastrukturdienstleistung an. Durch die Ausweitung der Kundenbasis können beträchtliche Volumenvorteile erzielt werden, wie Beispiele aus den USA zeigen. Die State Street Bank aus Boston, die sich fast gänzlich zu einem Infrastrukturanbieter im Bereich Security Processing & Custody gewandelt hat, hält in diesem Segment weltweit Marktanteile in der Größenordnung von 10%, in einigen Segmenten sogar 40%. Kein anderer Wettbewerber - ob am Markt oder als interner Dienstleister eines integrierten Wettbewerbers - kann sich in diesen Aktivtäten auf eine auch nur annähernd so gute Kostenposition stützen. State Street schafft es dadurch, seinen Marktanteil bei anhaltend hoher Profitabilität weiter zu steigern. Häufig erfordert diese Entwicklung auch das Überdenken der Leistungstiefenentscheidung. Selbst einige der größten Kreditkartenemitenten in den USA haben ihre internen Processing-Aktivitäten in Kooperationen eingebracht oder an externe Dienstleister verkauft.

Jedoch wird es auch weiterhin Aktivitäten geben, die durch interne Marktmechanismen nicht hinreichend abbildbar sind. Hier bietet sich eine Analogie zu hoheitlichen Aufgaben an, die auch in einer Marktwirtschaft sinnvollerweise dem Staat vorbehalten bleiben. Rechtliche Rahmenbedingungen, nationale und öffentliche Sicherheit sind beispielsweise öffentliche Güter. Ihre marktliche Erstellung würde zu gesamtwirtschaftlich suboptimalen Ergebnissen führen - wenn sie überhaupt denkbar ist.[45] Genauso schaffen Aktivitäten wie übergreifendes Risiko- und Compliance-Management, Public und Investor Relations sowie die Führung des Konzernvorstandes Nutzen für das gesamte Unternehmen, der einzelnen Einheiten nicht sinnvoll zurechenbar ist. Nur solche Funktionen, die quasi „unternehmensöffentliche" Güter erstellen, sollten weiterhin die Rolle eines internen Regulierers einnehmen und aus zentralen Budgets finanziert werden.

Letztlich bleiben noch Grenzfälle, die sich sowohl als infrastruktur- und funktionsspezifisch als auch als segmentspezifisch darstellen. Diese Fälle dürften aufgrund der skizzierten Entwicklungen zunehmend seltener werden. Je nach Gestalt der Aktivitäten ergeben sich für diese wenigen Grenzfälle Möglichkeiten hybrider Koordinationsformen. Für entsprechende Entwicklungsprojekte können z.B. gemeinsame Teams aus zentraler IT- und Fachabteilung gebildet werden. Für laufende Aufgaben werden häufig Koordinationsgremien eingerichtet. Die Bildung virtueller Funktionen, wie im Beispiel der Kreditabteilung angesprochen, könnte dieses Problem in Zukunft entschärfen. Als hybride Koordinationsform würden sie neue Möglichkeiten im Spannungsfeld zwischen Zentralisierung und Dezentralisierung ermöglichen.

3.2 Die Prozesse optimieren: Steigerung der operativen Leistungsfähigkeit

Durch Fokussierung, Neudefinition der Leistungskette, Segmentierung und einer Neuabstimmung zwischen Zentralisierung und Dezentralisierung alleine werden noch keine hinreichenden Wettbewerbsvorteile geschaffen, lediglich Potentiale. Fokussierte Geschäfte mit sauber segmentierten Makrostrukturen machen es zwar einfacher, überlegene Prozesse zu entwickeln. Die zweite Hälfte des Wettbewerbsvorteils liegt aber in der Optimierung der Leistungsprozesse. Mutual Benefit Life und IBM Credit haben ihre Erfolge durch Ansätze auf dieser Ebene erreicht. Und auch der Unterschied zwischen einer Hypothekenbank, die sich mehrere Wochen für die Bearbeitung eines Kreditantrages Zeit nimmt, und Citicorp's Mortgage Power Unit, die in 15 Minuten über einen Kreditantrag entscheidet, liegt in der Gestaltung der Leistungsprozesse und der Nutzung entsprechender Technologien. Nochmals substantiell anders dürfte der Leistungsprozeß für eine ähnliche Aufgabenstellung bei American Express aussehen. AMEXCO-Mitarbeiter müssen bei der Autorisierung von Karten-

---

[45] Vgl. Picot/Wolff (1994a) und Picot/Wolff (1994b).

umsätzen stets innerhalb von 30 Sekunden eine Kreditentscheidung fällen, da die Karte nicht mit einem Transaktionslimit versehen ist. Hinter solchen operativen Spitzenleistungen stehen überlegene Leistungsprozesse mit konsequentem Einsatz neuer Informations- und Telekommunikationstechnologien. Ansatzpunkte ergeben sich dabei in der Optimierung der „Kundenschnittstelle", der Optimierung der internen Abwicklung und der Weiterentwicklung von Führungs- und Steuerungsprozessen, die alle Leistungsprozesse überlagern und integrieren.

3.2.1 Optimierung der „Kundenschnittstelle"

Die Optimierung der „Kundenschnittstelle" im Front-Office hängt eng mit der Produktgestaltung zusammen. „Design to cost" hält auch in der Finanzdienstleistungsbranche Einzug. Die gleichzeitige Optimierung von Produkt und Prozeß birgt ein ungleich höheres Produktivitätspotential in sich als reine Rationalisierung. Vier Ansatzpunkte sind hier zu nennen: Die Entwicklung „intelligenterer" Produkte, die Automatisierung der Kundenschnittstelle, Anreizsystem für Kunden und die Einrichtung von „Schnellspuren".

„Intelligentere" Produkte ziehen weniger Abwicklungsaufwand nach sich. Die Zahlungsart Lastschrift im Datenträgeraustausch zieht weniger Bearbeitungsaufwand nach sich als manuelle Scheckzahlungen. Eine Girokonto mit integriertem Dispositionskredit vermeidet häufige Buchungen zwischen getrennten Kredit- und Guthabenkonten. Das +/- Konto der Norisbank vermeidet auch noch die typischen Buchungen zwischen Sparbuch und Girokonto, da Einlagen ab einer bestimmten Höhe mit dem Sparbuchzins verzinst werden. Das Merill Lynch Cash-Management-Account vermeidet sogar die Buchungen zwischen Girokonto und Geldmarktfonds, da diese vom IT-System autonom ohne manuelle Auslöser generiert werden.

Solche Produkte können immer nur einen Teil an sich redundanter Transaktionen eliminieren. Jedoch auch in den verbleibenden Transaktionen steckt noch viel Redundanz. Der Kunde, ein Makler oder ein Vertriebsmitarbeiter füllt einen mehrseitigen Versicherungsantrag oder ein Schadensformular aus, das erst nach geraumer Zeit in der Zentrale ankommt und dort im System erfaßt wird. Bei der Allianz wird ein Autoschaden z.B. erst nach 14 Tagen in der Zentrale erfaßt. Zukünftig soll dies binnen drei Tagen geschehen und die Zeitspanne bis zur Ausstellung einer Kaskopolice auf 3-4 Tage halbiert werden.[46] Dies sind nach meinen Erfahrungen typische Verbesserungen, die durch die Umstellung von konventioneller Erfassung auf elektronische Anträge erreicht werden. Neben einer Durchlaufzeitreduzierung um den Faktor 4-5 sind dabei regelmäßig auch Produktivitätssprünge um teilweise mehere 100% möglich. Durch Kombination von Electronic Underwriting und Telekommunikationsdiensten könnten sowohl noch weitere redundante Bearbeitungsschritte als auch Postlaufzeiten eliminiert werden. Die Vertragsdaten werden beim Kunden vollständig erfaßt und direkt in das Abwicklungssystem überspielt. Durch aufkommende Multimedia-Netzdienste oder leistungsfähige Multimedia Kundenterminals könnte teilweise sogar der Vertreterbesuch beim Kunden eingespart werden. Im Bankbereich sind solche

---

[46] Wirtschaftswoche vom 1.6.95, S. 52.

Multimedia Terminals in Großbritannien, aber auch z.B. in Singapur und Südafrika schon im Einsatz.[47] Die Citibank Privatkunden AG setzt einfachere Kundenterminals in Deutschland schon seit längerer Zeit massiv ein. Die Hypo und die Deutsche Bank ziehen ebenfalls verstärkt mit Kundenterminals nach, so daß ein immer größerer Teil der Transaktionen vom Kunden selbst eingegeben und dann über einen Mehrwertdienst abgewickelt wird.

Der Vorteil solcher automatisierter Transaktionen ist evident. Vergleichbare Transaktionen werden zu Vollkosten am Kundenterminal 75% kostengünstiger abgewickelt als am Schalter. Er steht und fällt jedoch mit der Akzeptanz und dem Nutzungsgrad der Kunden. Daher bedarf es entsprechender Anreize für die Kunden. Die Direkt Anlage Bank bonifiziert Btx-Wertpapierorder mit 4 DM und Schweizer Banken haben zeitweise die Kundenterminalnutzung durch ein Bonusprogramm gefördert. In japanischen Banken weist das System einen Schaltermitarbeiter freundlich darauf hin, einen bestimmten Kunden von den Vorteilen des Kundenterminals zu überzeugen. Bei First Chicago kostet jede Schaltertransaktion den Kunden prohibitve 3$.

Viele Produkte eignen sich scheinbar nicht für Selbstbedienung und Automatisierung. Versicherungs- und Hypthekenanträge sind scheinbar zu komplex und erklärungsbedürftig, da sie alle Eventualitäten abdecken müsssen und häufig Rückfragen anfallen. 90% der Komplexität und Rückfragen fallen jedoch meist bei weniger als 5-10% der bearbeiteten Fälle an. Citicorp´s Mortgage Power deckt eben nur die restlichen 90-95% der Fälle ab. Sie ist eine „Schnellspur". Alle Angaben können auf einem relativ einfachen 4-seitigen Formular gefaxt werden. Die wenigen restlichen Fälle, die bestimmte Merkmale nicht erfüllen, müssen auf dem konventionellen Weg bearbeitet werden. Oder man überläßt sie anderen Konkurrenten. In diesem Fall löst schon eine hinreichende Fokussierung das Problem. IBM Credit hat seine Geschwindigkeits- und Produktivitätssteigerung ebenfalls durch die Einrichtung einer „Schnellspur" erreicht. Nur wenige Finanzierungsanträge benötigten wirklich funktionales Spezial-Know-How. Die Case Manager bearbeiten den überwiegenden Anteil der Finanzierungsanträge jetzt in einem Zug. Problemfälle lassen sich nach definierten Kriterien herausfiltern und an eigens eingerichtete Spezialistenpools weiterleiten.

3.2.2 Optimierung der Abwicklung

Die Aufgaben des Back-Office splitten sich somit in zwei stark unterschiedliche Aufgabenstränge. Hochstrukturierte und standardisierte Aufträge, die von der „Schnellspur" in mehrwertdienstähnliche Abwicklungsformen münden, und unstrukturierte, wenig standardisierte Anfragen und Problemfälle. In beiden Bereichen gibt es zahlreiche Optimierungsansätze, die hier jeweils nur beispielhaft behandelt werden können.

Die Abwicklung hochstrukturierter und standardisierter Aufträge, die in Form von Datensätzen eingehen, entfernt sich zunehmend vom klassischen Bank- und Versicherungsgeschäft. Sie entwickelt sich zu einem Processing und Telekommunikations-

---

[47] Economist vom 20.5.95, S. 80-81.

geschäft mit extremen Skalen- und Bündelungseffekten. Daher sind starke Konzentrationstendenzen sowohl auf nationaler wie auf internationaler Ebene zu beobachten. Ermöglicht wird dies durch kostengünstige Telekommunikationsnetzwerke und -dienste, die Kundenschnittstelle und Back-office entkoppeln. Mit einem entsprechenden Corporate Network läßt sich der komplette Telefon-, Fax- und Datenverkehr von Deutschland auf Abwicklungszentrum in den Niederlanden umleiten. American Airlines hat sein Abwicklungszentrum mit dieser Technik in die Karibik verlegt, um von geringeren Faktorkosten zu profitieren. Ein virtuelles Back-Office verteilt ggf. Kapazitäten zwischen verschiedenen Standorten oder sogar Zeitzonen um Spitzen auszugleichen. Gleichzeitig kann Volumen zusammengefaßt werden, um Skalenvorteile zu realisieren.

Auch auf dem zweiten Aufgabenstrang gibt es Virtualisierungspotentiale. Das Beispiel der virtuellen Kreditabteilung wurde schon angesprochen. Die Organisation der funktionalen Spezialisierung in Unternehmensberatungen gibt hier ein Orientierungsbeispiel. Dort wäre es unmöglich, in jedem Büro Experten für alle Branchen und Funktionen vorzuhalten. Eine Lösung ist die Spezialisierung einzelner Büros auf bestimmte Schwerpunkte. Dies führt zu hoher Reisebelastung und fordert vielsprachige Berater, da Kundenprobleme verstreut auftreten. Die andere Möglichkeit ist, Spezialisten verstreut in verschiedenen Büros aufzubauen und den Know-how-Aufbau und Austausch auf häufigen internationalen Arbeitstagungen voranzutreiben. Meistens werden beide Modelle gemischt. Kredit- oder Tarifexperten können jedoch nicht anläßlich jeder Fragestellung, die Case Manager nicht selbständig bearbeiten können, eingeflogen werden. Kostengünstige Multimediadienste könnten die Flüge aber substituieren und diese Organisationsform ermöglichen. Dann ließe sich funktionales Know-how in regionalen Centern bündeln. Statt der Bündelung in regionalen Centern kommt verstärkt auch Telearbeit in Frage, was zusätzlich am Arbeitsmarkt neue Potentiale erschliessen würde.

3.2.3 Führung und Steuerung

Neue Geschäftsverständnisse, Strukturen und Leistungsprozesse müssen sich auch in den Führungs- und Steuerungsprozessen von Banken und Versicherungen widerspiegeln. Nur wenn die allen Führungskräften und Mitarbeitern zugewiesenen Kompetenz- und Verantwortungsbereiche den neuen Aufgaben entsprechen, ist eine zielgerichtete Steuerung und Weiterentwicklung des Unternehmens möglich. Wesentliche Entwicklungen umfassen dabei eine stärkere Konzentration der operativen Verantwortung im Linienmanagement und die Implementierung von Prozeßmanagement auch auf Team- und Mitarbeiterebene. Im neuen Umfeld müssen beide Konzepte dabei auf neue Steuerungskennzahlen aufbauen, die sich auch in entsprechenden Anreizsystemen widerspiegeln, so daß im Rahmen einer indirekten Führung verstärkt Handlungsspielräume gewährt werden können.

Konzentration der operativen Verantwortung im Linienmanagement

Stark vertikalisierte Segmente mit eigenem Geschäftssystem, die mit vorgelagerten und nachgelagerten Wertschöpfungsstufen über Marktmechanismen verbunden sind, entwickeln sich zu relativ überschaubaren und autonom steuerbaren Einheiten. Kompetenzen und Verantwortung eines am Markt operierenden Segmentleiters oder des Cost Center Leiters eines internen Dienstleisters müssen entsprechend weit ausgelegt sein. Durch die Konzentration der operativen Verantwortung nahe am Geschäft können Hierarchien abgeflacht und umfangreiche Stabsfunktionen abgebaut werden. Durch die höhere Reaktionsfähigkeit können im Tagesgeschäft Vorteile erzielt werden. Gleichzeitig lassen sich Strukturen und Prozesse im lokalen Bereich konsequent weiter auf die Markterfordernisse ausrichten und weiterentwickeln. Dies ist in überschaubaren, stark vertikalisierten Einheiten, deren Leitungen noch unmittelbar mit dem operativen Geschäft befaßt sind, ungleich leichter als in einem Großunternehmen mit tiefen und komplexen Führungsstrukturen.

Prozeßmanagement auf allen Ebenen

Genau wie die Ausdifferenzierung von Segmenten die operative Verantwortung des Linienmanagement steigert, eröffnet die Ausdifferenzierung von Leistungsprozessen neue Delegationsmöglichkeiten. Rank Xerox definiert z.B. alle seine Aktivitäten explizit als Prozesse und benennt Prozeßverantwortliche auch auf Team- oder Mitarbeiterebene. Ihre Aufgabe ist es, selbständig Meßgrößen für die Leistungsfähigkeit ihres Prozesses zu definieren und zu erheben. Sie sind dafür verantwortlich, den Prozeß ständig zu überdenken, sich durch Benchmarking an interner oder externer „best practice" zu messen und entsprechende Verbesserungsideen zu generieren, zu übernehmen und zu implementieren. Kaizen in japanischen Unternehmen ist ein ähnlicher Ansatz auf Teambasis. Genau wie in der Konzentration der operativen Verantwortung im Linienmanagement, wird hier der Informationsvorsprung an der Basis genutzt. Gleichzeitig wirkt die Erweiterung von Kompetenzen und Verantwortung motivationsfördernd. So ist es nicht überraschend, daß das eindeutige Benennen der Prozeßverantwortlichen als wichtigstes Gestaltungsinstrument in Reengineering-Projekten deutscher Unternehmen angesehen wird. Dies wird durch eine Umfrage belegt, die ich zu diesem Thema zusammen mit der Unternehmensberatung BPU bei deutschen Großunternehmen durchgeführt habe.[48]

Neue Steuerungskennzahlen

Prozeßmanagement ist mit klassischen Steuerungskennzahlen wie Zinsspannen oder Schadens- und Aufwandsquoten nur eingeschränkt möglich. Sie sind zu aggregiert und bestandsorientiert. Prozeßorientierte Kennzahlen müssen die Dynamik und den spezifischen Charakter der jeweiligen Prozesse widerspiegeln. Neue Steuerungskennzahlen können auf mehreren Dimensionen ansetzen. Für den Schadensbearbeitungsprozeß in Versicherungen könnten z.B. Durchlaufzeiten und Fehlerquoten gemessen werden. Im Bankbereich könnte z.B. der Nutzungsgrad eines Kundenterminals eine relevante Kennzahl sein. Wichtig ist dabei jedoch, daß diese Kennzahlen von den jeweiligen Geschäfts- und Prozeßverantwortlichen zumindest mitbeeinflußbar sind -

---

[48] Vgl. Picot/Böhme (1995).

78

sie also tatsächlich die operative Leistungsfähigkeit im jeweiligen Verantwortungsbereich widerspiegeln.

Neue Anreizsysteme

Neben den intrinsischen Anreizen zusätzlicher Kompetenzen und Verantwortung müssen Linienmanagement und Mitarbeitern auch extrinsische Anreize geboten werden. Die neuen Steuerungskennzahlen müssen sich in entsprechenden Anreizsystemen widerspiegeln. So sollten solche Kennzahlen explizit in die Zielvereinbarungen mit Führungskräften aufgenommen und der variable Gehaltsanteil, der von der Zielerreichung abhängt, ausgebaut werden. Gleiches gilt auf Team- und Mitarbeiterebene. Auch hier können verstärkt Prämien für bestimmte Prozeßziele ausgesetzt werden. Die Anreizsysteme brauchen nicht auf den monetären Bereich beschränkt zu bleiben. Bei Rank Xerox wird z.B. eine interne Business Excellence Certification durchgeführt, die die Reputation der jeweiligen Bereiche und Führungskräfte mitformt.

Indirekte Führung

Führungskräfte, insbesondere die obersten Führungskräfte im Top-Management müssen in diesem neuen Führungs- und Steuerungssystem ebenfalls eine veränderte Rolle einnehmen. Die Konzentration der operativen Verantwortung im Linienmanagement und Prozeßmanagement auf der Ausführungsebene bedingen Handlungsspielräume. Anreizsysteme bieten eine Möglichkeit, Linien- oder Prozeßmanager im Rahmen ihres Handlungsspielraumes zu steuern. Ein direkter Durchgriff auf operative Entscheidungen und regelmäßige Einzelfallanweisungen, die diesen Handlungsspielraum verletzen stören das System jedoch nachhaltig. Führung muß verstärkt indirekt über qualitative und quantitative Zielvereinbarung und Erfolgskontrolle erfolgen. Verantwortung muß nachhaltiger delegiert werden. Die Rolle vieler Führungskräfte wandelt sich daher tendenziell von „Macher" zum „Coach", was sich auch im Führungsstil und der Symbolik widerspiegelt. Die knapp 10.000 m² Bürofläche, die Firstdirect an seinem einzigen Standort in Leeds vorhält, haben hohe Ähnlichkeit mit vielzitierten Musterbeispielen wie Hewlett-Packard oder Opel in Eisenach. Den überwiegende Teil der Fläche bildet auf einem Stockwerk ein Großraumbüro, und auch auf der zweiten Etage gibt es weder abgeschlossene Büros noch Türen, die geschlossen werden könnten. CEO Kevin Newman hat einen offen Arbeitsplatz und trägt ein Namensschild wie jeder andere Mitarbeiter.[49]

3.3 Verborgene Integrationsvorteile nutzen: Den Wert der Informationsbasis realisieren

Große Finanzdienstleister verfügen über mehrere hundert Gigabyte Kundendaten, die von einer Vielzahl von Anwendungen benutzt werden. Zunehmend werden diese Datenbestände in relationalen Datenbanken auch unternehmensweit modelliert und

---

[49] Vgl. Williams (1994) und den Economist vom 19.6.93, S. 75ff.

sind damit einer Querschnittsnutzung zugänglich. Damit bietet sich die Chance, aus Datenbeständen durch Verknüpfungen Informationen mit hohem wirtschaftlichen Wert zu gewinnen, sofern die damit verbundene organisatorische Herausforderung angenommen wird. Die breite Datenbasis etablierter Finanzdienstleister wird dann zu einem echten Wettbewerbsvorteil gegenüber Segmentwettbewerbern. Realisiert werden kann dieser Vorteil sowohl durch den segmentübergreifenden Einsatz im eigenen Unternehmen als auch durch externe Vermarktung.

3.3.1 Nutzung im Unternehmen

Airlines haben diesen Weg vorgezeichnet: Wenn der wirtschaftliche Erfolg von Vielfliegerprogrammen als Marketinginstrument auch umstritten ist, der Informationsnutzen ist unbestritten. Informationen über Fluggewohnheiten mit Clusterungsmöglichkeiten nach Kundensegmenten, Verbundmarketing, Programme mit Hotels und Autovermietern, bis hin zu einem optimierten Beschwerdemanagement, das First-Class Vielflieger anders behandelt als sporadische Economy-Passagiere, sind nur einige Beispiele für den Informationsnutzen einer effizient gemanagten Datenbasis.

Auch Finanzdienstleister können im Marketing entsprechenden Nutzen aus ihren Datenbanken ziehen. Einige Beispiele sind:

– *Individual-Marketing*
Durch Verknüpfung der Transaktionshistorie mit typischen Kundenprofilen lassen sich die erfolgversprechendsten Cross Selling Produkte und das nötige Timing ermitteln. Genau wie die Parfümeriekette die durch eine eigene Kreditkarte gewonnen Kaufhistorie analysiert und auf dieser Basis geeignete Proben selektiert, besitzt die Deutsche Bank Tochter BAI in Italien ein System, das bei Kassentransaktionen den Servicemitarbeiter automatisch auf Cross Selling Potentiale hinweist.[50]

– *Entscheidungsunterstützung*
Durch online Verfügbarkeit und Aggregation aller Kundeninformationen lassen sich suboptimale Entscheidungen vermeiden. Beispiele, daß Kunden wegen unbefriedigenden Schadensverlaufs in einer Sparte gekündigt wurden und dann ihre - bei dieser Entscheidung nicht bedachten - profitablen Versicherungen in anderen Sparten kündigen, sind allseits bekannt.

– *Kundenbindung*
Genau wie gut gestaltete Vielfliegerprogramme es für den Kunden ökonomisch sinnvoll machen, seine Flüge möglichst auf ein Unternehmen zu konzentrieren, können Bonusprogramme für Multi-Spezialisten im Finanzdienstleistungssektor ein wichtiges Marketinginstrument werden. Einige Schweizer Banken belohnen z.B. den Zufluß von „frischen" Anlagegeldern in die Bank. Genauso wird damit die Markteinführung von Produkten und Technologien unterstützt, indem für einen bestimmten Zeitraum der Kauf eines bestimmten Fonds oder die Serviceterminal

---

[50] Vgl. Hall/Rosenthal/Wade (1993).

Nutzung besonders gefördert wird. Die Commerzbank hat in Deutschland erste Schritte in diese Richtung bei der Einführung ihrer Geldmarktfonds unternommen. Ähnliche Modelle sind auch im Versicherungsbereich denkbar und sinnvoll, wenn man an die hohen Akquisitionskosten im Dienstleistungssektor generell denkt.

Das möglicherweise bedeutendste Einsatzpotential liegt jedoch in der Unternehmensentwicklung und der Kontrolle über die Leistungskette. Während die Segmentwettbewerber eher aus Intuition oder gar zufällig auf neue Marktsegmente gestoßen sind, kann sie ein Multi-Spezialist in seiner Datenbank bei sorgfältiger Marktbeobachtung und Datenanalyse schneller erkennen, quantifizieren und möglicherweise auch kritische Erfolgsfaktoren leicht prognostizieren. Diesen Vorsprung kann er dazu nutzen, als erster für diesen Markt eine entsprechende Organisation und Technologie zu gestalten - oder bewußt davon absehen, wenn sich kein ausreichender Ertrag abzuzeichnen scheint.

Die Kontrolle über die eigene Leistungskette ist in einem disaggregierten Umfeld von entscheidender Bedeutung. Beispiele aus der Pharmaindustrie zeigen, daß Unternehmen, die einen systematischen Informationsvorsprung gegenüber Unternehmen vor- und nachgelagerten Wertschöpfungsstufen aufbauen konnten, ungleich höhere Anteile der gesamten Wertschöpfung vereinnahmen und dadurch ihre Profitabilität massiv steigern konnten.[51] Manufacturers Hanover Corp. ist in den USA immer noch einer der fünf größten Kreditkartenemittenten, obwohl sie weder die Kunden- noch die Händlerseite selbst abrechnen. Beide Aktivtäten wurden an externe Dienstleister abgegeben. Lediglich die Kundenbeziehung und den damit verbunden Informationsvorteil behält MHC selbst in der Hand - genug um die Leitungskette zu kontrollieren.[52]

3.3.2 Marktliche Nutzung

Neben kritischen Informationen für die Steuerung und Entwicklung des eigenen Geschäftes lassen sich aus der bestehenden Datenbasis zusätzlich Informationen gewinnen, die prinzipiell vermarktbar sind. Etwa 30-50 Mio. Haushalte bezahlen in Supermärkten mit Kreditkarten, die von der Citicorp ausgegeben oder zumindest abgerechnet werden. Die Citicorp ist seit geraumer Zeit dabei, diese Transaktionsdaten in eine gigantische Datenbank zu strukturieren, aggregieren und damit für Konsumgüterhersteller nutzbar zu machen. Aufgrund der strategischen Bedeutung solcher Informationen für die Produktgestaltung und Vertriebssteuerung von Markenartikeln könnte sich Citicorp POS Services mittelfristig zu einem profitablen Geschäftszweig entwickeln.[53] American Express und die Dai-Ichi Kangyo Bank in Japan haben ebenfalls den Marktwert ihrer Datenbasis erkannt und verkaufen Informationen über die Zahlungs- und Konsumgewohnheiten ihrer Kreditkartenkunden.[54]

---

[51] Fortune, June 12, 1995, S. 75ff.

[52] Vgl. Steiner/Teixera (1990), S. 112ff.

[53] Vgl. Winger/Edelman (1994).

[54] Vgl. Schmalenbach-Gesellschaft, Arbeitskreis „Planung in Banken" (1992), S. 31 und 36.

Auch in Datenbeständen deutscher Finanzdienstleister dürften vermarktbare Informationen von strategischen Wert versteckt lagern. Auch wenn das Datenschutzrecht der Nutzung gewisse Grenzen setzt, dürfte eine aggregierte Nutzung und Vermarktung als Dienstleistung nach dem Muster von American Express, Citicorp und Dai-Ichi Kangyo interessante Perspektiven versprechen.

4. Fazit

In diesem Rahmen konnten die organisatorischen und technologischen Herausforderungen, vor denen Banken und Versicherungen stehen, nur überblicksmäßig und facettenartig beleuchtet werden. Zusammenfassend kann jedoch festgestellt werden:

- Wettbewerbs- und Technologiedynamik haben einen tiefgreifenden Veränderungsprozeß in der Branche angestoßen, der zu Umverteilungen und Ergebnisbelastungen aber auch neuen Chancen führt.

- Neue Wettbewerber haben demonstriert, wie durch neue Kombinationen von Strategie, Organisation, Personal- und Technikeinsatz Wettbewerbsvorteile erzielt werden können.

- Etablierte Banken und Versicherungen müssen umfangreiche Veränderungen in Angriff nehmen, um die Einsatzpotentiale neuer IuK-Technologien organisatorisch zu realisieren.

Im Ergebnis kann daraus jedoch eine neue „Erfolgsformel" entstehen, mit der etablierte Banken und Versicherungen ihre traditionellen, aber auch neue und verborgene Wettbewerbsvorteile aktivieren.

Die Umsetzung dieser neuen „Formel" stellt jedoch hohe Anforderung an das Management. Sie erfordert sowohl eine schnelle Umsetzung als auch eine aktive Rolle der Unternehmensführung mit Organisations- und Technikkompetenz. Schnelle Umsetzung ist ein Erfolgsfaktor, da hohe First-Mover-Vorteile bestehen. Die Commerzbank hat z.B. als erste Bank in Deutschland einen reinen Geldmarktfond auf den Markt gebracht und damit Pioniergewinne verbucht. Der erste Wettbewerber kann mit seinem Konzept noch tatsächliches Neugeschäft generieren. Die Folger haben zunehmend ihre eigenen Einlageprodukte kanibalisiert. Ähnlich hat die Direkt Anlage Bank nur 5% ihrer Kunden aus dem eignen Hypo-Bank-Konzern abgeworben. Die zahlreich angekündigten Folger dürften zunehmend den eigenen Kundenstamm kanibalisieren.

Die tiefgreifende Natur der angeregten Veränderungen erfordert zwingend eine aktive Involvierung der Unternehmensleitung. Die Veränderungen können nicht punktuell und schrittweise von Organisations- und Technikspezialisten allein vorangetrieben werden. Eine neue Erfolgsformel läßt sich nur durch integrierte und weitgehende Veränderungen in den Bereichen Personal, Organisation und Technik entwickeln. Das Top-Management muß daher den Prozeß mit Organisations- und Technikkompetenz aktiv initiieren und begleiten. Nur so läßt sich politischen Widerständen in der Organisation glaubhaft begegnen. Ein Faktor, der in Reengineering-Projekten stets eine der ernstzunehmendsten Barrieren darstellt.[55]

Literaturverzeichnis

Bierer, H.; Fassbender, H.; Rüdel, T. (1992) Auf dem Weg zur „schlanken Bank", in: Die Bank 9/92, S. 500-506.

Charles Schwab Corp. (1995) Annual Report 1994, Charles Schwab 1995.

Credé, A. (1995) Electronic Commerce and the Banking Industry: The requirement and opportunities for new payment systems using the Internet, Communication and Reality, 45th annual conference of the International Communication Association, Albuquerque May 25-29, 1995.

Deutsche Bundesbank (1992) Die Ertragslage der westdeutschen Kreditinstitute im Jahre 1991, in: Monatsberichte der Deutschen Bundesbank, August 1992, S. 30-47.

Gooding, Claire (1995) Decline of the human touch, in: Financial Times vom 20.3.1995.

Hall, G.; Rosenthal, J.; Wade, J. (1993), How to make reengineering really work, in: Harvard Business Review, November-December 1993, S. 119-131.

Hammer, M. (1990) Reengineering Works: Don´t Automate, Obliterate, in: Harvard Business Review, July-August 1990, S. 104-112.

Hammer, M.; Champy, J. (1994), Business Reengineering. Die Radikalkur für das Unternehmen, Frankfurt am Main u.a., 1994.

Henkoff, R. (1995) Trends, in: Fortune, May 29, 1995, S. 52-59.

Muth, M. (1993) Facing up to the losses. An analysis of the European insurance industry on the verge of a structural shake-up, in: The McKinsey Quarterly 2, 1993, S. 73-92.

Nippa, M.; Picot, A (Hg.) (1995) Prozeßmanagment und Reengineering, Frankfurt am Main u.a., 1995.

o.V. (1993) Dial C for cash, in: Economist vom 19.6.1993.

o.V. (1994) Direktanbieter ärgert ihr „Aldi-Image", in: Handelsblatt vom 22.9.1994.

o.V. (1995a) Assekuranz / Preisrutsch im Kreditgewerbe, in: Handelsblatt vom 14.3.1995.

---

[55] Vgl. Picot/Böhme (1995), S. 243ff.

o.V. (1995b) Banken - Heißer Draht, in: Der Spiegel 17/1995.

o.V. (1995c) Banking technology. A job for special branches, in: Economist vom 20.5.1995.

Paré, T. (1995) Why the Banks Lined up Against Gates, in: Fortune, May 29, 1995, S. 10.

Picot, A. (1982) Transaktionskostenansatz in der Organisationstheorie - Stand der Diskussion und Aussagewert, in: DBW, 42, 1982, S. 267-284.

Picot, A. (1991) Ein neuer Ansatz zur Gestaltung der Leistungstiefe, in: ZfbF, 43, 1991, S. 336-357.

Picot, A; Böhme, M. (1995) Zum Stand der prozeßorientierten Unternehmensgestaltung in Deutschland, in: Prozeßmanagment und Reengineering, hrsg. v. Nippa/Picot, Frankfurt am Main u.a., 1995, S. 227-247.

Picot, A; Franck, E. (1995) Prozeßorganisation. Eine Bewertung der neuen Ansätze aus der Sicht der Organisationslehre, in: Prozeßmanagment und Reengineering, hrsg. v. Nippa/Picot, Frankfurt am Main u.a., 1995, S. 13-38.

Picot, A.; Gründler, A. (1995) Kurzauswertung Umfrage „Produktivität und Wirtschaftlichkeit der Informationsverarbeitung", Institut für Organisation der Ludwig-Maximilians-Universität München 1995.

Picot, A.; Ripperger, T., Wolff, B. (1995) The Fading Boundaries of the Firm - The Role of Information and Communication Technology, unveröffentliches Arbeitspapier, Institut für Organisation der Ludwig-Maximilians-Universität München 1995.

Picot, A.; Wolff, B. (1994a) Institutional Economics of Public Firms and Administrations: Some Guidelines for Efficiency Oriented Design, in: Journal of Institutional and Political Economics (JITE), 150/1994, S. 211-232.

Picot, A.; Wolff, B. (1994b) Zur ökonomischen Organisation öffentlicher Leistungen."'Lean Management" im öffentlichen Sektor?, in: Produktivität öffentlicher Leistungen, hrsg. v. Naschold/Pröhl, Gütersloh 1994, S. 51-120.

Postinett, A. (1994) Die Zukunftsbranche Assekuranz steckt mitten im Strukturwandel, in: Handelsblatt vom 8.9.1994.

Royal Bank of Scotland plc. (1995) Annual Reviews & Financial Statements 1994, Royal Bank of Scotland 1995.

Schmalenbach-Gesellschaft, Arbeitskreis „Planung in Banken" (Hg.): Finanzwettbewerb in den 90er Jahren: Thesen und Informationen, Wiesbaden 1992.

Schmidt-Salzer (1991) Organisationskonzepte, Management-Techniken und Menschenbild. Eherne Organisationsgesetze, Dogmen oder Prinzipien, in: Die Versicherungspraxis, Nr. 2, 1991, S. 21-34.

Steiner, T.D.; Teixera, D.B. (1990) Technology in banking: creating value and destroying profits, Homewood 1990.

84

Stewart, T.A. (1995) The Information Wars: What you don´t know will hurt you, in: Fortune, June 12, 1995.

Tödtmann, C: (1994) Telefon-Service. Lästige Nebensache, in: Wirtschaftswoche vom 12.8.1994.

Waldenberger, F. (1990) Mehrwertdienste, in: Lexikon der Telekommunikationsökonomie, hrsg. v. Berger/Blankart/Picot, Heidelberg 1990.

Wallis, J.J.; North, D.C. (1986) Measuring the Transaction Sector in the American Economy, 1870-1970, in: Long-Term Factors in American Economic Growth, hrsg. Engerman/Gallman, Chicago, London 1986.

Wieland, B. (1995) Telekommunikation und vertikale Integration. Das Beispiel des Bankwesens, Heidelberg 1995.

Williams, T. (1994) The story of Firstdirect, in: Österreichisches Bankarchiv, Heft 1, 1994, S. 19-24.

Winger R.W.; Edelman, D. (1994) Individualisierung oder Segment-of-One Wettbewerb, in: Das Boston Consulting Group Strategie-Buch, hrsg. v. v. Oetinger, Düsseldorf u.a. 1994, S. 382-387.

Wollnik, M. (1988) Ein Referenzmodell für das Informations-Management, in: Information Management, 3, Heft 3, 1988, S. 34-43.

Telekommunikation für Banken und Versicherungen
– Finanzdienstleistungen im Wandel –

Dr. Holger Berndt

Elektronisches Geld - Geld der Zukunft?

Chipkarte, Elektronische Geldbörse, Electronic Banking und Homebanking sind Stichworte einer neuen Herausforderung für die Kreditwirtschaft im Zahlungsverkehr und über den Zahlungsverkehr hinaus im gesamten Finanzdienstleistungsbereich. Eine Herausforderung vor allem auch darum, weil mit den neuen Technologien die Wettbewerbsstrukturen sich ändern werden. Einzelne Banken als „Rosinenpicker" sowie Non- und Nearbanks sind auf dem Sprung, in den Markt der Finanzdienstleistungen einzudringen. Sie nutzen dabei den Zahlungsverkehr und das Kartengeschäft als Einstiegsmedium.

Netzanbieter und Software-Hersteller bilden Allianzen. Über Netze und Software-Produkte lassen sich in der Welt von morgen auch Bankgeschäfte abwickeln. Über das interaktive Fernsehen werden Homeshopping und Homebanking von jedem Wohnzimmer aus möglich sein. Schließlich wird, so eine verbreitete These, der heutige Zahlungsverkehr überflüssig, wenn bei künftigem Einkauf per Bildschirm mit dem Kunstgeld „Cybercash" gezahlt wird, das zwischen den Teilnehmern einer neuen Kommunikationswelt fließt.

Bevor wir uns aber mit dem elektronischen Geld beschäftigen, möchte ich Sie zunächst mit den Realitäten und der bestehenden Situation im Zahlungsverkehr in Deutschland etwas näher vertraut machen.

Einige generelle Anmerkungen:

Zahlungsverkehr und Zahlungsverkehrssysteme sind Bestandteil der Finanzdienstleistungen des Kreditgewerbes. Als Finanzdienstleistungen sind sie für Banken und Sparkassen auch immer wieder - und dies in zunehmendem Maße - Gegenstand strategischer Überlegungen und Entscheidungen. So hätte z.B. die deutsche Sparkassenorganisation ohne die Entscheidung für ein eigenes Gironetz und die Führung der mittlerweile 35 Millionen Lohn- und Gehaltskonten nicht ihre heutige 50% Marktposition im Privatkundengeschäft erreicht.

Zahlungsverkehr ist zunächst einmal für die Kreditwirtschaft eher mit Kosten als mit Erträgen verbunden. Er ist aber gleichzeitig Ausgangsbasis für marktstrategische

Zielsetzungen. Wer das Girokonto führt und die Karte anbietet, der verfügt über den Schlüssel für weitere interessante und gewinnbringende Geschäfte im Privatkundenmarkt - von der Geldanlage bis zum Kreditgeschäft.

Und schließlich:

Zahlungsverkehr und Zahlungsverkehrssysteme müssen sich den Wünschen und Gewohnheiten der Kunden anpassen. Die Erwartungen und Ansprüche der Kunden an das Angebot der Kreditinstitute steigen, nicht zuletzt dank des technologischen Fortschritts. Diesem Anspruch müssen Banken und Sparkassen mit entsprechender Servicequalität genügen. Die Ziele, kostengünstige, wettbewerbsgerechte und serviceorientierte Zahlungsverkehrsdienstleistungen anzubieten, sind miteinander in Einklang zu bringen.

Aktuelle Trends im Zahlungsverkehr

Deutschland wird wegen des dominierenden Anteils des Überweisungsverkehrs am gesamten Zahlungsverkehrsvolumen gerne als Giroland bezeichnet. Doch diese Status quo-Betrachtung ist unvollkommen. Im Zeitvergleich relativiert sich der immer noch bestehende dominierende Einfluß herkömmlicher Systeme, wie Überweisungen und Schecks. Die Statistiken zeigen deutlich, daß in beiden Fällen von rückläufigen Tendenzen auszugehen ist. Demgegenüber befinden sich sowohl Kartenzahlungen wie auch Zahlungen mittels Lastschrift auf dem Vormarsch.
Hierzu einige Zahlen und Tendenzen:

- Jede zweite Zahlungstransaktion ist eine Überweisung - vor 10 Jahren waren es 60 %, also Tendenz fallend.

- Jede zwölfte Zahlungstransaktion ist ein Scheck - nach einem Anteil von 1 % vor 10 Jahren: Tendenz leicht fallend.

- Lastschriften haben einen Anteil von 40 % am Zahlungsverkehr - vor 10 Jahren waren es erst 30 %, also Tendenz steigend.

- Kartensysteme haben zwar nur 2 % Anteil am bargeldlosen Zahlungsverkehr - hier ist aber die Tendenz stark steigend - vor 10 Jahren war ihr Anteil mit o,3 % statistisch kaum relevant.

Die Zahlen zeigen, daß sich Verhaltensweisen und Zahlungsgewohnheiten der Verbraucher nicht von heute auf morgen ändern bzw. ändern lassen. Der Trend deutet aber darauf hin, daß im privaten Zahlungsverkehr Karten und Lastschriften zunehmend an Bedeutung gewinnen.

Ein weiterer Trend ist erkennbar: Zahlungsverkehrssysteme als Teil von Finanzdienstleistungen werden zunehmend unter geschäftspolitischen und strategischen Aspekten bewertet. Gemeinschaftseinrichtungen stoßen an ihre Grenzen, wenn sie mit diesem geschäftspolitischen Anspruch kollidieren. Reine Kostenüberlegungen treten insoweit in den Hintergrund.

Gestaltungsfreiheit, geschäftspolitische Unabhängigkeit und damit Optionen für strategische Entscheidungen im Privat- und Firmenkundenmarkt haben Vorrang. Den möglichen Kostennachteilen bei einem Verzicht auf Gemeinschaftseinrichtungen und Gemeinschaftssystemen werden die Vorteile eines eigenständigen Vorgehens gegenübergestellt.

Bei allen beeindruckenden Zahlen zum bargeldlosen Zahlungsverkehr und den hohen Zuwachsraten insbesondere im Kartengeschäft - eine möglicherweise etwas ernüchternde Tatsache muß hier festgehalten werden -: Deutschland ist immer noch ein Bargeldland. Gerechnet nach Stückzahlen sind 85 % aller Zahlungsvorgänge Bargeldtransaktionen.

Das bedeutet für zukunftsweisende Überlegungen:

Der Kunde muß von bargeldlosen Zahlungsinstrumenten einen Nutzen haben und vom Nutzen überzeugt sein bzw. überzeugt werden. Erst dann ist die Akzeptanz neuer Zahlungsformen gesichert. Nur so läßt sich die strategische Zielsetzung der Kreditwirtschaft „Weg vom Bargeld" erreichen.

Dieses Ziel ist nur dann erreichbar, wenn Kunden *und* Handel von den Vorteilen überzeugt werden können. Wir müssen zugeben, daß wir gerade gegenüber dem Handel noch Nachholbedarf in der Überzeugungsarbeit haben.

Kartengeschäft im Mittelpunkt des Interesses

Obwohl die Statistiken eindeutig belegen, daß Deutschland ein Giroland und ein Bargeldland ist, sind Kartenzahlungen in den Vordergrund der geschäftspolitischen Diskussionen gerückt. Die größere Vertrautheit der Kunden mit dem Produkt „Kreditkarte", die Bereitschaft, sie als Zahlungsmittel zu akzeptieren, führte bei den Kreditinstituten zu der Erkenntnis, daß in Zeiten verteilter Märkte die Karte überaus geeignet ist, Neukunden zu akquirieren. Der Slogan „erst Karte, dann Konto, dann Kunde" kennzeichnet diese Entwicklung. Die ursprüngliche Reihenfolge „Kunde, Konto, Karte" wurde damit umgekehrt. Die Kreditkarte wurde Bankprodukt und folgt damit der Entwicklung in anderen Produktbereichen.

Die Karte wird zum Einstiegsmedium im Privatkundenmarkt. Härterer Wettbewerb und Rückgang der Erträge sind die Folgen. Außerdem gehen die Umsätze pro Karte zurück, weil mit zunehmender Marktdurchdringung Kundenschichten erschlossen werden, die mit ihren Kreditkarten deutlich weniger Umsätze tätigen.

Trotz ihres relativ geringen Anteils am gesamten Zahlungsverkehrsvolumen weisen Kreditkarten beachtliche Steigerungen auf. So stieg in Deutschland die Zahl der Kreditkarten von 1,15 Mio. in 1985 auf 10,14 Mio. in 1994. In einigen Branchen haben die Kreditkarten-Umsätze bereits eine beachtliche Quote erreicht. Beispielsweise liegen sie nach Berechnungen des Deutschen Handelsinstitutes in Parfümerien bei 13,5 % vom Umsatz, in Textilfachgeschäften bei 8 % und in Konzernwarenhäusern bei 9,4 % des Umsatzes.

Im Debitkartenbereich, also bei der eurocheque-Karte und den Bank- und ≙-Karten, lag das Hauptinteresse der Kreditinstitute bisher in dem Ziel, die Scheckzahlungen und das Bargeld zu substituieren. Auch heute sind eurocheque-Karte und

Bankkundenkarten noch keine Akquisitionsinstrumente wie die Kreditkarten. Aber die Einsatzmöglichkeiten nehmen rasant zu. Bei Geldautomaten wurde europaweit mit über 100.000 Automaten nahezu eine Flächendeckung erreicht.

Electronic cash, das seit Anfang der 90er Jahre an Fahrt gewinnt, repräsentiert heute zwar nur 0,1 % des Zahlungsverkehrs, kann aber in bestimmten Bereichen bereits erhebliche Erfolge verzeichnen. So wird in Textilfachgeschäften fast 11 % des Umsatzes von den Kunden im Wege des electronic cash bezahlt. Hingegen ist diese moderne Zahlungsverkehrsvariante im Lebensmitteleinzelhandel, in Verbraucher-märkten und SB-Warenhäusern noch äußerst schwach vertreten.

Eine Chance zur Trendwende in diesen Bereichen sehen wir erst dann, wenn die Kosten für electronic cash auf der Händlerseite deutlich sinken. Diese werden in erster Linie bestimmt durch die hohen Telekommunikationskosten, die in diesen Han-delsbereichen durchaus 0,7 bis 0,8 % des Umsatzes erreichen und damit im Vergleich zu dem Garantieentgelt, das an die kartenausgebenden Institute zu zahlen ist und 0,3 % beträgt, mehr als doppelt so hoch sind.

Wir wollen deshalb das electronic cash-Verfahren zu einem weitestgehend offline-funktionierenden Verfahren entwickeln. Dies ist einer der wesentlichen Grün-de, warum wir Ende 1996 die zum Austausch anstehenden eurocheque-Karten mit einem multifunktionalen Chip ausstatten werden.

Die zweite wesentliche Facette dieses multifunktionalen Chips wird die sogenann-te Elektronische Geldbörse sein. Über eine Prepaid-Funktion wird der Kunde in der Lage sein, bis zu 400 DM von seinem Girokonto abbuchen und in die Elektronische Geldbörse übertragen zu lassen. Es wird erwartet, daß dann vor allem Kleinstbe-tragszahlungen mit Schwerpunkt zwischen 5 DM und 25 DM anonym offline und ohne Eingabe der Geheimzahl abgewickelt werden. Ich komme auf diese Projekte noch zurück.

Strategische Zielsetzung: Kostensenkung

Eingangs habe ich von den Zielen im Zahlungsverkehr gesprochen. Der Zahlungs-verkehr soll kostengünstig, wettbewerbsgerecht und serviceorientiert sein. Der Aspekt der Kostengünstigkeit hat eine besondere Bedeutung. Dies gilt sowohl aus Sicht der Kunden wie auch aus Sicht der Banken und Sparkassen.

Allein in der deutschen Sparkassenorganisation betragen die Kosten des Zah-lungsverkehrs 10 Milliarden DM jährlich. Das ist knapp 1 % der Bilanzsumme der Sparkassen oder etwa so viel, wie ihr gesamter Gewinn vor Steuern.

Nach unseren Untersuchungen liegt im Zahlungsverkehr erhebliches Rationa-lisierungspotential. In der Ausschöpfung dieses Kostensenkungspotentials sehen wir eine wichtige Voraussetzung zur Sicherung der künftigen Marktposition. Zielsetzung ist es daher, kostensenkende und ertragssteigernde Maßnahmen im Zahlungsverkehr zu ergreifen, sowie qualitätsorientierte Kundenbetreuungskonzepte zu entwickeln.

Wo sind nun die Ansatzpunkte zur Kostensenkung im Zahlungsverkehr? Das Ziel heißt „Weg vom Papier". Die beleggebundene Überweisung ist Hauptkostenträger, denn jeder Belegtransport und jede Belegverarbeitung an mehreren Stationen ist mit Kosten verbunden. Diese summieren sich bis zu 3 DM je Überweisung. Diesem Auf-wand stehen Erträge aus der Kontoführung von etwa 45 Pfg. gegenüber. Die Kosten der Verarbeitung eines beleglosen Datensatzes betragen demgegenüber weit weniger als 10 % der Belegüberweisung.

Ein wichtiger Schritt zur Kostensenkung ist die Vereinbarung, daß es zwischen den deutschen Kreditinstituten ab dem 1. Juni 1997 keinen beleggebundenen Überweisungsverkehr mehr geben wird. Entsprechende Beschlüsse sind gefaßt. Weiterhin werden aber bei Banken und Sparkassen beleggebundene Überweisungsaufträge eingereicht werden, die mit hohem Aufwand zu verarbeiten sind. In der Mehrzahl sind dies Aufträge der Privatkunden.

Die Sparkassenorganisation geht in einem kürzlich erarbeiteten Szenario davon aus, daß es unter realistischen Annahmen innerhalb der nächsten fünf Jahre gelingen wird, das noch bestehende Belegvolumen im Firmenkundenbereich um 80 % bis 90 % zu reduzieren und im Privatkundenbereich um 25 bis 30 %. Dies soll über eine verstärkte Präferenz elektronischer Abwicklungsformen, eine zunehmende Akzeptanz des Lastschriftverfahrens sowie die stärkere Verbreitung von Kartenzahlungssystemen geschehen.

Priorität haben aus meiner Sicht alle Wege, die zu einer Belegvermeidung führen, denn ein Beleg, der gar nicht erst entsteht, muß auch nicht kostenintensiv bearbeitet werden. Electronic Banking und Kundenselbstbedienung sind hier neben dem Karteneinsatz die Lösungen. Fortschritte sind bereits erkennbar: 14.000 Geldausgabeautomaten und 24.000 Kontoauszugsdrucker allein der deutschen Sparkassenorganisation dokumentieren bereits einen hohen Grad an Kunden-selbstbedienung. Homebanking gewinnt im Privatkundenmarkt an Akzeptanz: Die Zahl der Nutzer von Bildschirmtext in Deutschland ist z.B. innerhalb eines Jahres von 500.000 auf 800.000 Teilnehmer gestiegen.

Kundenorientierung muß jedoch Vorrang vor Kostenorientierung haben. Deshalb wird es trotz aller Bemühungen nicht möglich sein, in absehbarer Zeit alle Belege abzuschaffen. Für die Bearbeitung dieser Restgröße - die zur Zeit noch das beachtliche Volumen von 2 Milliarden Aufträgen oder mehr als 40 % aller Überweisungen jährlich umfaßt - bedarf es kostengünstiger Abwicklungsformen. Wir streben eine kostenoptimale Umwandlung über Schriftenlesesysteme und Imageprocessing an.

Daneben gibt es in der Sparkassenorganisation interessante Pilotprojekte, über die Bildung von technischen Zentren insbesondere Personalkosten zu sparen und den Service zu verbessern. In diesen Zentren, die sich besonders in Ostdeutschland gebildet haben, wird die Zahlungsverkehrsverarbeitung mehrerer Institute zusammengefaßt.

Kartenstrategie

Der Kundennutzen ist wesentliche Voraussetzung einer erfolgreichen Strategie im Bankgeschäft. Die Verbesserung der Einsatzmöglichkeiten der Karten ist daher ständige Herausforderung. Ich hatte bereits darauf hingewiesen, daß das deutsche Kreditgewerbe beabsichtigt, im Herbst 1996 die zum Austausch anstehenden eurocheque-Karten mit einem multifunktionalen Chip auszustatten. Der Magnetstreifen wird selbstverständlich bis auf weiteres auf der Karte verbleiben. Konkret bedeutet dies, daß Ende nächsten Jahres in Deutschland etwa 25 Mio. eurocheque-Karten mit einem solchen Chip ausgestattet sein werden. Die übrigen 11 Mio. eurocheque-Karten werden im darauffolgenden Jahr ausgetauscht. Konkrete Daten für rd. 15 Mio. Bankkundenkarten und Kreditkarten stehen noch nicht fest. Ich gehe jedoch davon aus, daß diese zeitnah ebenfalls in der Zukunft mit einem Chip versehen werden.

Seit Beginn der 80er Jahre wird in Deutschland über die Ablösung des Magnetstreifens auf Zahlungskarten durch einen Microchip diskutiert.

Nach nunmehr fast 15 Jahren steht die Einführung bevor. Im europäischen Vergleich übernimmt das deutsche Kreditgewerbe damit wahrlich keine Vorreiterrolle. So sind beispielsweise in Frankreich seit mehreren Jahren sämtliche Bankzahlungskarten mit einem Mikrochip ausgestattet, um electronic cash offline sicher abwickeln zu können.

Außerdem sind eine Reihe von Nachbarländern wie Belgien, Dänemark, die Schweiz und nicht zuletzt Österreich in Eisenstadt bereits mit Modellversuchen zur Elektronischen Geldbörse am Markt. Auch in Deutschland gab und gibt es Modellversuche mit Elektronischen Geldbörsen in einzelnen Städten, meist in Verbindung mit dem öffentlichen Personennahverkehr. Sie sind regelmäßig durch das Bundesforschungsministerium subventioniert worden und haben bisher ihren Business Case nicht beweisen können. Außerdem handelt es sich bei diesen Versuchen bisher nur um kleinere Kartenmengen und um sehr begrenzte Transaktionen. Die Marktreife muß sich aber in einer weiteren und deutlich höher dimensionierten Anwendung erweisen.

Kaum eine existierende Lösung ist mit der anderen vergleichbar. In Frankreich ist, anders als in Deutschland, beim Zahlen mit der Karte eine Kontoautorisierung nicht üblich. Dort wurde der Chip mit dem Ziel eingeführt, die hohe, aus Fälschungsschäden resultierende Schadensquote zu reduzieren. Dies ist auch mit sehr gutem Erfolg gelungen.

In Deutschland haben wir keine hohen Schadensquoten, weil wir uns von Anfang an für die Online-Autorisierung entschieden haben. Die Schadensquote zwingt uns also nicht zur Chipverwendung. Anders sieht es bei den Telekommunkationskosten aus. Diese hemmen nach wie vor die flächendeckende Anwendung von electronic cash. Um sie zu reduzieren, haben wir uns jetzt auch für die Chip-offline-Variante entschieden, allerdings auf der Basis eines weiterentwickelten multifunktionalen Chips.

Die Lösungsansätze für die Elektronische Geldbörse in unseren Nachbarländern zeichnen sich durch eine hohe Effektivität aus, sind aber aus geschäftspolitischen wie wohl auch aus kartellrechtlichen Gründen nicht auf Deutschland übertragbar. In erster Linie deshalb, weil in diesen Ländern das gesamte Verfahren über eine einzige Stelle abgewickelt wird, inklusive der Verwaltung des sog. Floatnutzens. Bei uns gilt hingegen die Prämisse, daß der Floatnutzen den kartenausgebenden Instituten zugute kommen muß. Insbesondere für die Sparkassenorganisation ist dies eine wichtige Vorgabe. Gleichwohl ist unser technischer Geldbörsenansatz mit dem öster-reichischen vergleichbar.

Im Ergebnis verfolgen wir mit der Einführung der Chipkarte folgende Ziele:

1. Der Zahlungsverkehr muß eine Domäne des Kreditgewerbes bleiben. Dies ist nur möglich, wenn Banken und Sparkassen mit wettbewerbsfähigen Lösungen an den

Markt treten und dabei den großen Vorteil der circa 50 Millionen bereits am Markt befindlichen Bankkarten nutzen. Um dieses Kartenvolumen zu erreichen, hat das deutsche Kreditgewerbe nahezu 30 Jahre benötigt. Es ist schwer vorstellbar, daß Wettbewerber eine vergleichbare Marktabdeckung in einem überschaubaren Zeitraum erzielen.

2. Bei electronic cash haben wir bisher noch nicht den Durchsetzungsgrad erreicht, den wir uns wünschen. Hier fallen, wie bereits erwähnt, die hohen Telekommunikationskosten gravierend ins Gewicht. Zwar wird auch von Handelsverbänden das 0,3%ige Garantieentgelt zugunsten der kartenausgebenden Institute häufig als hinderlich angeführt. Auch der Handel weiß aber sehr genau, daß die Telekommunikationskosten in einer 100%igen Online-Umgebung mehr als doppelt so hoch sind wie das Garantieentgelt. Der Microchip auf der Karte macht es möglich, daß die Masse der Transaktionen, wir rechnen mit bis zu 80 %, offline abgewickelt werden können. Anforderungen an die Sicherheit müssen dabei nicht zurückgenommen werden. Wir hoffen, daß hiermit der entscheidende Anstoß für die Ausweitung des electronic cash-Verfahrens gegeben wird.

3. Aus der Sicht der Notenbanken wird von noch größerem Interesse die Einführung der Elektronischen Geldbörse sein. Unter Einsatz der Geheimzahl einmal online aufgeladen, erfolgt die Bezahlung anschließend offline, anonym und ohne Geheimzahl. Das elektronische Bezahlen geschieht in der Tat also weitestgehend so, wie es heute beim Bargeld üblich ist. Die Elektronische Geldbörse soll insbesondere Kleinzahlungen, vor allem Münzzahlungen ersetzen und wäre damit das ideale Zahlungsmittel im Automatenbereich wie z.B. beim Erwerb von Fahrkarten. Dieses Ziel kommt sowohl dem Karteninhaber als auch dem Handel zugute. Für den Kunden entfällt das Problem, mit entsprechendem Münzgeld ausgestattet sein zu müssen. Für den Handel entfällt ein erheblicher Kostenfaktor, denn die Bargeldentsorgung an Automaten schlägt mit etwa 4 bis 5 % des Umsatzes zu Buche.

Bei der Entwicklung der Elektronischen Geldbörse stehen wir in engem Kontakt mit der Deutschen Bundesbank, weil die Funktion „Elektronische Börse", wie bereits der Name sagt, zum Ziel hat, Bargeld zu ersetzen. Insofern ist die Einschätzung der Bundesbank von entscheidender Bedeutung. Unsere Gespräche mit der Bundesbank machen folgendes deutlich:

1. Durch die von der deutschen Kreditwirtschaft vorgesehene Kleingeldbörse sieht sich die Deutsche Bundesbank in ihrer Geldmengensteuerung nicht beeinträchtigt.

2. Erklärtes Ziel der Deutschen Bundesbank ist es, daß bei der Markteinführung von Elektronischen Geldbörsen das Kreditgewerbe mit beteiligt ist. Nur so hat die Bundesbank gewisse Steuerungsmöglichkeiten, z.B. über die Mindestreserve.

Eine zurückhaltende Position nehmen wir gegenüber dem in Großbritannien entwickelten **MONDEX**-Verfahren ein. Anders als bei der vom deutschen Kreditgewerbe beabsichtigten Elektronischen Börse sollen mit **MONDEX** nicht lediglich Kleingeldzahlungen ersetzt werden, sondern auch höhere Beträge. Entscheidend ist folgendes: **MONDEX** kann die Funktion von echtem elektronischem Geld annehmen. Dies geschieht in der Weise, daß Gläubiger und Schuldner ihre gegenseitigen Zahlungsforderungen/-verpflichtungen dadurch ausgleichen, daß die Beträge von einer Karte auf die andere übertragen werden. Das Clearing des Kreditgewerbes wird für diese Transaktionen nicht eingeschaltet.

Wie erwähnt, stehen wir diesem Verfahren sehr reserviert gegenüber. Es ist für uns bisher nicht in dem erforderlichen Umfang sichergestellt, daß Gelder nicht in betrügerischer Absicht in den **MONDEX**-Kreislauf eingeschleust werden können, ohne daß die Beteiligten dies unmittelbar erkennen. Wir meinen, daß die im System der deutschen Kreditwirtschaft vorgesehenen Börsenevidenzzentralen, deren Einrichtung uns viel Geld kosten wird, für die notwendige Sicherheit unabdingbar sind. Ich denke, daß hier die Notenbanken und die Kreditinstitute den engen Schulterschluß suchen sollten, weil sie ein gemeinschaftliches Interesse daran haben, Systemangriffe zu verhindern.

Durchgreifende Zweifel an der Sicherheit wären das Ende der Systeme.

Im Zusammenhang mit der beabsichtigten Einführung der Elektronischen Geldbörse haben wir durch ein Marktforschungsinstitut die Einstellung der Deutschen zu Zahlungskarten und zur **Akzeptanz der Elektronischen Geldbörse** erfragt. Nach wie vor hat etwa die Hälfte der Kunden Vorbehalte gegenüber Zahlungskarten, wobei diese Vorbehalte alters-, bildungs- und einkommensabhängig sind. Sie steigen, wie nicht anders zu erwarten, mit zunehmendem Alter kontinuierlich an. Wir verzeichnen einen hohen Zustimmungswert bei den unter 30jährigen, der mit zunehmendem Lebensalter stetig abnimmt. Wobei vor allem ältere Menschen anführen, daß sie sich die Geheimzahl nicht so gut merken können. Sicherheitsbedenken nehmen lediglich eine mittlere Stellung ein und werden ebenfalls von älteren Menschen etwas höher bewertet.

Zusammenfassung

In Anlehnung an Victor Hugo's Feststellung: „Nichts ist so erfolgreich wie eine Idee, deren Zeit gekommen ist", möchte ich zusammenfassen:

– Die Zeit für das elektronische Geld ist reif.

– Es wird das Bezahlen einfacher machen:

- für den Kunden,

- für Handel und Gewerbe,

- und für Banken und Sparkassen.

– Es muß sicher und bequem sein.

– Es wird aber das Bargeld auch auf Dauer nicht ersetzen, sondern nur sinnvoll ergänzen.

Entscheidend wird auch sein

– wie und inwieweit sich neue Vertriebsformen über elektronische Medien am Markt durchsetzen

– und inwieweit durch einheitliche Standards die Breite der Anwendung von Chipkarten mit der Funktion der elektronischen Börse gegeben ist.

Die deutsche Kreditwirtschaft hat sich nach langen Mühen auf gemeinsame Standards geeinigt, das erforderliche neue Zahlungsverkehrs-System festgelegt und wird am 1. Januar 1996 in Ravensburg in einem Pilotprojekt rd. 100.000 Chipkarten mit der Börsenfunktion einsetzen. Wir hoffen, daß sich Handel, Gewerbe, öffentlicher Nahverkehr, Bahn und Telekom an dem Projekt beteiligen, damit wir dann ab 1997 die Chipkarte, als elektronisches Zahlungsmittel in voller Breite in den Markt einführen können.

Telekommunikation als Motor für strukturelle Änderungen in der Bankenlandschaft

Eberhard Rauch

Meine sehr verehrten Damen und Herren,

Telekommunikation als Motor für strukturelle Änderungen in der Bankenlandschaft

Dr. Eberhard Rauch

Vereinsbank

haben wir es nicht alle lernen müssen?

„Das Bankgeschäft ist ein Geschäft zwischen Menschen und basiert auf persönlichem Vertrauen."

Fußt darauf nicht letztendlich die Idee der Filialbank, die möglichst viel persönlichen Kontakt als einen strategischen Vorteil angesehen hat?

Über hundert Jahre war dieses Prinzip sicher richtig und erfolgversprechend. Es stimmt auch noch heute, nur hat sich die Art und Weise der zwischenmenschlichen Begegnungen geändert und auch der Vorgang der Vertrauensbildung im Bankgeschäft ist einer erheblichen Veränderung unterworfen.

Beginnen wir mit dem Letzteren. Die Welt ist zu vielfältig geworden und wir müssen zu zuvielen Geschehnissen unser Urteil abgeben, als daß wir das noch ganz allein aus uns heraus tun könnten.

Die Fragen, ob Kernkraftwerke sicher sind, ob Derivate ein Risiko für das weltweite Finanzsystem sind, wie nützlich oder gefährlich die Gentechnik ist oder ob die Banken zu viel Macht haben, wer kann es schon selbst genau beurteilen.

Also bedienen wir uns der vielfältig vorhandenen Informations- und Meinungsquellen und wenn diese dann aus einer vermeintlich neutralen Stellung heraus argumentieren und auch noch mit Punkten oder Scoringtabellen arbeiten, dann finden sie unser Vertrauen.

Konkret auf das Kreditwesen umgesetzt heißt das, daß im Zeitalter der Großbanken, der Banksysteme und der international operierenden Finanzdienstleister – ohne die persönliche Beziehung zwischen handelnden Personen unterschätzen zu wollen – das Vertrauen von Kunden zu Mitarbeitern der Bank überlagert wird durch die Urteile von Ratingagenturen und die Test's von Finanzjournalisten in den Medien. Ergänzt wird das ganze in Kürze durch Bulletinboards – etwa im Internet –, wo Kunden über ihre spezielle Erfahrung mit Banken berichten und Vergleiche anstellen.

Kurz: Wir vertrauen nicht mehr, wir lassen vertrauen und das hat Folgen für die Strukturen im Bankwesen.

Nun zu den zwischenmenschlichen Beziehungen.

Wir haben uns daran gewöhnt, zwischenmenschliche Kontakte über Telefon aufrecht zu erhalten. Die mobile Gesellschaft, in der Umzüge im In- und Ausland selbstverständlich und häufig sind, hält enge Freundschaften und verwandtschaftliche Beziehungen durch nur zwei, drei Besuche im Jahr, aber viele Telefonate, aufrecht. Von den extremeren Formen zwischenmenschlicher Beziehungen möchte ich dabei ebenso wenig reden wie von den In-Lokalen, in denen man sich heute über Telefon kennenlernt. Der Austausch von Hausaufgaben per Fax ist für die junge Generation ebenso selbstverständlich, wie das Versenden von E-mail.

Zusammengefaßt heißt das:

Das Bankgeschäft ist immer noch ein Geschäft zwischen Menschen und basiert auf persönlichem Vertrauen, aber der dazu früher notwendige persönliche Kontakt zwischen den Menschen ist in den Hintergrund getreten. Wir haben technische Hilfsmittel und überlassen den persönlichen Kontakt Profis, von denen wir hoffen, daß sie in den komplexen Bereichen die richtigen Fragen stellen können und die richtigen Schlüsse ziehen.

Das ist im Bankgeschäft übrigens nicht neu. Der Handel mit Aktien, festverzinslichen Wertpapieren und Devisen funktionierte schon vor Jahrzehnten über Telefon mit Telexbestätigung zwischen den großen Finanzzentren dieser Welt. Und Ratingagenturen - als Vertrauensbilder sozusagen - spielen in diesem Geschäft eine wichtige Rolle. Aber das alles fand für die Öffentlichkeit weitgehend hinter verschlossenen

Türen statt, der technische Aufwand war vergleichsweise gering und die gehandelten Volumina waren im Vergleich zu heute minimal.

Änderungen und eine dramatische Zunahme der Marktdynamik brachten die Telekommunikation, die Weiterentwicklung der Computer, die Mikroelektronik, die Digitalisierung des Telefons und natürlich die drastische Verbesserung des Preis/Leistungsverhältnisses in den genannten Bereichen.

Interessanterweise - und das wird heute oft vergessen - startete die Dynamisierung nicht an den Händlertischen, sondern in der Abwicklung. „An Dich" oder „von-Dir", um in der Händlersprache zu bleiben, ist schnell gesagt, der limitierende Faktor lag und liegt in der darausfolgenden Abwicklung, der Verbuchung, der Kontrolle und dem Risikomanagement, wo früher vieles manuell ging.

Und in genau diesen Bereichen und in der Informationsversorgung der Händler sind die entscheidenden Fortschritte gemacht worden. Dabei sind die Namen zweier Pionierorganisationen zu nennen. SWIFT auf der Abwicklungsseite und REUTERS (stellvertretend für alle information provider) auf der Informationsversorgungsseite.

Lange bevor der Ausdruck EDI oder gar EDIFACT in aller Munde war, haben sich die Banken zusammengetan und einen globalen Informationhighway des Geldes generiert.

Die Idee, Geschäftsvorfälle im Bankgewerbe durch Standardformate abzubilden und über ein zuverlässiges, sicheres Computernetzwerk weltweit zu versenden, ist epochemachend. Ohne den damit verbundenen Vorteil, diese Vorgänge in der Buchhaltung und Abwicklung weitestgehend automatisieren zu können, wären viele Bankgeschäfte im heutigen Umfang nicht möglich. Das war damals (1977) technisch machbar, weil - und das ist wichtig für die weiteren Betrachtungen - Bankgeschäfte sich in der Regel in wenigen 100 Bytes darstellen lassen und so zur kostengünstigen Übertragung mit den damals vorhandenen schmalbandigen Netzen auskamen. Den enormen Erfolg dieses Netzes sehen Sie auf dieser Folie dargestellt.

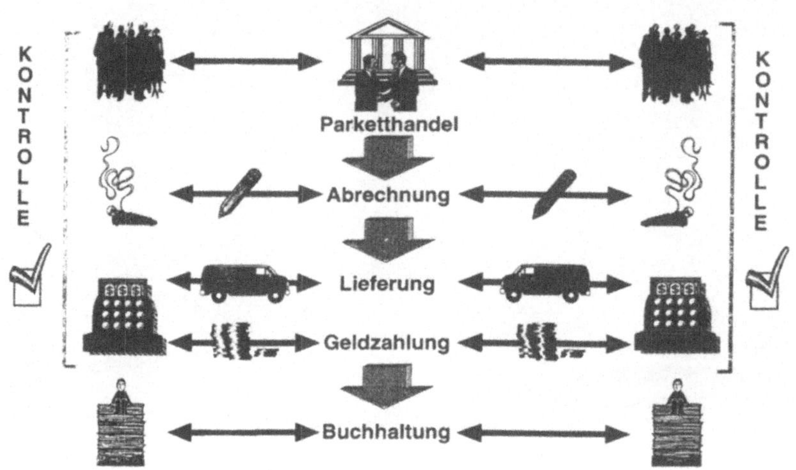

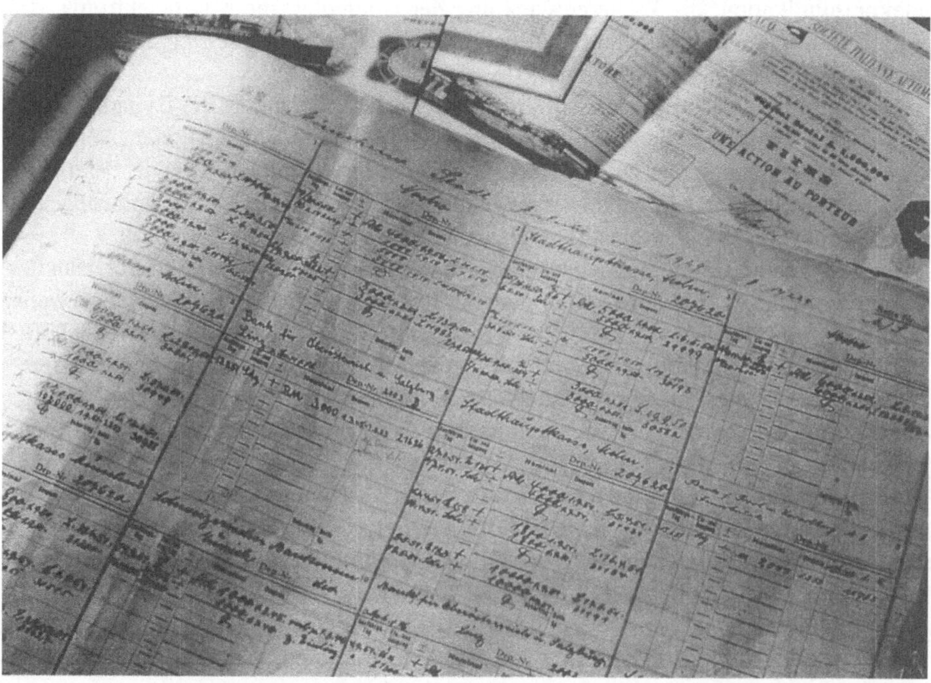

Reuters / SWIFT

Weltweit gültige Standards

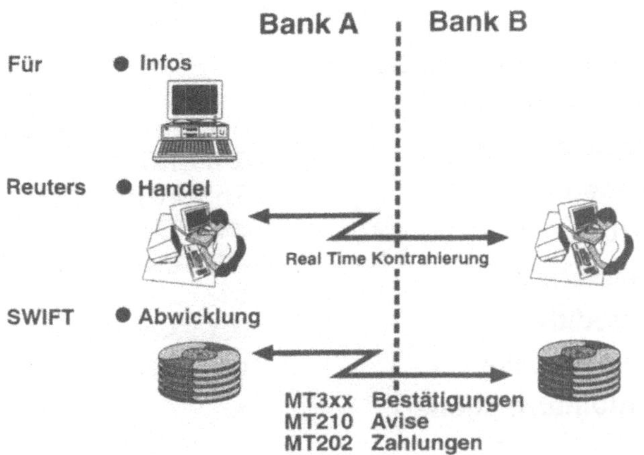

Vereinsbank

SWIFT - Entwicklung

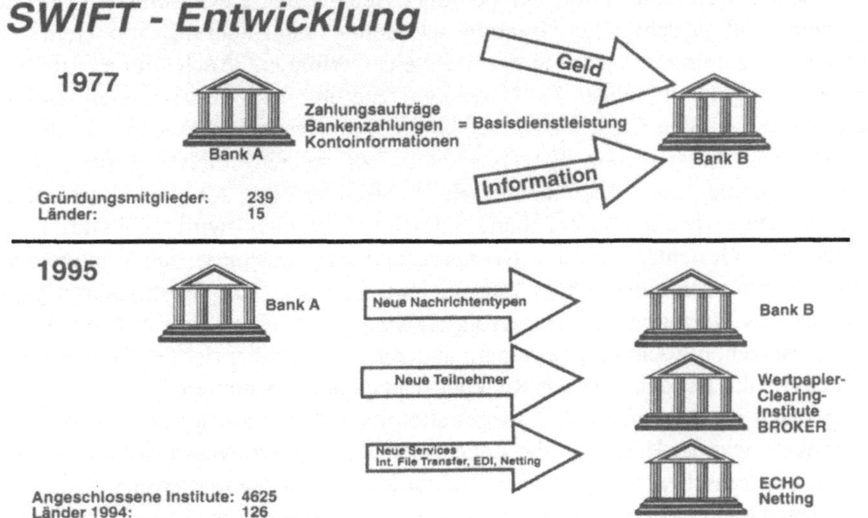

Vereinsbank

SWIFT - Formate

MT1xx Zahlungsaufträge, Schecks
MT2xx Bankzahlungen
MT3xx Financial Trading
MT4xx Inkasso
MT5xx Wertpapier
MT6xx Edelmetalle
MT7xx Akkreditive
MT8xx Reiseschecks
MT9xx Kontoinformationen

MT950   Tagesauszug
20: 12345
25: 68105200
28: 123/1
60F: C950530DEM987632,
61:
950530D650,S10049N933/DEVII
62F: C950530DEM987002,

Vereinsbank

Die SWIFT-Formate sind relativ einfach - hier ein Beispiel -, beschreiben aber heute praktisch alle Finanztransaktionen und bilden die Grundlage für die elektronische Kommunikation zwischen Finanzinstituten und verstärkt auch zwischen Banken und Kunden weit über den Bereich des SWIFT-Netzes hinaus.

Aber selbst, wenn man Informationen über Geldgeschäfte elektronisch versenden kann, dann muß ja schließlich irgendwann einmal die Lieferung von Geld oder Wertpapieren zumindest zum Spitzenausgleich erfolgen. Auch diese Probleme wurden weitestgehend gelöst. Die Dematerialisierung von Wertpapieren und die Einführung von großen Clearingzentren, wie der Bundesbank, Euroclear, Cedel und dem deutschen Kassenverein, um nur einige zu nennen, führen dazu, daß die Abwicklung heute fast ausschließlich elektronisch erfolgt. An noch bestehenden Medienbrüchen - wie sie etwa bei Namensaktien vorkommen - wird gearbeitet.

Unter dem Gesichtspunkt des Risikomanagement entstehen dabei interessante Fragen, z.B. die nach einer echten Zug um Zug Lieferung von Wertpapieren gegen Bezahlung. Das Wertpapierclearing erfolgt dabei auf dem einen Netz mit seinem ihm eigenen Gesetzen, die Zahlung auf einem anderen. Im Zeitalter der Großvolumina im Handel ein Punkt, auf den man aus Risikogesichtspunkten achten muß.

So gerüstet im Backoffice und ausgestattet mit Informationen von Finanzplätzen aus aller Welt, war der Handel in der Lage, seine Volumina zu vervielfachen, Arbitragemöglichkeit zwischen verschiedenen Teilmärkten zu suchen und zwar weltweit und 24 Stunden am Tag. Dabei waren es übrigens am Anfang analoge Informationssysteme, die im Broadcastingverfahren funktionierten. Nur diese Technik erlaubte damals die praktisch gleichzeitige Informationsversorgung an den Händlertischen dieser Welt. Erst mit dem Wachstum der Leistungsfähigkeit der digitalen Übertragung und der Mikroelektronik war es möglich, die heutigen, auf Workstationbasis beruhenden Händlertische mit 3-4 Bildschirmen und Online-Zugriff zu den Märkten dieser Welt, zu erzeugen.

Neu: Handel, Abwicklung, Buchung, Kontrolle

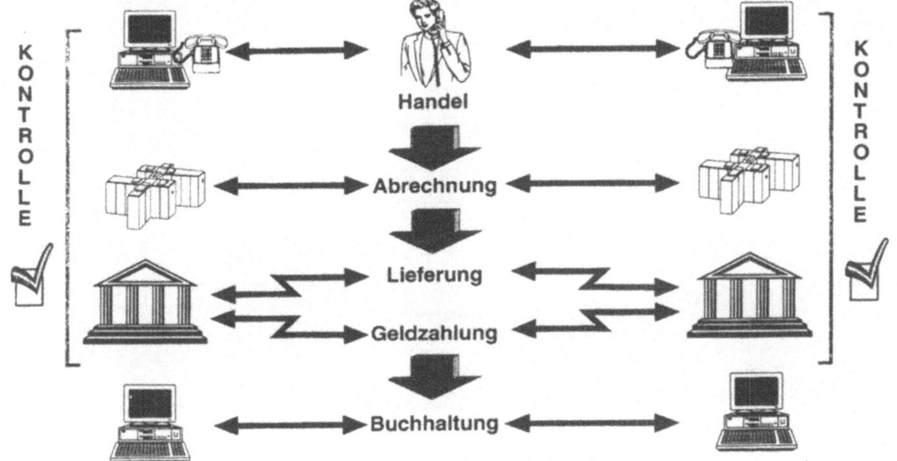

Internationale Wertpapierabwicklung
Lieferung gegen Zahlung

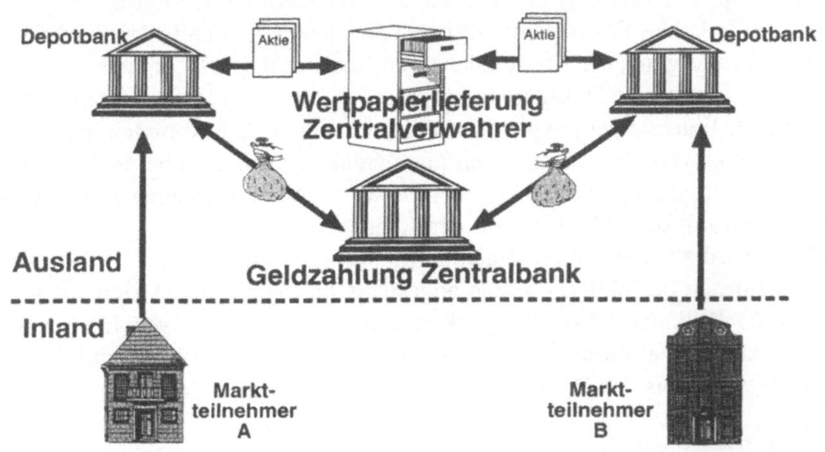

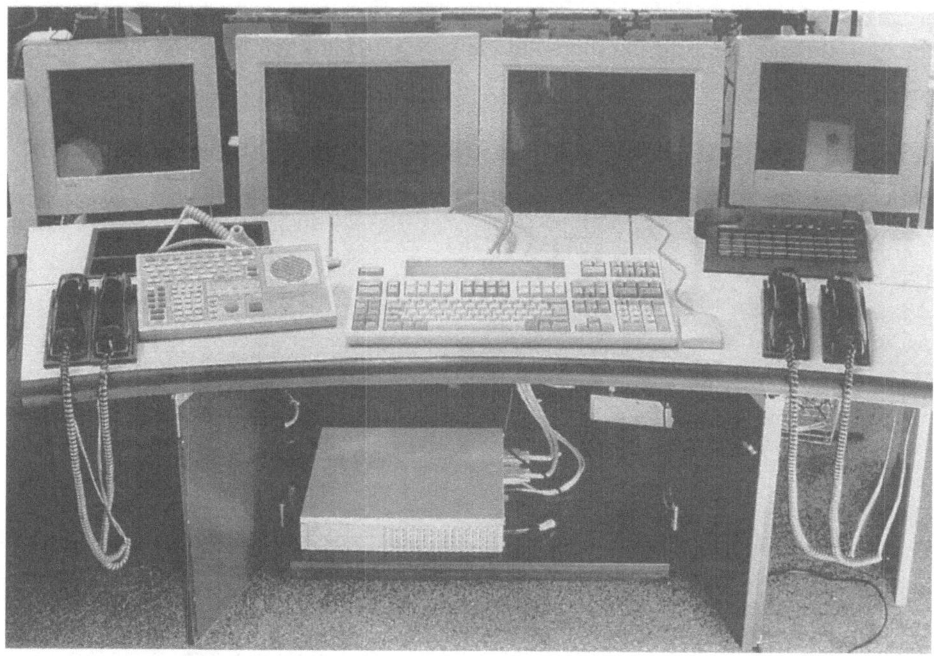

So eine Ausstattung - hier ein Blick in einen modernen Handelsraum - kostet dann pro Arbeitsplatz leicht 400 - 500 TDM mit der zugehörigen Infrastruktur und den Backoffice-Systemen ohne Personalkosten und damit sind wir bei den ersten strukturellen Änderungen.

Zu rechtfertigen ist diese Infrastruktur, die, wenn sie erfolgreich sein soll, in ein weltweites System mit den Standorten London, New York, Singapur oder Tokio eingebettet sein muß, nur bei genügenden Volumina aus dem Kundengeschäft und dem Eigenhandel. Das bedeutet wiederum zwangsläufig eine gewisse Größe und eine gewisse Eigenkapitalausstattung. Der Prozeß der Konzentration läuft also, u.a. auch bedingt durch die hohen Einstiegsinvestitionen für dieses Geschäft. Parallel bringt die Informationsversorgung, die über die heutigen Netze möglich ist, immer mehr Transparenz in den Markt und Transparenz bedeutet u.a. sinkende Margen. Dieses wiederum ist eine der Wurzeln der Finanzinnovationen, denn mit Innovationen, wenn sie gut und richtig eingesetzt werden, läßt sich noch Geld verdienen. Dabei lösen sich diese Art von Geschäften immer mehr von den ihnen zugrunde liegenden Assets und beschäftigen sich mit dem Management des Risikos. Dieses wiederum wird am Markt bezahlt und wird zunehmend zur eigentlichen Aufgabe von Banken. Die sorgenvolle Frage ist natürlich berechtigt, ob man angesichts des weltweiten Volumens von geschätzt ca. 25 Billionen US-Dollar an Finanzinnovationen noch von Risikomanagement reden kann. Aber dieses wäre Inhalt eines weiteren langen Vortrages. Verlassen wir den inneren Kreis der Banken und wenden wir uns dem Firmenkundengeschäft zu.

Für die Treasury-Bereiche der großen internationalen Firmenkunden gilt mit einem gewissen zeitlichen Nachlauf was die Instrumente anbetrifft das gleiche, was

vorher über den Handel im Bankbereich gesagt worden ist. Dort treffen wir auf ausgezeichnete Profis, oft aus unseren Reihen, die sich aller Möglichkeiten der Informationsbeschaffung bedienen und den gleichen Marktüberblick haben wie die Banken, lediglich in der Abwicklung gibt es weniger Parallelen, aber auch dort werden Realtime-Anschlüsse an unsere Informationsnetze zur Regel werden. Das Risikomanagement in der Abwicklung verbleibt bei den Banken. Auch auch im Firmenkundenbereich gilt, daß Markttransparenz die Margen vermindert. Der Einsatz von Netzwerken wurde in Zusammenarbeit mit Banken von den Großunternehmen sehr bald forciert, galt es doch in den internationalen Konzernstrukturen über Cash-pooling zum Cashmanagement zu kommen.

Keine überflüssigen Sichteinlagen, keine überflüssigen Kredite, das Ausnutzen von Zinsvorteilen in verschiedenen Währungen, die professionelle Geldanlage, alles das ließ sich international durch Telekommunikationsunterstützung managen.

Zur Freude der Banken? Nun ja, dieses Vorgehen bedeutet zunächst auch wieder Ertragsminderung, es bedeutet aber auch Konzentration auf die Banken, die international ein Netzwerk und die Software bereitstellen, um diesen Service anzubieten. Diejenigen, die das rechtzeitig und konsequent taten, konnten durch Volumensausweitung und Folgegeschäfte ihre Investitionen gut amortisieren.

Entgegen manchen Vorstellungen ist übrigens der über Netzwerke betriebene elektronische Zahlungsverkehr auch mit Großunternehmen noch gar nicht so alt.

Überweisungen, Lastschriften etc. wurden über Magnetdatenträger im s.g. DTA-Verfahren ausgetauscht und das ist auch heute noch, was die Anzahl der Unternehmen und die Anzahl der Posten anbelangt, der Hauptkommunikationsträger. Sneakernet statt Ethernet heißt das.

Ziele Cash Management

"Planung und Steuerung der kurzfristigen Zahlungsströme zur Nutzung optimaler Konditionen, bei gleichzeitiger, permanenter Zahlungsfähigkeit."

Dies bedeutet (aus Sicht des Kunden):

- **Vermeidung von überflüssigen Sichteinlagen**
- **Kreditaufnahme zu geringen Kosten**
- **Geldanlage zum höchstmöglichen Zinssatz**
- **Schneller und günstiger Geldtransfer**
- **Reduzierung von Liquiditäts- und Zinssatz-Risiken**

Vereinsbank

Anteil beleglose Zahlungen von Kunden

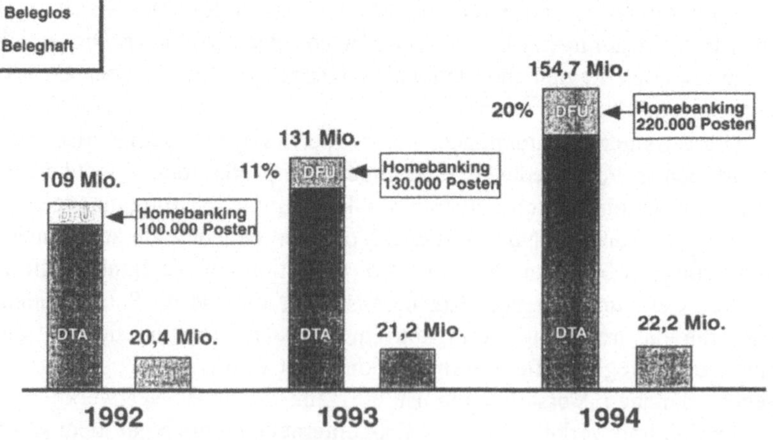

Vereinsbank

Erste betrieblich wichtige Rationalisierungen wurden damals mit dem DTA-Verfahren erreicht und Sicherheitsgründe und innerbetriebliche Abläufe ließen lange Zeit einen weiteren Fortschritt nicht zu. Dies änderte sich in Deutschland, als die Banken auf breiter Basis begannen, mit dem Banking Communication System - BCS - einen marktweiten Kommunikations- und Sicherheitsstandard einzuführen - übrigens auf der Basis der schon erwähnten SWIFT-Formate. Darüber werden sowohl Zahlungen im Inland und Ausland durchgeführt, als auch Informationen über Kontostände von den Banken abgegeben - das ganze verschlüsselt und mit elektronischer Unterschrift versehen. Der Computer des Kunden sammelt von allen Banken, mit denen Bankver-bindungen bestehen, die Kontostände, ordnet valutarisch, summiert über verschiedene Konten hinweg und erlaubt damit abhängig von Liquiditätsplanungen einen optima-len Einsatz der finanziellen Mittel und zwar taggenau. Für die Banken heißt das hohe Verfügbarkeit der Netzwerke und Computersysteme, hohe Sicherheitsanforderungen und möglichst rasche Verteilung von Informationen.

Wie geht es in der Zukunft weiter? Die Großunternehmen, die selbst über eigene Netzwerke verfügen, werden versuchen ihr Geld so lange wie möglich in den eigenen Netzen zu halten, d.h. sie werden an den Banken vorbei versuchen, z.B. in Frankreich über die eigene Niederlassung zu zahlen - diese Dienstleistung der Banken wird also zurückgehen.

Parallel dazu wird ein anderer Service gefragt werden, der aus zahlungsverkehrsmäßiger Sicht noch in den Kinderschuhen steckt - gemeint ist EDIFACT.

Leistungen des Banking Communication Standards / EASY BCS

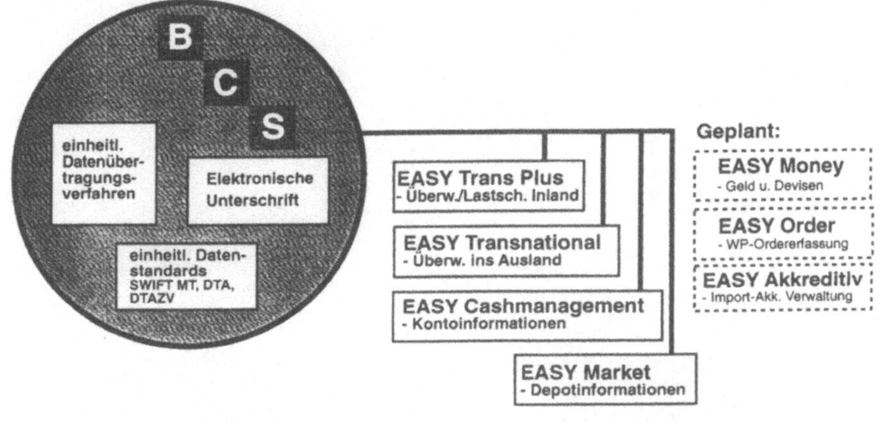

Ziele einer globalen Liquiditätsplanung

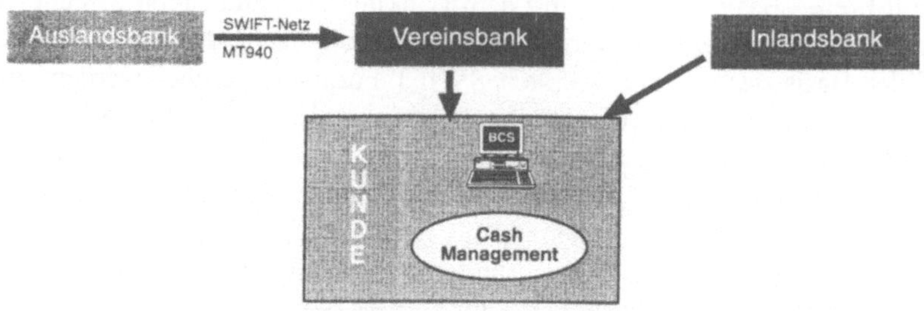

- Tagesauszug
- Umsatzinformationen
- Valutasalden / Liquiditätsübersicht
- Zinsberechnung
- Dispositionsvorschlag
- Einbindung / Abgleich von Plandaten
- Schnittstelle zu internen Anwendungen
- Verwaltung von Neben-/Unterkonten

Vereinsbank

Ablauf unter EDIFACT-Standard

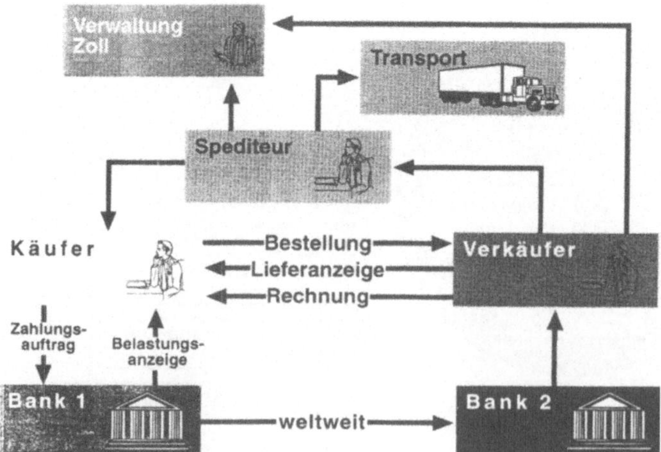

Vereinsbank

EDIFACT, als internationaler Standard von der UNO unterstützt, ist dabei eine umfassende Ausdehnung der Idee, die auch SWIFT zugrunde lag - nur daß es sich hierbei um Standards handelt, die einen Großteil der Geschäftsvorfälle zwischen Nichtbanken beschreiben. Auf Einzelheiten muß ich sicher in diesem Expertenkreis nicht eingehen. Ziel ist es dabei, in einem viel weiteren Umfang als bisher, Computer zur Abwicklung und Kontrolle solcher Geschäftsvorfälle einzusetzen. Die Rolle, die Banken dabei spielen, ist noch unklar und befindet sich im Teststadium.

Klar ist, daß hier bedeutend mehr Informationen als beim Zahlungsverkehr benötigt werden, transportiert werden müssen. Die einfache Frage, die sich dort stellt, ist, überlassen wir Banken den Transport der Zahlungsverkehrsinformationen Netzwerkbetreibern und Servicegesellschaften oder übernehmen wir den Transport und die Verwaltung einer Unzahl von nicht bankrelevanten Informationen? Bei der Bedeutung, die der Zahlungsverkehr für eine Bankbeziehung hat, ist die Antwort einfach. Nur, die Konkurrenz schläft nicht. Es gibt bereits große Netzwerkbetreiber, die auch Banklizenzen haben. Seien wir also auf der Hut.

Der Mittelstand wird wie bisher immer den Entwicklungen im Zahlungsverkehr folgen - das ist weitgehend bereits geschehen - im Treasury-Bereich jedoch mit den Banken kooperieren, diese Aufgabe vielleicht sogar als Dienstleistung an Banken outsourcen.

Kommen wir zum derzeit meist diskutierten Bereich, weil er jeden von uns betrifft und damit öffentlichkeitswirksam ist - zum Bereich des Privatkundengeschäftes.

Hier vollziehen sich nun einige der Entwicklungen nach, die wir vorher schon diskutiert haben. Zusätzlich angetrieben wird die Entwicklung durch den permanenten Kostendruck, den Banken in einem überbesetzten Markt im Privatkundengeschäft spüren. Darüber hinaus werden die Kunden besser informiert und legen verstärkt Wert auf Convinience. Aber lassen Sie uns kurz zurückschauen.

Die Privatkundenfiliale der Vergangenheit war eine kleine Bank, die fast alle Funktionen vor Ort vorhielt. Natürlich die kundennahen Funktionen wie Beratung und Serviceleistungen, aber auch die Abwicklung des Zahlungsverkehrs, die Geldbearbeitung, das Handling der Wertpapierverkäufe, die Kreditbearbeitung und vieles mehr.

Diese Zeiten sind lange vorbei. Hochgradig standardisierbare Tätigkeiten in der Datenerfassung, im Zahlungsverkehr, in der Informationsversorgung der Kunden sind automatisiert worden und mittels Computernetzen in der Bearbeitung von der Filiale weg und als Informationen wieder an die Filiale oder direkt zum Kunden befördert worden.

Gestatten Sie mir dazu zwei Beispiele.

Der Zahlungsverkehr - also etwa die Durchführung einer Überweisung - wurde früher beleghaft durchgeführt. Die Überweisung wurde am Schalter abgegeben und der Überweisungsträger beleghaft transportiert. In regionalen Verarbeitungszentren erfolgte eine aufwendige, größtenteils manuelle Weiterverarbeitung und Verbuchung. Eine Durchschrift befand sich schließlich als Anlage am Kontoauszug des Empfängers. Heute sind Systeme im Test und spätestens Ende 1997 im flächendeckenden

Filiale der Vergangenheit

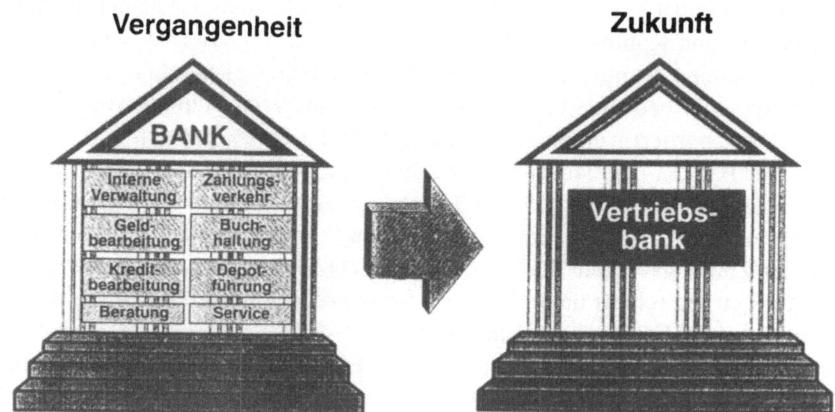

Zahlungsverkehr alt

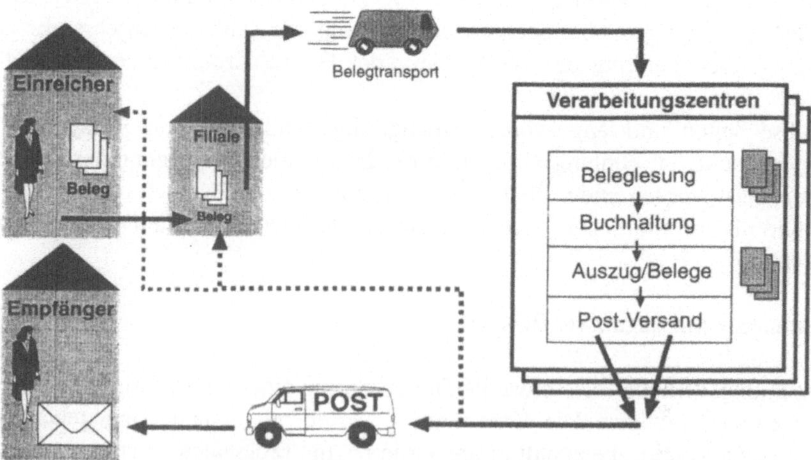

Einsatz, bei denen wir einen Überweisungsträger in der Filiale, in der er abgegeben wird, elektronisch scannen, das Image in ein zentrales Interpretationszentrum senden, in dem eine automatische Schriftenlesung erfolgt und es dort im Fehlerfall nachbearbeiten.

Nachbearbeitung bedeutet dabei, daß das gescannte Bild und die Interpretation am PC zur Verfügung gestellt werden und - im wesentlichen nur bei handgeschriebenen Überweisungsträgern vorkommend - nicht lesbare Zeichen korrigiert werden. Papiertransport findet nur noch zur Archivierung statt. Die Korrekturplätze können und werden morgen Heimarbeitsplätze sein. Die Struktur des Backoffice einer Bank hat sich damit wesentlich geändert. Am Kontoauszugsdrucker oder daheim beim PC-Banking kann der Empfänger die Informationen der ursprünglichen Überweisung wieder ausgedruckt bekommen.

Im Wertpapiergeschäft ist die elektronische Kette sogar für die Standardwerte noch weiter geschlossen.

Mit der Einführung des Systems BOSS-CUBE etwa durch die DWZ an der Frankfurter und später an anderen Börsen in Deutschland gibt es heute nur noch ganz wenige Stellen, an denen der Mensch eingreifen muß.

Ihre telefonisch aufgegebene Wertpapierorder wird in der Bank am Bildschirm erfaßt, in den Inhousesystemen geprüft - beispielsweise ob die Deckung auf Ihrem Konto für einen Kauf da ist oder ob die Wertpapiere für den Verkauf im Depot sind und in BOSS-CUBE automatisch transferiert, dort läuft sie bis auf das Terminal des zuständigen Maklers. Nachdem der Kurs gemacht ist, wird die Ausführung oder Teilausführung zur Bank zurückgemeldet, dort im Liefersystem und im Depot des Kunden vermerkt, automatisch abgerechnet und es werden die notwendigen Kundenbelege ausgedruckt. Für Standardorders geht dies alles ohne manuelle Eingriffe.

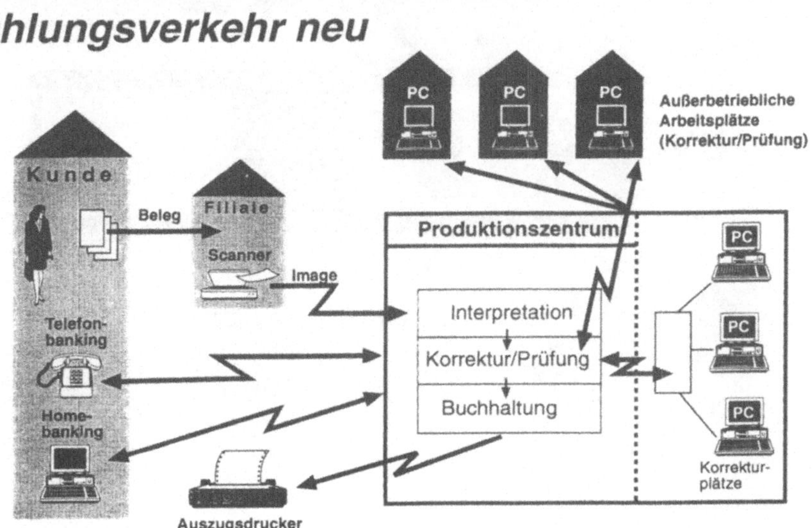

BOSS / CUBE

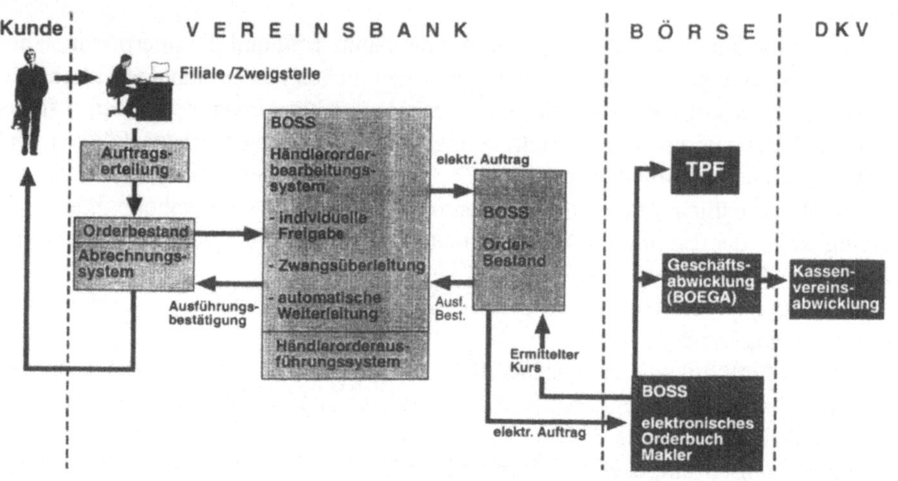

Direktbank

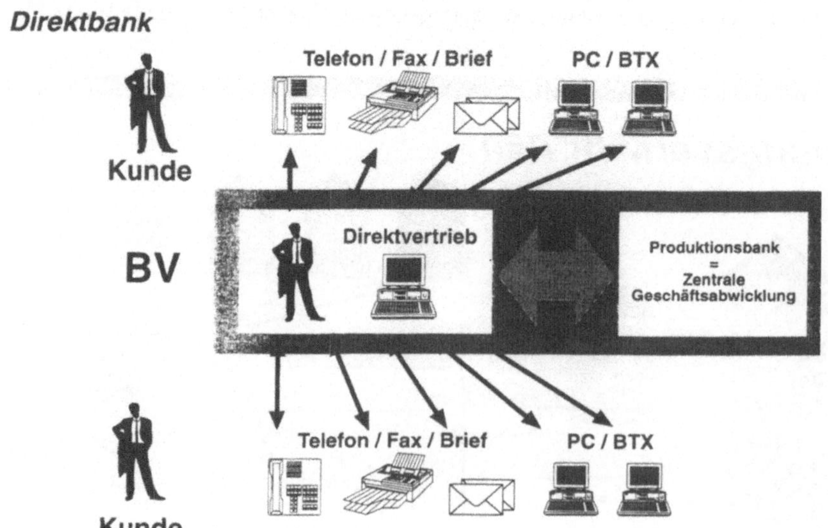

Diese Entwicklungen haben nun wiederum zu strukturellen Änderungen geführt, die in ihrem gesamten Ausmaß erst zu erahnen sind.Ziemlich konkret sind heute die Angebote der Direktbanken oder der Discountbroker. Die Idee ist dabei, daß die bestehenden Filialsysteme als Anlaufstation für die Abgabe von Zahlungsverkehrsaufträgen oder Wertpapierorders viel zu teuer sind. Wenn es gelingt, die aufwendige Beratungskomponente von der hochtechnisierten Abwicklungskomponente zu trennen, dann kann man als Billiganbieter eine neue Konkurrenzrunde eröffnen. Services im Telekommunikationsbereich wie 130 oder 180-Nummern, Telefax oder Datex-J helfen dabei, die notwendigen Anlaufstationen zu zentralisieren und so recht kostengünstig zu gestalten. Die Einsparungen können teils an den Kunden weitergegeben werden, teils im Marketingbereich eingesetzt werden und teils zur Profitstärkung verwandt werden. Die Investitionen in eine solche Einheit sind deutlich geringer als in ein Filialsystem.

Kein Wunder also, daß kleinere Banken und ausländische Institute ohne flächendeckendes Filialsystem diese Methode besonders bevorzugen. Aber auch die Großbanken müssen hier mitziehen. Einerseits um ihre Kundenbasis zu verteidigen, andererseits um den aus Profitgründen notwendigen Marktanteilsgewinn speziell in dem für diese Vertriebsform offenen Markt der jüngeren Menschen zu erreichen.

Schauen wir also einmal die möglichen Entwicklungen an.

Zunächst zum klassischen Filialsystem.

Das Filialsystem wird kleiner werden und mehr auf Kundennähe ausgerichtet sein. Dabei heißt Kundennähe nicht lokale Präsenz, sondern sinnvolle Erreichbarkeit und hohe Kompetenz.

Die noch vorhandenen Backoffice-Tätigkeiten werden mit Hilfe der Technik weiter konzentriert, der Service vor Ort wird bei den einfachen Tätigkeiten durch Selbstbedienung ersetzt.

Kurz: Die Vertriebsbank wird von der Produktionsbank getrennt. Das schafft strukturelle Veränderungen. Outsourcing wird für kleine Banken interessant und zwar zunächst im Bereich Zahlungsverkehr, Datenverarbeitung, Wertpapierhandling. Bei den größeren kommt es mit Hilfe der Technik zu Kreditbearbeitungszentren, die elektronische Kreditakte - so sie noch nicht eingeführt ist - wird zum Standard, die Bearbeitung erfolgt in Zentren, die möglicherweise in strukturschwachen Gegenden liegen.

Die Geldbearbeitung, die schon weitgehend fremd vergeben ist, wird weiter reduziert zugunsten des elektronischen Zahlungsverkehrs. Zahlen ohne Bargeld mit Kreditkarten ist heute ein selbstverständlicher Vorgang. Die Autorisierung erfolgt dabei durch Zentren, die weltweit mit dem Point of sales verbunden sind. Das aber reicht für gewisse Zahlungsvorgänge nicht aus und ist kein Geldersatz. Warum nicht?

Nun, es fehlen zwei wichtige Voraussetzungen für die Nutzer solcher Systeme - etwa den Handel. Erstens gehen Online-Autorisierungen nicht immer schnell genug

Filiale der Zukunft (Vertriebsbank)

Geblieben sind: Kundenbedürfnisse

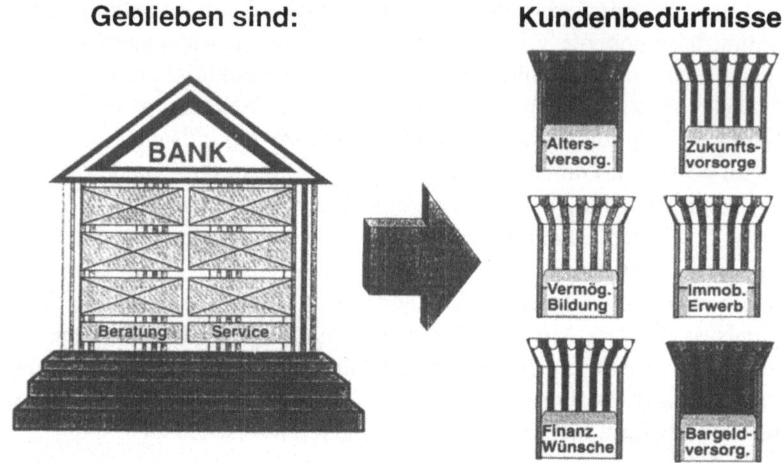

Trennung Vertriebsbank - Produktionsbank

Chip-Karte

**Der Informationskreislauf des elektronischen Geldes
im Privatkundengeschäft**

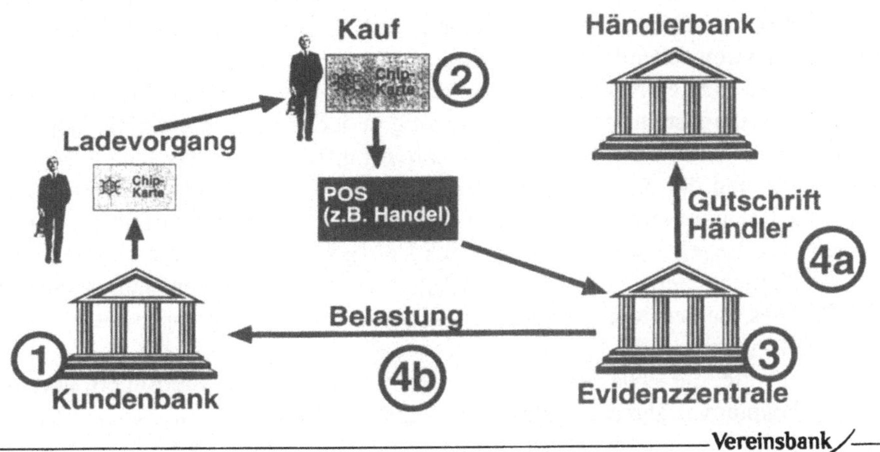

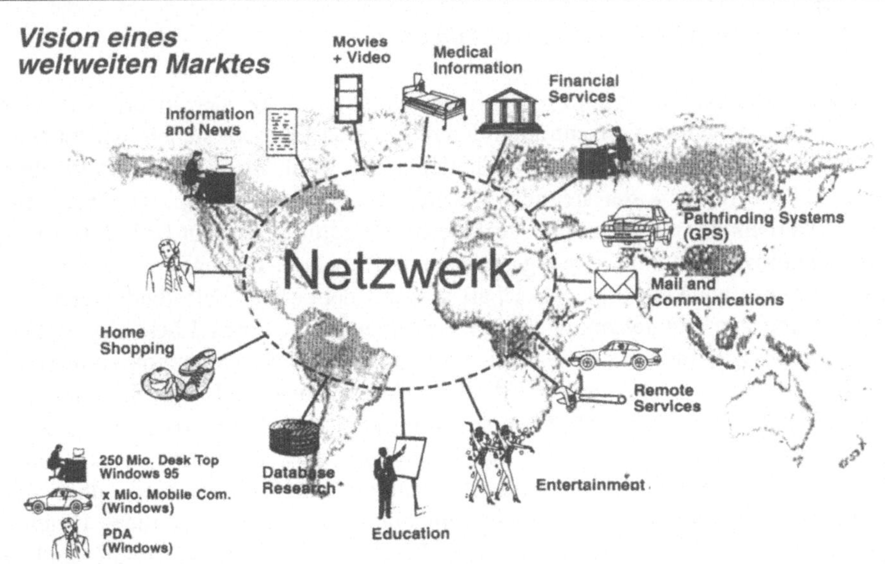

und ein Kunde, der wartet, revidiert möglicherweise seine Kaufentscheidung. Zweitens ist eine kartengestützte Zahlung heute für manche nicht anonym genug. Auf dem Geldschein steht ja bekanntlich in der Regel weder Name noch Adresse.

Beide Eigenschaften - also größere Schnelligkeit und die gewünschte Anonymität - werden zukünftig durch die chipkartengestützten Zahlungsverkehrssysteme geboten. Die Telekommunikation ist dabei natürlich auch wichtig, z.B. zum Laden der elektronischen Börse auf dem Chip mit Geld und zum Transport der beim Händler gesammelten elektronischen Beträge zur Bank.

Müssen das Banken machen? Besser wäre das für uns, denn der Zahlungsverkehr ist, wie bereits dargestellt, nach wie vor wichtig in der Kundenverbindung. Der Natur der Sache nach - hier werden Informationen transportiert - kann das auch jeder Netzwerkbetreiber und die rüsten schon gewaltig auf. Etwa im Internet - diesem Wilden Westen der Datenkommunikation. Wenn hier jemand die Sicherheit und die Einhaltung gewisser Regeln überwacht, dann wird einiges von electronic payment über diese und ähnliche Netze gehen. Die Analogie vom wilden Westen stammt übrigens von Bill Gates, dessen Microsoftnetwork so etwas wie Zivilisation in dieses Chaos bringen will.

Die Chipkarte, die - wie beim Handy - den Zugang zum PC kontrolliert, über den im Homeshoppingverfahren eingekauft und bezahlt wird in einem weltweiten elektronischen Marktplatz, die dann den Zahlungsverkehrsvorgang autorisiert und verschlüsselt, das sind keine Visionen, das sind Berichte aus Feldversuchen. An der Zusammenfassung dieser Funktionen zu einer in Realisierung befindlichen Vision arbeiten weltweit viele bedeutende Firmen.

Was wird also aus den Banken in diesem Umfeld?

Nun, die Entwicklung im Filialsystem habe ich schon kurz geschildert. Die vier großen „K" Kundennähe, Konzentration, Kompetenz und Kosten stehen hier im Mittelpunkt. Die Besuchsfrequenz in den Filialen wird, wenn man Analysten glauben darf, auf 20 % - 30 % der heutigen Besuchsfrequenz abnehmen. Die Kundengespräche werden sich auf qualitativ hochwertige Beratung, auf den Lifecycle angepaßte Problemlösungen und auf maßgeschneiderte Angebote konzentrieren.

Das Service- und Abwicklungsgeschäft wandert dabei über Selbstbedienung und Telefonbanking zum Homebanking, bei dem das heute von Datex-J bekannte Datenkommunikationsverfahren mit dem Telefon und dann mit dem Videophon kombiniert wird. Als Technologie ist übrigens - wie allen hier bekannt - ISDN dazu hinreichend. Ergänzt wird das alles durch Multimedia-Informationen, Schulungen und Werbung auf CD-ROM. So sehen wir jedenfalls die Entwicklung der nächsten 10 Jahre. Kundensuche, Kundenakquisition und Kundenbetreuung werden stark über Direktmarketing mit angeschlossenen Serviceeinheiten gehen. Der persönliche Kontakt ist - wenn überhaupt - nur noch für komplexe Beratungen notwendig, für alles andere nutzt der Kunde die Bank in seiner Tasche in Form eines von jedem Ort aus kommunikationsfähigen, taschenbuchgroßen PC's.

Folgen für die Kunden

- Persönlicher Bankkontakt für komplexe Beratungen

- Erhöhte Kompetenz auf Bankenseite

- Senkung der Preise für Standard-Bankgeschäfte

- Preiserhöhungen für individuelle Lösungen

Vereinsbank

Folgen für die Banken

- Sinkende Kundentreue

- Sinkende Personal- und Baukosten

- Steigende Kosten für Technik und Werbung

Vereinsbank

Verbunden damit ist für den Kunden eine Erhöhung der Kompetenz auf der Bankenseite, denn über die neuen Medien können die besten Mitarbeiter mehr Kunden betreuen. Verbunden ist das auch mit einer erheblichen Senkung der Preise für Standardbankgeschäfte. Individuelle Lösungen - Maßanzüge also - werden dann wohl teurer werden. Die Zeiten der Quersubventionen gehen zu Ende.

Verbunden ist das für die Banken mit einer sinkenden Kundentreue, denn der Wechsel von Banken wird einfacher werden, mit sinkenden Kosten insbesondere im Personal- und Baubereich, aber mit steigenden Kosten bei den Ausgaben für Technik und natürlich Werbemaßnahmen, denn die Filiale als lokaler Kundenwerbeträger fällt ja größtenteils weg.

Die hier vorgestellte Vision ist noch an viele „wenn" und „aber" gebunden. Electronic Banking allein, wird nicht zu Investitionen in HW und SW und Netzanschlüssen bei Privatkunden führen, aber vielleicht ergeben sich ja bald weitergehende Nutzungen, die über das Abspielen alter Filme und Serien hinausgehen und die den ohnehin vorhandenen Kaufboom bei Multimedia-PC's weiter aufrechterhalten.

Für uns Finanzdienstleister bleibt die schwere Aufgabe, diese massiven Änderungen zu managen.

Die Lösung dieser gewaltigen Changemanagementaufgabe ist eine Schicksalsfrage für uns Banken.

In der Bank 2000 - deren Zugang durch den Kunden von jedem Ort zu jeder Zeit möglich ist - ist der Kunde König.

Wir müssen uns jetzt dieser Herausforderung stellen.

Informationstechnologie und Telekommunikation
- Integrale Bestandteile des modernen Retailbanking -

Peter Weigert

1 Erfolgsfaktoren im sich ändernden Retailbanking

1.1 Der Paradigmenwechsel im Retailbanking

Blickt man derzeit auf die Bankenlandschaft, so stellt man fest, daß eine große Zahl von Kreditinstituten mit der Entwicklung und Umsetzung von aggressiven Retail-Strategien begonnen hat. Telefonbanking, Direktbanking, Homebanking, intelligente Bankkarten, Selbstbedienung sind hierfür nur einige Beispiele. Dies ist umso bemerkenswerter, galt doch das Retailbanking in seiner klassischen Form (Physische Kundennähe, begrenzte Servicezeiten, begrenzte Produktpalette) im Vergleich zu anderen Banksegmenten als nicht besonders attraktiv.

Jedoch hat sich im Retailbanking ein Paradigmenwechsel vollzogen. Das *neue Paradigma* heißt

- ❑ *Nähe*   – überall, jedoch keine physische Nähe
- ❑ *Erreichbarkeit*   – 24 Stunden an 365 Tagen im Jahr
- ❑ *Produkt*   – einfache Modalitäten und umfassendes Angebot aus einer Hand

Die 'Driving Forces'[1] (Abb. 1), die diesen Wandel bewirkt haben, sind

- ❑ *die Technologieentwicklung*

  - die Einführung intelligenter Chipkarten (Smartcard),
  - die Entwicklung einer neuen Telefongeneration (Smartphone)/die Integration von PC und Telefon,
  - die Weiterentwicklung des PC-Marktes (Leistung, Preis, Sprach- und Stimmverarbeitung, Video, ...),
  - der Aufbau eines Information Highway (neue Übertragungstechniken und medien, hohe Bandbreiten),
  - die Einführung einer Multimedia-Gerätegeneration,
  - die Entwicklung neuer Datenbanktechnologien (Data Warehouse, Experten-Systeme, neuronale Netze, Fuzzy Logik)

---

[1] Vgl. Beat Bernet in Retail Banking, Gabler Verlag 1995

118

❏ *die veränderte Wettbewerbsdynamik*

- der verstärkter Wettbewerb der bisherigen Marktteilnehmer,
- der Markteintritt international operierender Banken, Nearbanks (Finanz-dienstleister) und Nonbanks (Handel und Industrie)

❏ *die veränderten Kundenerwartungen*

- die Informiertheit und Technologieorientierung der Kunden,
- der Wunsch nach integrierten, individuell gestalteten Produkten mit geringem Beratungsbedarf

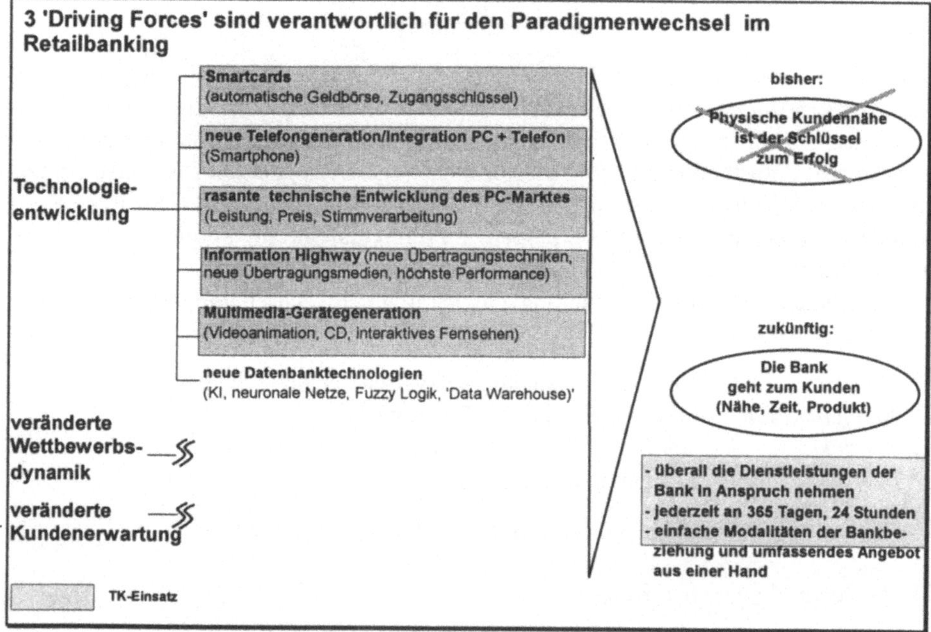

Abb. 1. Der Paradigmenwechsel im Retailbanking

Über die Renaissance des Retailbanking, d.h. die Rückbesinnung auf das klassi-sche Massengeschäft, seine geschäftspolitisch wachsende Bedeutung sowie die Not-wendigkeit zu institutsindividuellen Veränderungen besteht mittlerweile Einigkeit im Kreditgewerbe.

Während die veränderte Wettbewerbsdynamik und Kundenerwartung in einer sich verändernden Welt noch als natürliche Ereignisse betrachtet werden können, ist die technologische Entwicklung heute die richtungweisende Kraft in der Finanzindustrie, die alle Retailbanking-Bereiche - Vertriebswege, Front-Office und Geschäftsabwick-lung - in erheblichem Maße beeinflußt.

Da die technologische Entwicklung aber auch zu - vor 10 Jahren noch undenkbar - niedrigen Preisen für Technologieprodukte geführt hat und diese Produkte heute in vielen Haushalten vorhanden sind, werden die Kundenerwartungen letztendlich von der Technologie mitgeprägt.

1.2   Die Stellhebel erfolgreicher Retailbanken

Um mit diesen Veränderungen im Umfeld des Retailbanking Schritt zu halten, muß das Bankmanagement gemäß einer McKinsey-Studie[2] simultan die 5 Stellhebel

- ❑ Distribution
- ❑ Bearbeitungsprozesse
- ❑ Marketing/Vertrieb
- ❑ Kreditpolitik
- ❑ Unternehmensführung

verändern (Abb. 2), die massiv mit dem Einsatz moderner **Informationstechnologie (IT)** und **Telekommunikation (TK)** verbunden sind.

1.2.1 Differenzierte, effiziente Distribution

Auf Basis einer notwendigen Kundensegmentierung werden elektronische Distributionswege wie mobiler Außendienst, PC-basierte Beraterarbeitsplätze, Telefonbanking, Direktbanking, Selbstbedienung, Homebanking in wenigen Jahren multi-medial geprägt sein und auf kommerzialisierte Netzwerke wie das Internet aus-gedehnt werden, wobei die Inanspruchnahme spezialisierter Anbieter für Value-Added-Services notwendig erscheint. Die "Engine", welche die notwendige Band-breite zur Verfügung stellt, ist heute sicherlich noch die CD-ROM, aber im Kontext der "Informationsgesellschaft" mit seinen Homeshopping- und Teleworking-Ansätzen wird zukünftig das "Netzwerk" nicht nur die Connectivity, sondern auch ein Großteil der Bandbreite verfügbar machen müssen. Einher geht dieser Prozeß mit der Restrukturierung des Filialnetzes und dem Einzug flexibler Arbeitszeiten (Telearbeit, flexible Arbeitsplätze).

1.2.2 Effiziente, stark automatisierte Bearbeitungsprozesse

Die Geschäftsprozeßoptimierung (GPO) wird durch Einsatz von Client/Server-basierten Workflow-Management-Systemen, Vorgangssteuerung, Bürokommunikation, Archiv-Systemen (Optische Speicher) und Breitbandnetzen die Bearbeitungsprozesse weiter automatisieren und standardisieren. Die Arbeitsteilung in Front Office und Back Office verschwindet: entweder wird der komplette Vorgang durch die Dialogeingabe im Front Office und anschließende EDV-Bearbeitung erledigt, oder es werden weitere Aktivitäten in das Back Office verlagert. Auch können

---

[2]Vgl. R.Leichtfuß/F.Mattern "Auf dem Weg zur Weltklasse im Retail Banking" in DIE BANK 12/94

Leistungen ausgelagert werden (Outsourcing), die nicht Bestandteil des Kerngeschäftes einer Retailbank sind.

1.2.3 Effektives Marketing/Vertrieb

Die Anforderungen an Marketing-/Vertriebssysteme führen zum Aufbau von "Data-Warehouses", welche - basierend auf neuen Datenbanktechnologien - ein effizientes Database Marketing und Vertriebscontrolling ermöglichen. Die Nutzung der Informationen - insbesondere durch den Vertriebsapparat einer flächendeckenden Filialbank - kann nur über leistungsfähige Netzwerke erfolgen. Begleitend ist die Entwicklung einer Verkaufskultur, differenzierter Produktstrategien und dem "Marketing aus einer Hand".

1.2.4 Risikoorientierte Kreditpolitik

Experten-Systeme unterstützen Scoring-, Rating- und Risikomanagementfunktionalitäten, deren Ergebnisse in eine risikogerechte Kreditentscheidung und Preissetzung münden.

1.2.5 Zukunftsorientierte Unternehmensführung mit klarer Strategie

Das Controlling und damit die Umsetzung einer zukunftssicheren Unternehmensstrategie im Retailbanking basiert neben anderen Faktoren auf einem effizienten "Executive Information System (EIS)", das sowohl unternehmensführungsrelevante Informationen liefert als auch ein differenziertes Unternehmenscontrolling auf allen Abstraktionsebenen erlaubt.

1.3   Der IT-/TK-Einsatz im Vertrieb

Die klassische Filialbank in ihrer stationären Form kann nicht mehr allen Anforderungen an ein modernes Retailbanking gerecht zu werden. Getrieben durch die technologische Entwicklung, gewinnen besonders alternative elektronische Vertriebskanäle immer mehr an Bedeutung, zumal sie erhebliches Neukundenpotential besitzen. Auch der Anspruch des neuen Kundentypus im Retailbanking an Nähe, Erreichbarkeit und Produktbedürfnisse wird berücksichtigt.

Abb. 3 zeigt schematisch die Ausprägungen der verschiedenen Vertriebswege im Sinne von Kundennähe bzw. Kundenansprache. Gleichzeitig verdeutlicht die Abbildung, daß Kundennähe/Kundenansprache durch Einsatz von IT/TK beliebig variiert werden können.

Als *räumlich entfernt - in der Bank* - erlebt der Kunde die klassische Filiale mit ihrer Technik (PC-Beraterplatz, Client/Server-basierter Informationsplattform, SB-Geräten und Service-Applikationen).

Als *nah und bequem - im Wohnzimmer* - hingegen empfindet der Kunde das heutige Homebanking mit PC-Home-Finance-Software (MS-Money, Quicken) unter Btx/ Datex-J. Jedoch lassen die Bedienungselemente der derzeitigen transaktionsorientier-

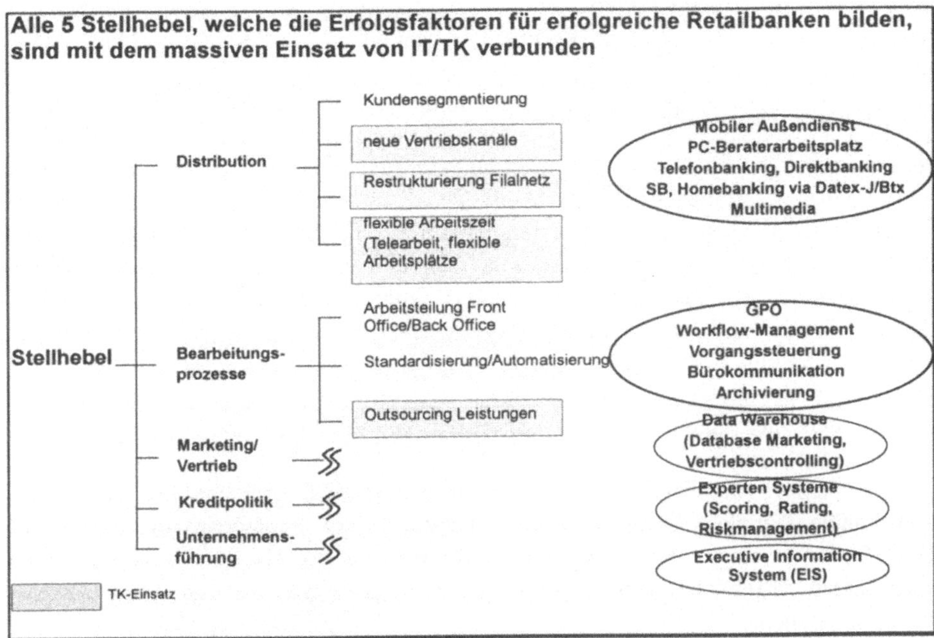

Abb. 2. IT-/TK-Einsatzmöglichkeiten in den Retail-Erfolgsfaktoren

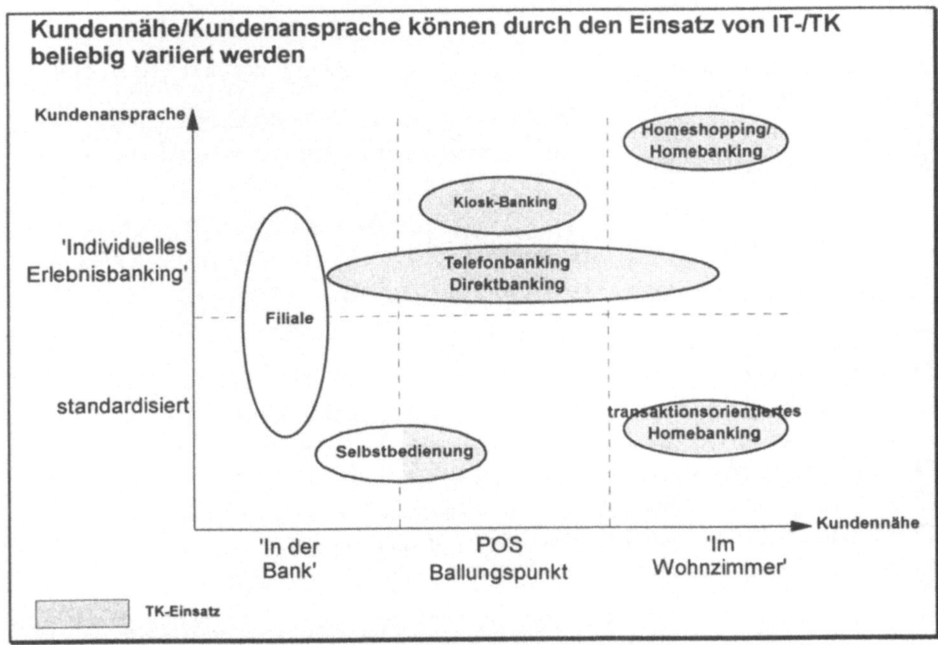

Abb. 3. Vertriebskanäle klassifiziert durch Kundenansprache/Kundennähe

tierten Form des Homebanking wenig Individualität zu, da sie stark standardisiert sind und eine formalisierte, eingeschränkte, wenig benutzerfreundliche Ober-fläche aufweisen.

Erst neue Formen des Homebanking/Homeshopping, die interaktive Techniken und Bewegtbild (Multimedia-Lösungen) integrieren, zielen auf eine individuelle Kundenansprache. Jedoch sind diese Anwendungsformen nicht vor der Jahrtausendwende als Massenapplikationen zu erwarten.

Die Interdependenzen zwischen steigendem IT-/TK-Einsatz und der Notwendigkeit zur Erhöhung von Kundennähe und "Convenience" werden durch die künftige technologische Entwicklung weiter wachsen: Multimedia-Lösungen in SB-Filialen, Banking-Kiosks und Homebanking/Homeshopping-Lösungen; Chipkarten zum Ersatz von Bargeld; Client/Server-basierte Workflow-Managementsysteme zur "Verschlankung" der Bankproduktionsprozesse; ultimatives edv-gestütztes Marketing mit sehr kleinen Zielgruppen - all dies ist bereits im Entstehen und wird in wenigen Jahren Realität sein.

Die Vielzahl der bereits bestehenden und zusätzlich sich entwickelnden Vertriebskanäle (Filialen, Selbstbedienung, Telefonservice, Homebanking, Kioskbanking, Direktbanking, ...) wird vor allem für Banken, die mehrere Vertriebskanäle unterstützen, erhebliche Anforderungen an Kostenmanagement und Geschäftsfeldsteuerung stellen.

2 IT-/TK-Lösungen im Retailbanking

2.1 Ländervergleich

Im länderübergreifenden Vergleich hat sich Deutschland bezüglich des IT-/TK-Einsatzes in Retailbanking, wie die Abbildungen 4 - 7 verdeutlichen, bisher wenig profiliert, wenngleich einige Kreditinstitute sich seit Beginn der 90er Jahre erhebliche Wettbewerbsvorteile erarbeitet haben.

2.2 Lösungen mit Leading-Edge-Charakter

Edv-gestützte Lösungen für

☐ Telefonbanking,
☐ Direktbanking,
☐ Homebanking,
☐ Ausbau von Service-Zentren,
☐ Dezentralisierung von Beratung & Verkauf,
☐ Steuerung von Prozeßeffizienz und Vertriebskanälen,
☐ Ausbau des Kredit-, Kosten- und Risikomanagement sowie
☐ Zentralisierung von Transaction Processing und Administration

erfordern - wie Abb. 8 zeigt - ein modernes verteiltes Datenhaltungskonzept, das über ein leistungsfähiges Netzwerk die räumlich verteilten Komponenten miteinander verbindet.

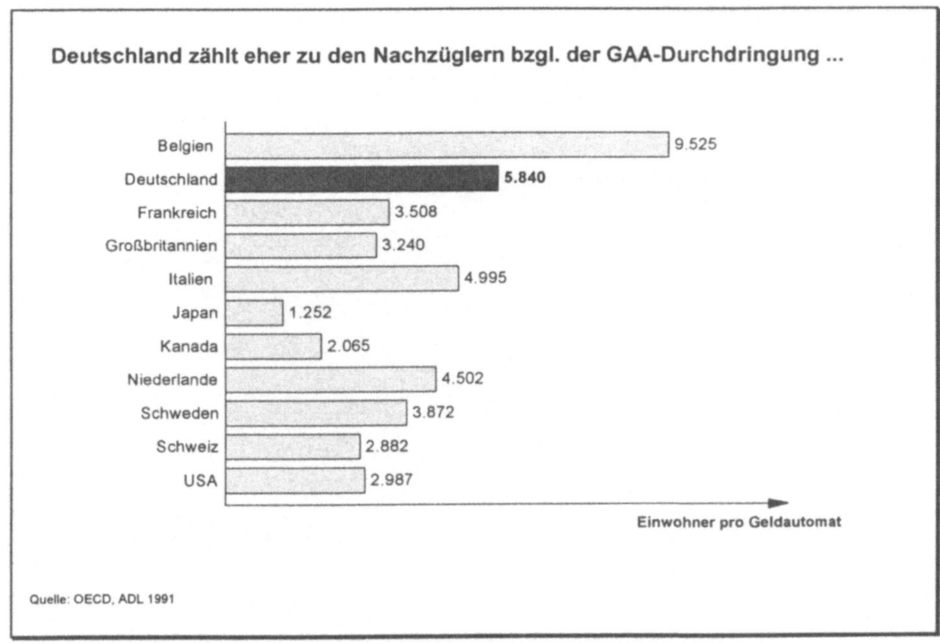

Abb. 4. GAA-Durchdringung im Ländervergleich

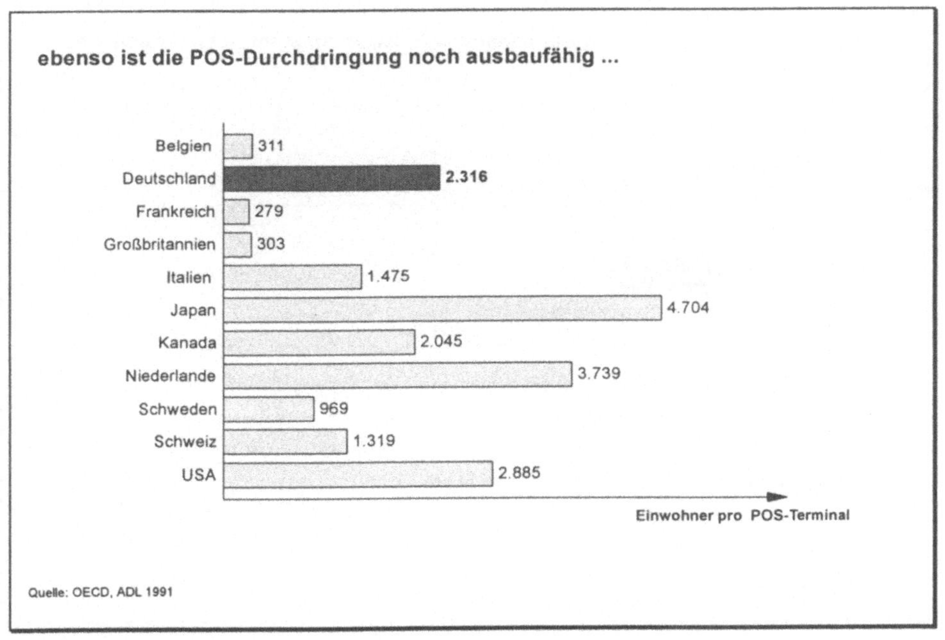

Abb. 5. POS-Durchdringung im Ländervergleich

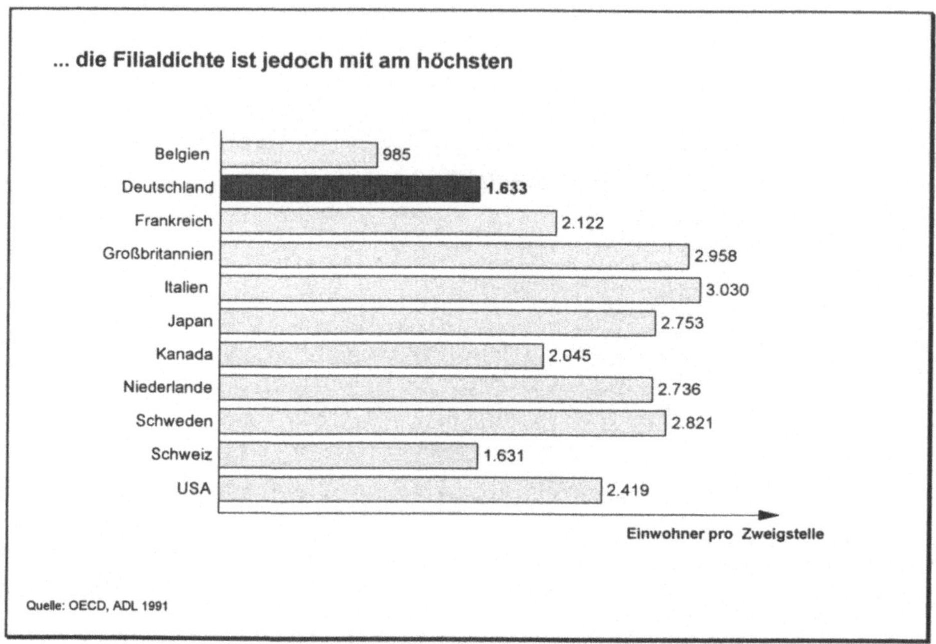

Abb. 6. Filialdichte im Ländervergleich

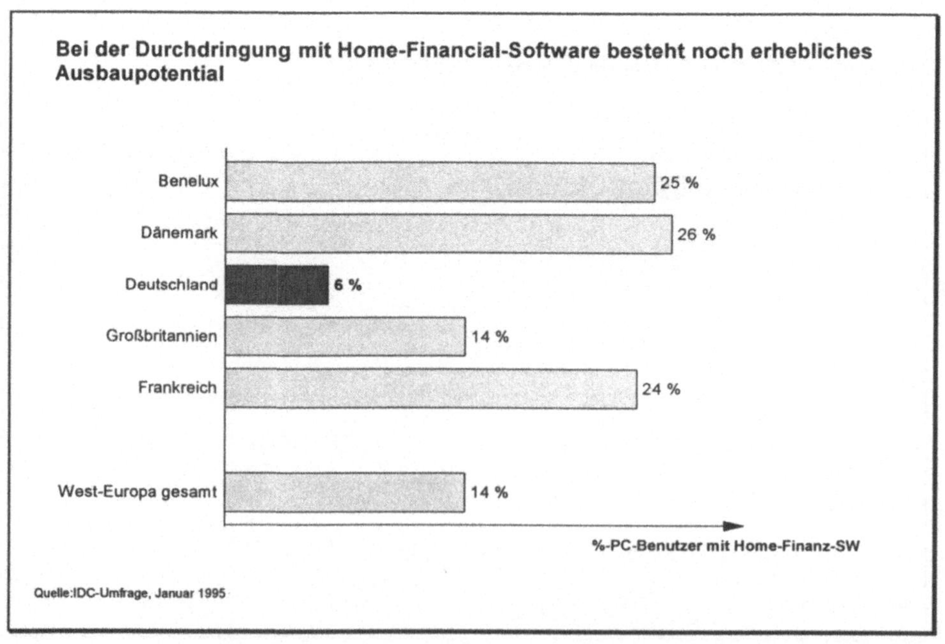

Abb. 7. Home-Financial-Software Durchdringung im Ländervergleich

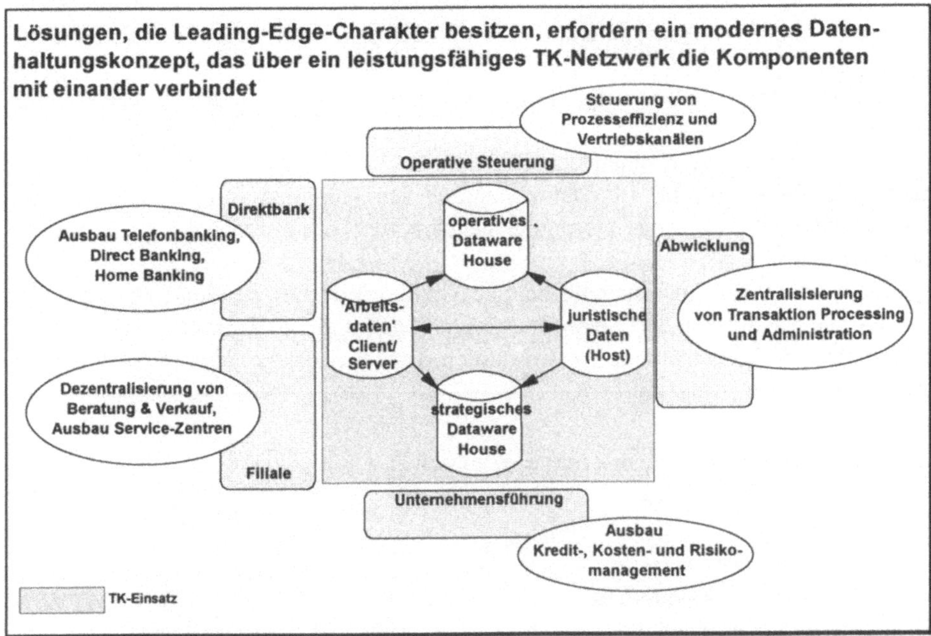

Abb. 8. Datenhaltungskonzept für Operative Steuerung, Abwicklung, Unternehmensführung, Filiale und Direktbank

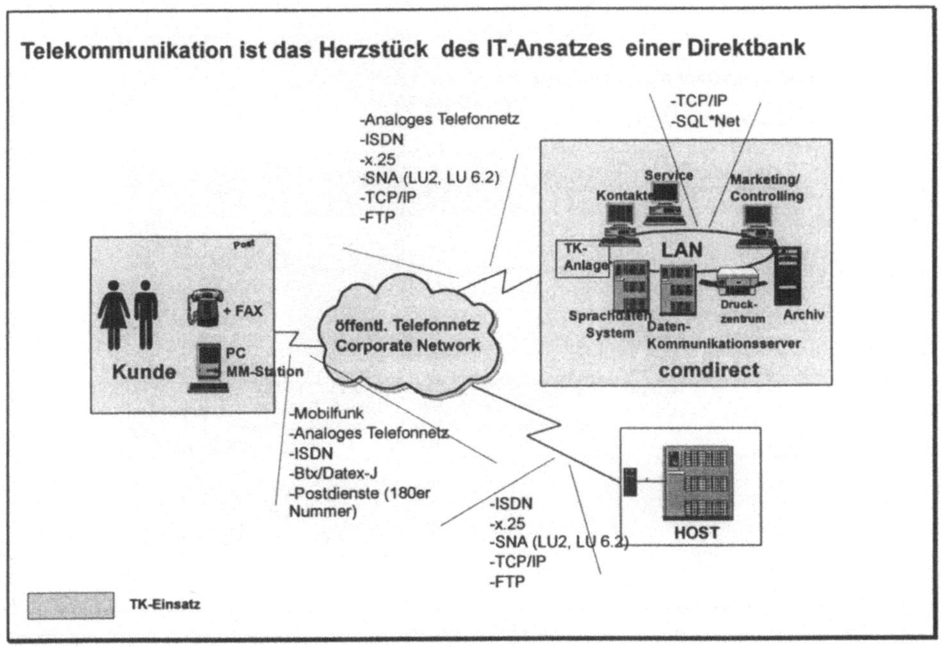

Abb. 9. Kommunikationsmodell comdirect)bank

Als Beispiel einer Direktbank-Lösung, die heute Leading-Edge-Charakter besitzt, beschreibt Abb. 9 das Kommunikationsmodell der comdirect)bank, Tochter der Commerzbank AG.

Zentraler Dreh- und Angelpunkt des gesamten IT-Ansatzes ist die Telekommunikation.

Die TK wickelt zum einen den Kundenverkehr über die TK-Postdienste (Analognetz, ISDN, Mobilfunk, Btx/Datex-J) mit der Direktbank ab, zum anderen stellt sie den Datenverkehr über das Corporate Network der Commerzbank mit den Hostsystemen sicher.

Ein weiteres Beispiel für eine heutige Leading-Edge-Anwendung ist der Bankkiosk - der Nachfolger der SB-Geräte GAA, KAD und TX-Terminal. Installiert an öffentlichen Ballungspunkten wie Bahnhöfen, Einkaufszentren oder Tankstellen hat er zwei Aufgaben (Abb. 10):

❏ als *Point of Information* offeriert er Funktionen wie
  - Werbung/Promotion
  - Beratung
  - Informationsbeschaffung
  - Wegweiser/Orientierung
❏ als *Point of Sale* bietet er
  - bankbezogene Funktionen
  - Load-Agent-Funktionalität für die "Elektronische Geldbörse"
  - Verkauf bankfremder Produkte.

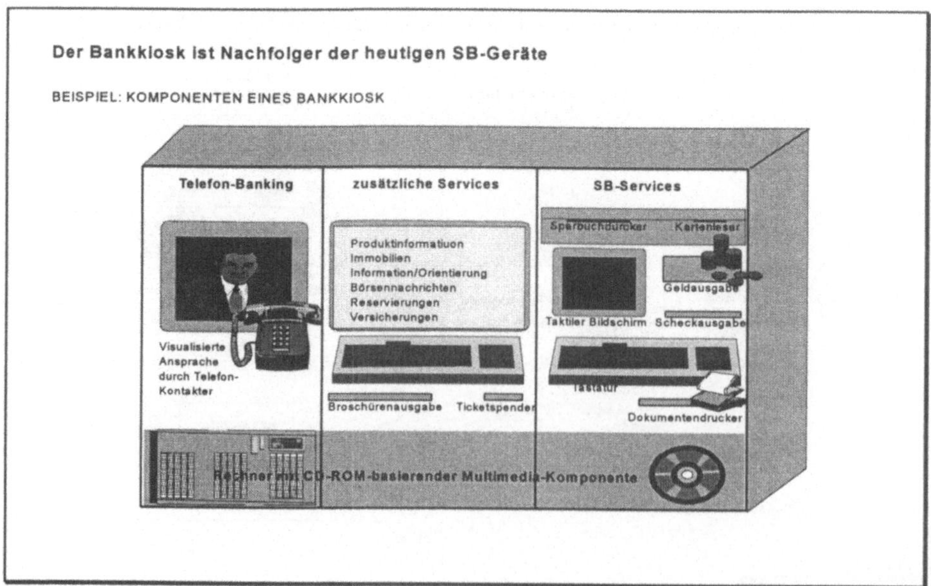

Abb. 10. Bankkiosk

Basierend auf PC-Techologie mit CD-ROM bietet der Bankkiosk dem Kunden eine integrierte Oberfläche aus Text, Grafik, Audio und Video verbunden mit Animationseffekten. Kreditinstitute wie Wells Fargo, Barclays, Chase Manhattan oder Huntington Bankshares setzen den Bankkiosk als Vertriebskanal bereits erfolgreich ein.

Es ist jedoch zu erwarten, daß Lösungen, die heute leading-edge-Charakter besitzen, morgen im Zuge des "Wettrüstens" schon wieder durch kundennähere, noch effizientere Integrationsansätze überholt werden.

3   Technologietrends

3.1   Der IT-orientierte Kunde

Eine Reihe von Untersuchungen und Umfragen (Abbildungen 11 bis 14) bestätigen die Akzeptanz neuer Technologien beim potentiellen Retailbanking-Kunden:

- ❏ Vertriebsmedien wie Telefon, PC, Fax, Btx, Mobilfunk und CD-ROM weisen für 1994 rasante jährliche Zuwächse von bis zu 200 % (bei CD-ROM) aus
- ❏ In deutschen Haushalten werden zur Jahrtausendwende knapp 13 Mio. PCs installiert sein. D.h. von 1993 bis 2000 hat sich die Anzahl der PCs in deutschen Haushalten verdoppelt.
- ❏ Parallel wird der geschätzte Umsatz mit Multimedia-Produkten in Deutschland von circa 2,3 Mrd. DM in 1995 auf über 9 Mrd. DM in 1999 ansteigen.

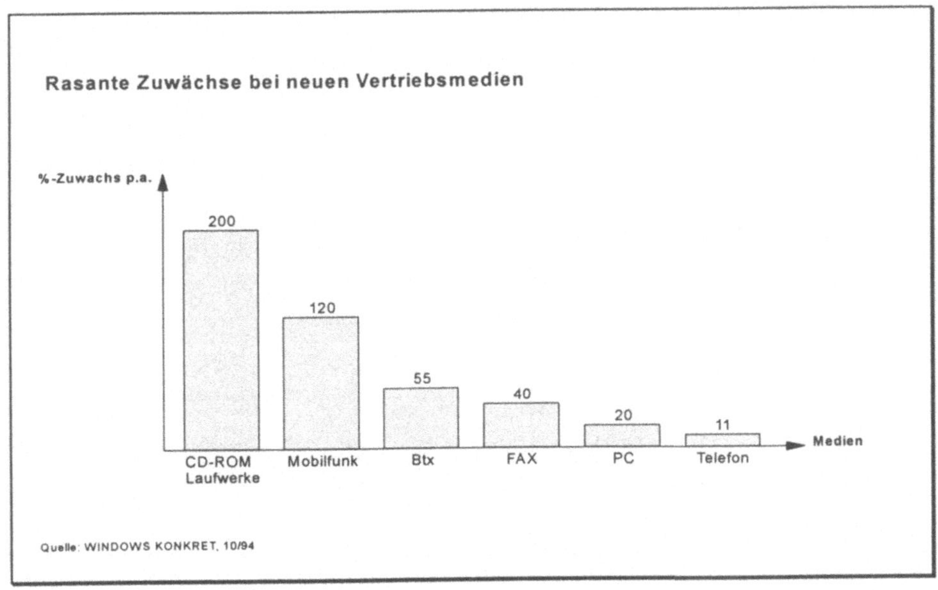

Abb. 11. Zuwachsraten p.a. bei neuen Vertriebsmedien

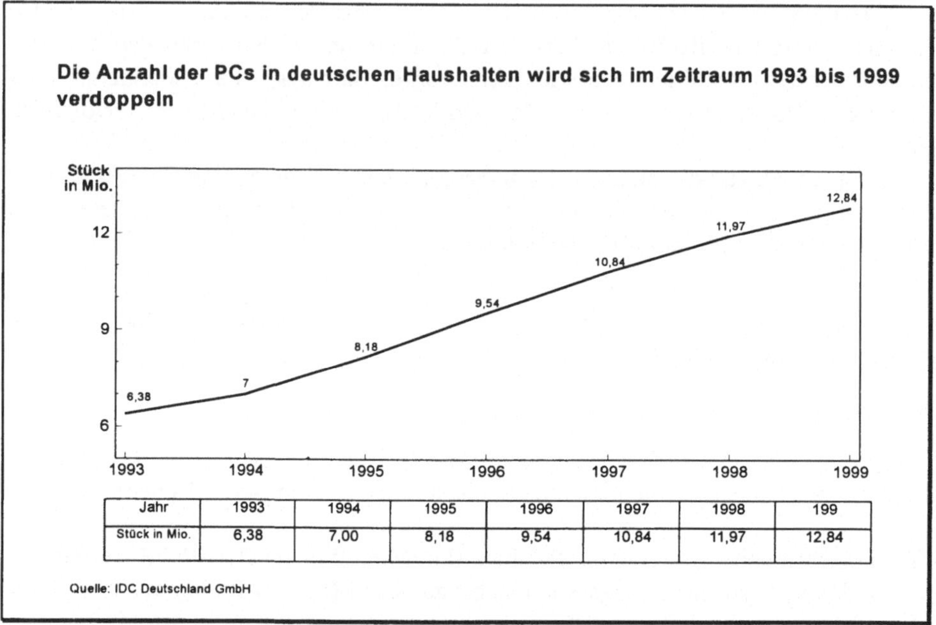

Jahr	1993	1994	1995	1996	1997	1998	199
Stück in Mio.	6,38	7,00	8,18	9,54	10,84	11,97	12,84

Abb. 12. Entwicklung der installierten PCs in deutschen Haushalten

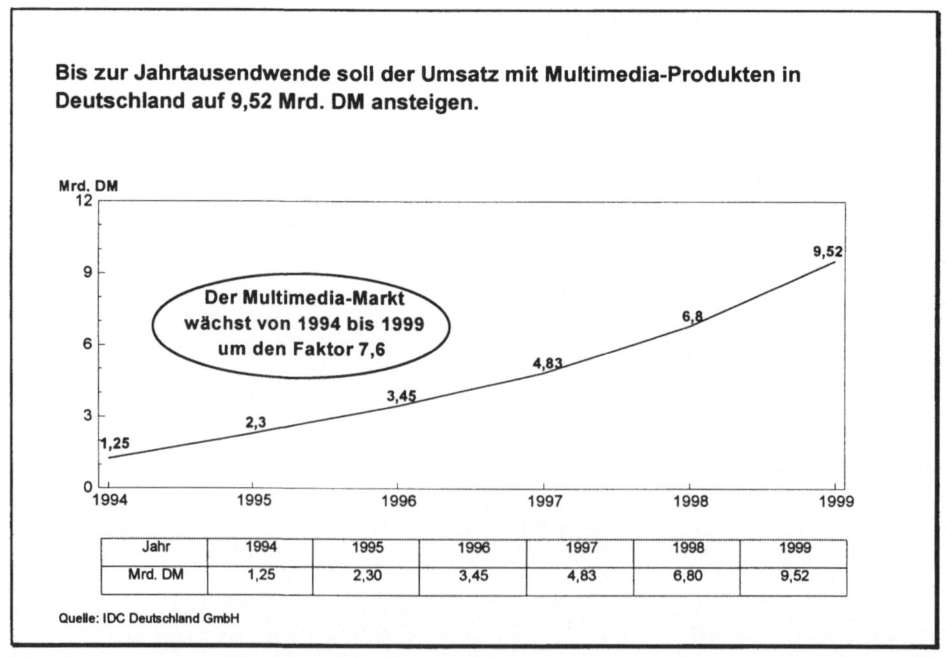

Jahr	1994	1995	1996	1997	1998	1999
Mrd. DM	1,25	2,30	3,45	4,83	6,80	9,52

Abb. 13. Entwicklung des Multimedia-Marktes in Deutschland (HW, SW, Dienste, anteilige Telekommunikationsgebühren)

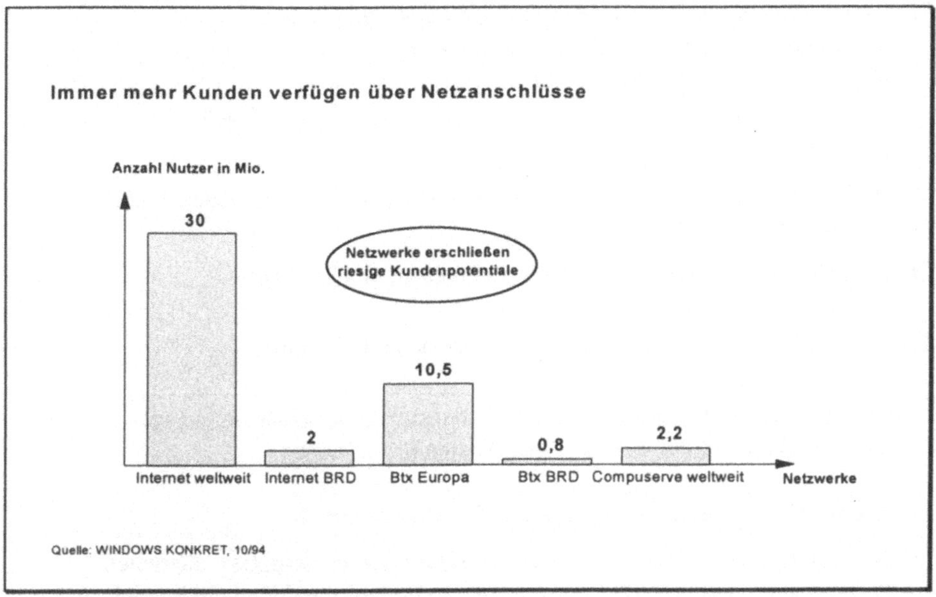

Abb. 14. Anzahl Nutzer von Netzdiensten

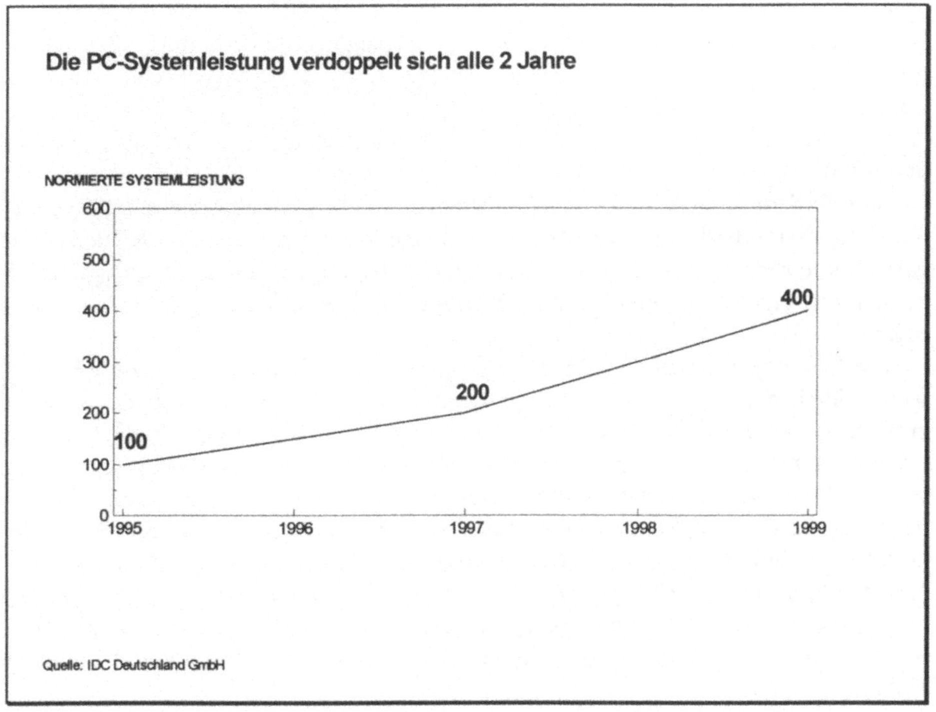

Abb. 15. Entwicklung der PC-Systemleistung

130

❑ Auch verfügen immer mehr Kunden in Deutschland über Netzanschlüsse in Netzwerken wie Internet, Compuserve und Btx. So besaßen in 1994 bereits 2 Mio. Nutzer einen Internetanschluß und 0,8 Mio Nutzer einen Btx-Zugang in Deutschland. Ende 1995 haben sich schon neue Dienste-Anbieter wie Europe Online und America Online angekündigt.

Die Abbildungen 15 bis 17 beschreiben die wichtigsten technischen Entwicklungen im PC- und TK-Bereich:

❑ Die PC-Systemleistung verdoppelt sich nahezu alle 2 Jahre

❑ Das PC-Preis/Leistungsverhältnis halbiert sich alle 2 Jahre

❑ Im Telekommunikationsbereich sinken bei steigender Übertragungsgeschwindigkeit (Bandbreite) die Stückkosten pro KBit/sec

Zusammenfassend lassen sich folgende Trends ***erkennen:***

❑ Der Kunde wird in Zukunft immer IT-orientierter, er akzeptiert die neuen Technologien und integriert diese in seinen Freizeit- und Konsumbereich

❑ Die Techniken selbst werden immer leistungsfähiger (bei nahezu gleichblei bendem Preis)

Multimedia-Lösungen im Bankkiosk- und Homebanking/Homeshopping-Bereich erfordern breitbandige Telekommunikationsnetze. Abb. 18 beschreibt den Bedarf an Leitungskapazität, den spezielle Anwendungsformen wie Sprache, VHS-Video erfordern, sowie die Leistungsfähigkeit der Übertragungstechnologien x.25, Frame Relay und ATM.

So erfordern Sprache und einfache Datenkommunikation eine Bandbreite von 64 KBit/sec, Festbilder/Images 96 KBit/sec und eine Videokonferenz 386 KBit/sec. Die LAN-Vernetzung und Videos in VHS-Qualität benötigen bereits Übertragungsleitungen mit einer Bandbreite von 2 MBit/sec und Spielfilme in PAL-Qualität 4 MBit/sec.

Die Übertragungstechnik x.25 hat derzeit eine Leistungsgrenze von 64 KBit/sec, wobei durch den Einsatz von Multiplexverfahren ein Vielfaches von 64 KBit/sec erreicht werden kann. Die Fast-Packet-Switching-Technologie Frame Relay kann als Ergänzung zu x.25 für den höheren Geschwindigkeitsbereich bis 2 MBit/sec benutzt werden. Frame Relay eignet sich besonders für die Verbindung von lokalen Netzen oder Hochgeschwindigkeitsverbindungen zwischen Netzknoten in x.25-Netzen. Höhere Geschwindigkeiten als 2 MBit/sec sind mit ATM möglich, bei dem kleinste - auch für Sprache und Bild geeignete Pakete - über die gemeinsam genutzte Leitung übertragen, bestimmte Applikationen piorisiert und Restkapazitäten anderweitig nutzbar gemacht werden. Mit der notwendigen Verbreitung und Nutzung von ATM ist ab 1998 zu rechnen.

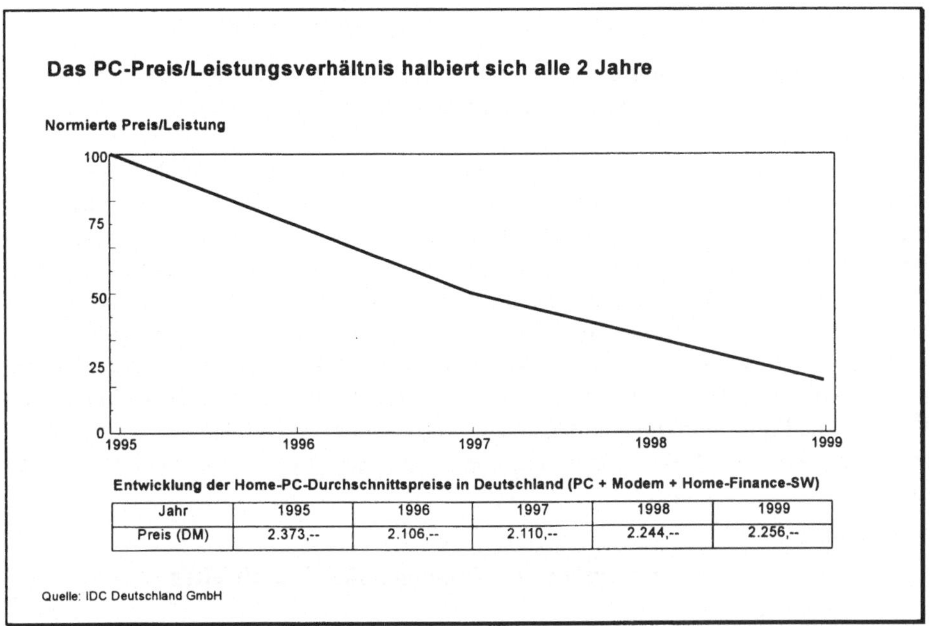

Entwicklung der Home-PC-Durchschnittspreise in Deutschland (PC + Modem + Home-Finance-SW)

Jahr	1995	1996	1997	1998	1999
Preis (DM)	2.373,--	2.106,--	2.110,--	2.244,--	2.256,--

Abb. 16. Entwicklung des PC-Preis/Leistungsverhältnisses

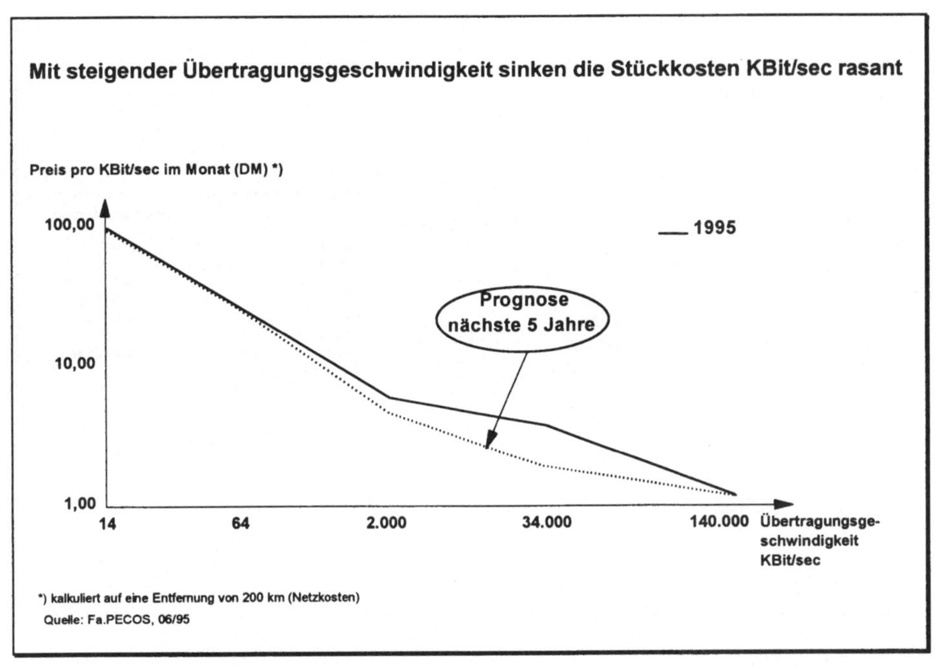

Abb. 17. Entwicklung der Stückkosten KBit/sec

3.2 ATM als zukünftiges universelles Übertragungsprotokoll

Die Übertragungstechnologien x.25, Frame Relay und ATM werden künftig nebeneinander existieren, wobei je nach Anforderung die entsprechende Technik zum Einsatz kommt.

Da ATM nicht nur für Weitverkehrsnetze, sondern auch für lokale Netze geeignet ist, kann auf dieser technologischen Basis längerfristig eine durchgängige Struktur - mit den entsprechenden Vorteilen für Planung und Betrieb - realisiert werden. Allerdings ist ATM eine Technologie, die für hohe und sehr hohe Bandbreiten entwickelt wurde. Eine wirtschaftliche Nutzung bei Bandbreiten unterhalb 34 MBit/sec ist aus heutiger Sicht noch nicht gegeben.

Aufgrund seiner Leistungsdaten ist ATM als das zukünftige universelle Übertragungsprotokoll im WAN zu bezeichnen. Abb. 19 stellt die Einsatzmöglichkeiten von ATM für die Bank- und die Kundenseite bezüglich Zugang und Transport gegenüber. Zusätzlich wird die Infrastruktur aufgezeigt, auf der ATM implementiert werden kann.

3.3 Technische Voraussetzungen zur Nutzung hoher Bandbreiten

Breitbandige Übertragungstechnologien basieren auf einer entsprechenden physikalischen Infrastruktur. Bereits heute existieren Netzstrukturen, die breitbandige Übertragungsraten in Massenanwendungen zur Realität werden lassen.

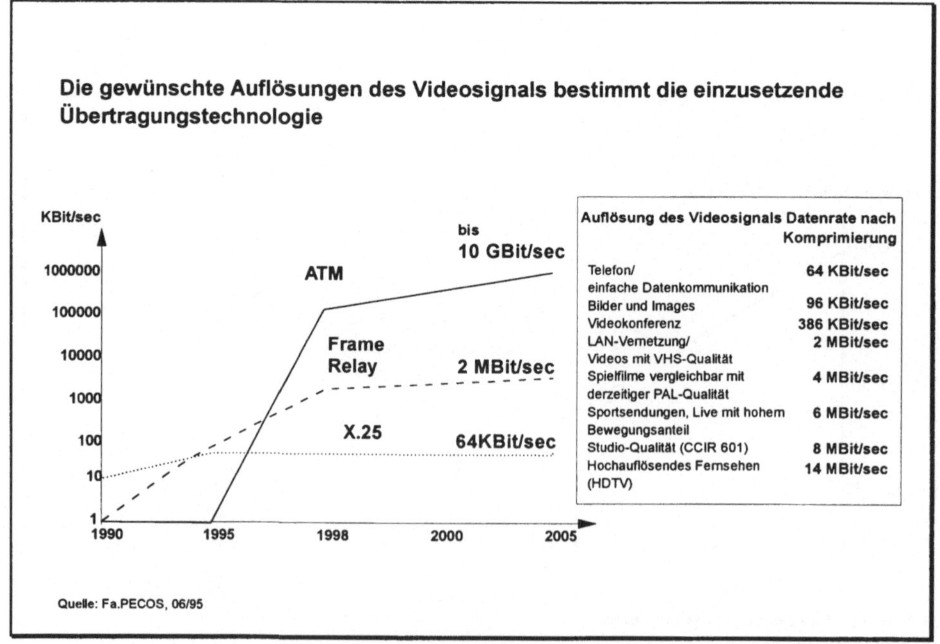

Abb. 18. Entwicklung und Bandbreiten der wichtigsten Telekommunikationstechnologien

So können die vorhandenen symmetrischen Kupferdoppeladern des Telefondienstes der DBP Telekom gerichtete Bandbreiten bis 6 MBit/s übertragen, vorausgesetzt die Entfernung "Telefonanschluß/Vermittlungsstelle" beträgt maximal 800 m. Das bedeutet, daß von den 35 Mio. Haushalten in Deutschland ca. 25 Mio., die heute einen Telefonanschluß besitzen, über die bereits installierten Leitungskapazitäten "breitbandig" zu erreichen sind. Ursprünglich war das von der Vermittlungsstelle sternförmig ausgelegte Telefonnetz für schmalbandige, bidirektionale Kommunikationsanwendungen konzipiert. Jeder Teilnehmer hat eine separate Anschlußleitung, somit können die Teilnehmer das System unabhängig voneinander in Anspruch nehmen. Die ADSL[3]-Übertragungstechnik erlaubt es, die Kupfer-doppelader neben der Sprach- und Datenübertragung zusätzlich zur Übermittlung breitbandiger Signale (Video) zu nutzen. Negativ wiegt die Tatsache, daß die ADSL-Technik derzeit noch unverhältnismäßig teuer ist. Bei einem Masseneinsatz ist jedoch mit einer deutlichen Senkung der Stückkosten zu rechnen.

Die zweite nutzbare existente Netzstruktur stellt das koaxiale Breitbandkabelnetz dar. In Zahlen: von den circa 35 Mio. Haushalten in Deutschland haben circa 14,5 Mio. Haushalte einen Breitbandkabelanschluß. Weitere 10 Mio Haushalte könnten angeschlossen werden. Das Breitbandkabelnetz dient der kabelgebundenen Vertei-

ATM als zukünftiges universelles Übertragungsprotokoll

	Bank für interne Anwendungen	Kunde z.B. für Homebanking Homeshopping
Zugang	ATM im LAN ATM im WAN	TCP/IP
Transport	ATM	ATM
Infrastruktur	Koaxkabel (Stern) Glasfaser Richtfunk	Koaxkabel (Breitband) Glasfaser Kupferdoppelader (ADSL)

Abb. 19. Einsatzmöglichkeiten von ATM

---

[3]Asymmetrical Digital Subscriber Line, ANSI Standard

lung breitbandiger Fernseh- und Hörfunkprogramme. Es hat eine Busstruktur, die durch Koaxialkabelnetze mit Baumtopologie gebildet wird. Jeder Teilnehmer ist in der Lage, jeden eingespeisten Service zu empfangen. Die Übertragung digitaler, interaktiver Services kann in den bisherigen Breitbandkabelnetzen durch Erweiterung des genutzten Frequenzbandes vollzogen werden. Je Netz sind Bandbreiten von 255 Kanälen a 2 MBit/s realisierbar. Anschlußkosten mit 20-30 DM pro Haushalt/Monat sind als günstig zu bezeichnen..

Die dritte bereits heute vorhandene Infrastruktur für breitbandige Datenübertragung stellen die Glasfasernetze dar. Hier sind Übertragungsraten von 2 bis 10 MBit/s erreichbar. Zum Teil liegen die Glasfaserkabel bis in die Haushalte (Fiber-to-the-Home) bzw. bis zum Verteiler (Fiber-to-the-Curb). Im zweiten Fall kann vom Verteiler in den Haushalt die Kupferdoppeladern mit ADSL-Technik mit Bandbreiten bis 6 MBit/s genutzt werden.

4 Richtungsweisende zukünftige Retail-Entwicklungen

4.1 Der Weg ins Wohnzimmer

Für eine Retailbank ist das Vorhandensein einer Infrastruktur für eine breitbandige Datenkommunikation, wie sie für circa 25 Mio Haushalte mit dem Telefonanschluß bzw. 14,5 Mio Haushalte mit dem Breitbandkabelanschluß bereits heute existiert, gleichbedeutend mit einem elektronischen Vertriebsweg zur effizienten Kommunikation mit dem Kunden und zur Distribution von Dienstleistungen, da

❏ Ende 1995 in circa 8 Mio. Haushalten in Deutschland ein PC stehen wird
❏ derzeit circa 800.000 Datex-J/Btx-Nutzer existieren, mit monatlichen
   Zuwachsraten von 40.000-50.000 neuen Teilnehmern
❏ neue Netzwerke wie Internet, Compuserve, America Online, Europe Online,
   MicrosoftNetwork ihre Dienste anbieten bzw. anbieten werden

Eine erfolgreiche Retailbank wird den elektronische Vertriebskanal zur Gewinnung von Neukunden, zum Retention Marketing (d.h. dem Halten und Ausbauen bestehender Kundenbeziehungen) und zum Ausschöpfen der Cross-Selling-Potentiale nutzen.

Die Hauptanwendungsgebiete des typischen SOHO[4]-Users (Abb. 20), der über Telefon, Modem und PC mit seiner Bank und Online-Dienstanbietern kommuniziert, sind neben Entertainment (Spiele) und Office-Anwendungen (Textverarbeitung, Tabellenkalkulation, ...) Homebanking, Homeshopping und Informationsbeschaffung. Wobei es gerade im Homebanking das Ziel sein muss, dem Kunden die wirklich nützliche, zeitsparende PC-Anwendung ("Killer-Anwendung") an die Hand zu geben. Convenience-Faktoren wie Service-Level und Benutzerakzeptanz bestimmen hier den Erfolg.

Die Kundennutzung von Online-Diensten, die über die allgemein zugänglichen Netzwerke Services anbieten (Alternative A1 in Abb. 20) oder in den Service der Re-

---

[4]Small Office/Home Office

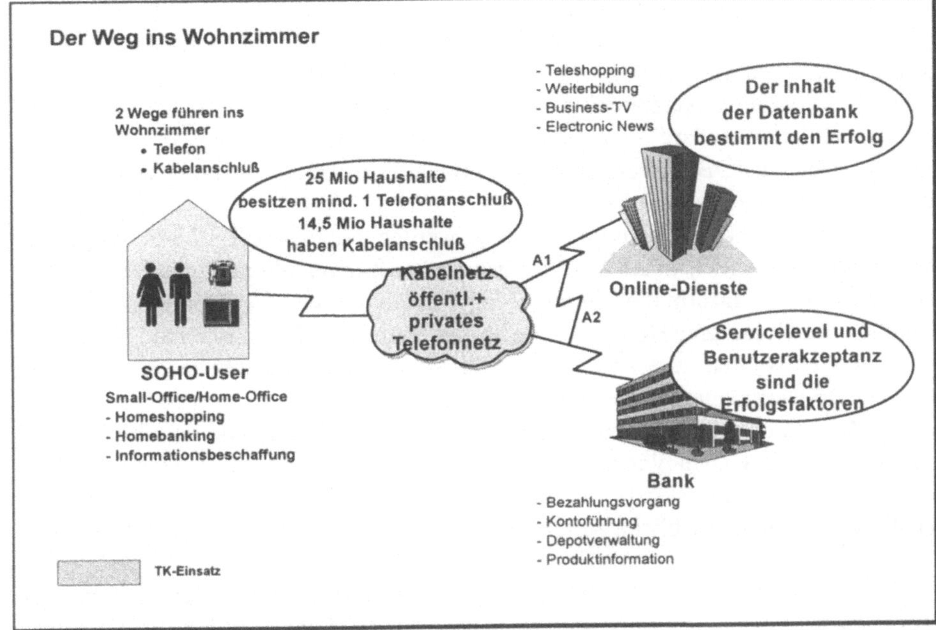

Abb. 20. Kommunikationsmodell für Homebanking/Homeshopping

tailbank integriert werden (Alternative A2 in Abb. 20), wird vom Inhalt des Service, d.h. vom Inhalt der zugrunde liegenden Datenbank bestimmt.

4.2 Multimediales Homeshopping/Homebanking via Telefon und Kabel

Homebanking/Homeshopping als elektronische Vertriebskanal wird künftig erheblich an Bedeutung zunehmen. Dabei wird eine Weiterentwicklung der heutigen transaktionsorientierten Form zu einer multimedialen Form erfolgen.

Abbildung 21 beschreibt die Entwicklungszyklen im Homebanking/Home-shopping. Bis 1994 betrug die Standardbandbreite der Kommunikation 2400 Bit/s Medium war der analoge Telefondienst der DBP Telekom. Der Kunde nutzt den Btx-Dialog und Home-Finance-Applications wie MS-Money oder Quicken als Basis für Homebanking/Homeshopping.

Heute - 1995 - beträgt die Standardbandbreite bereits 14.400 Bit/s Medium ist weiter das analoge Telefon mit Modem. Auf der Anwendungsseite hat Btx durch den KIT-Standard eine quasi-multimediale Oberfläche (grafische Benutzeroberfläche, integrierte Fotos, Mausbedienung, Sound-Unterstützung) erhalten. Die Home-Finance-Applications liegen in weiterentwickelten Versionen vor, die mehr Funk-tionalität bieten und die neuen technischen Standards unterstützen.

Ab 1996 wird die Standard-Bandbreite zur Übertragung im analogen Telefonnetz durch neue Modemtechnologien (V34-Standard) auf 28.800 Bit/s ansteigen. Parallel wird der digitale Telefondienst ISDN der DBP Telekom mit einer Übertragungsrate von 64 KBit/s in Deutschland flächendeckend verfügbar sein. Die Zugangsknoten zu DATEX-J/Btx werden mit 28.800 Bit/s arbeiten, was einen deutlich schnelleren Bildaufbau im KIT-Standard ermöglicht. Im analogen Telefondienst und im ISDN werden Zugänge zu anderen Netzdiensten wie Internet, Compuserve, Europe Online und America Online Standard sein. Homebanking-/Homeshopping integriert Bildübertragung. Neben der DBP Telekom werden private Datenbankbetreiber Services in den bestehenden Netzwerken anbieten.

Übermorgen, d.h. ab dem Jahre 2000, werden breitbandige Übertragungsraten vom 2 MBit/s möglich sein. Jetzt werden Zukunftsapplikationen wie Multimedia-Datenbanken zur Informationsbeschaffung, Video-on-demand, Homeshopping im virtuellen Kaufhaus und Homebanking in der Virtuellen Bank Realität. Neben der DBP Telekom werden neue private Betreiber neue Netzwerke anbieten und die Zahl der Datenbank-Provider wird erheblich zunehmen.

Der Ausbau des Homebanking/Homeshopping zusätzlich zu den bestehenden und sich noch entwickelnden Vertriebskanäle (Filialen, Selbstbedienung, Telefonservice, Kioskbanking, Direktbanking, ...) wird vor allem für Banken, die mehrere Vertriebskanäle unterstützen, erhebliche Anforderungen an Kostenmanagement und Geschäftsfeldsteuerung stellen.

Vier wesentliche Gestaltungsparameter bzw. offene Fragen stellen sich für den Retailbanker bei der Migration der traditionellen Retailbank in die "Informationsgesellschaft", die von den Telekommunikationsanbietern noch beantwortet werden müssen:

Multimediales Homeshopping/Homebanking ist erst nach der Jahrtausendwende in den deutschen Haushalten flächendeckend verfügbar

	bisher	heute (1995)	morgen (ab 1996)	übermorgen (ab 2000)
wie schnell	2,4 KBit/s	14,4 KBit/s	28,8/64 KBit/s	2 MBit/s
womit	Telefon	Telefon	Telefon/ISDN	Breitbankkabel ADSL über Kupferdoppelader
was ist möglich	BTX-Dialog MS-Money Quicken etc.	BTX-Dialog mit KIT-Standard MS-Money Quicken etc.	BTX-Dialog mit KIT-Standard Europe Online, Amerika Online, Internet Homeshopping mit Bildübertragung	Multimedia-datenbank Videoabruf Homeshopping im virtuellen Kaufhaus
wer liefert	Telekom	Telekom	Telekom private Datenbank betreiber	Telekom private Netzbetreiber private Datenbankanbieter

Abb. 21. Entwicklung der Übertragungstechniken und -formen im Homebanking/Homeshopping

1. Local Loop

- ❏ Wann und in welchem Umfang ist eine Reduktion der Anschlußkosten im ISDN-Bereich zu erwarten?
- ❏ Wie entwickelt sich der Preis für Modems, die eine Übertragungsrate bis 6 MBit/sec über die Telefonleitung erlauben?
- ❏ Welche Bandbreiten zu welchen Kosten werden zukünftig von weiteren Netzbetreibern auf der Basis von Zellular-Technologie bereitgestellt?
- ❏ Wann, wie und zu welchen Kosten werden die heutigen Breitbandverteilnetze für weitere Applikationen geöffnet?
- ❏ Wann und zu welchen Kosten werden neue Ansätze für die breitbandige Übertragung in Telefonnetzen verfügbar sein?

2. Zusammenarbeit von Retailbank und Multimedia-Datenbankbetreiber

- ❏ Wie sieht des Zusammenspiel zwischen Retailbank und den Betreibern von Multimedia-Datenbanken aus ?
- ❏ Soll die Retailbank eine eigene Multimedia-Datenbank betreiben?

3. Migrationsplan für die Anwendungsform des Homebanking

- ❏ Genügt die transaktionsorientierte Form des Homebanking auf Basis von Standard-Software?
- ❏ Für welche Anwendungen ist individuelles Multimedia-Homebanking notwendig?

4. Zahlungsabwicklung und Sicherheit

- ❏ Wie erfolgt die Bezahlung im Homeshopping: mittels Rechnung, Electronic-Cash, Karte oder Digicash?
- ❏ Wie wird der Bezahlungsvorgang in die bankinternen Prozesse integriert?
- ❏ Genügen die gebotenen Sicherheitsstandards den Bankerfordernissen?

4.3   „Retail is Detail"[5]

In Abhängigkeit der Strategie eines Kreditinstituts und seiner spezifischen Ausgangssituation - insbesondere der bereits vorhandenen Vertriebskanäle - können neue zusätzliche elektronische Vertriebskanäle die Gesamtvertriebskosten erhöhen (Abb. 22), wenn nicht kostensenkende Maßnahmen zur Gegensteuerung wie

- ❏ Straffung der bestehenden Vertriebswege
- ❏ Spezialisierung auf Produkte und Kundensegmente

eingeleitet werden.

---

[5]Vgl. Hans-Joachim Schleif/Elmar Frey in Retail Banking, Gabler Verlag 1994

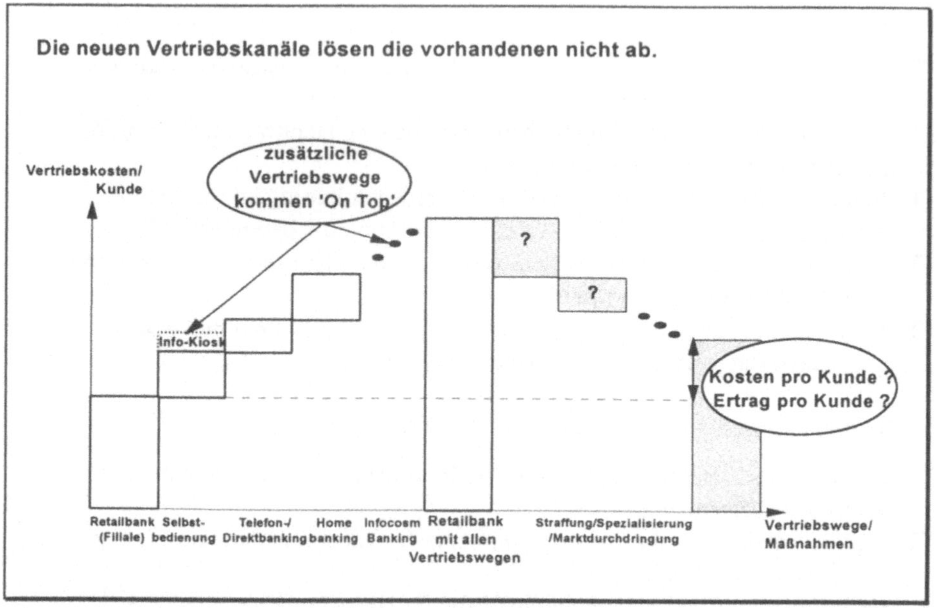

Abb. 22. Konzeptbild zur Kostenentwicklung des Retailgeschäftes

Der Erfolg dieser Maßnahmen hängt allerdings erheblich von der - heute nur sehr schwer zu beantwortenden - Frage ab, in welchem Umfang die Kunden für die "Informationsgesellschaft" vorbereitet sind und die Veränderungen akzeptieren werden

Doch selbst bei optimalen Kommunikationsinfrastrukturen, perfekter "Hochrüstung" und Instrumentalisierung darf eine Grundregel des Geschäftsfeldes nicht vergessen werden: "Retail is Detail". Ohne freundliche kompetente Präsentation der Bankleistungen, ohne individualisierte Beratungs- und Lösungskompetenz wird der Kunde sich unzufrieden ab- und dem Wettbewerber zuwenden.

Globalisierung von Produkten und Geschäftsprozessen
- Die Rolle der Telekommunikation -

Ulrich E. Rimensberger

Die Telekommunikationswelt ist im Umbruch! Ein wichtiges Thema in diesem Zusammenhang ist nebst Technologiewandel und organisatorischen und regulatorischen Änderungen die Globalisierung, welche den Inhalt meines Referates bildet.

Wenn ich von Globalisierung rede, spreche ich aus Sicht der Schweizerischen Bankgesellschaft (SBG), die ich hier noch kurz vorstellen möchte.

Die SBG, eine der wenigen Banken mit dem AAA rating, verfügt über eine Bilanzsumme von gut 300 Mrd. Schweizerfranken, beschäftigt rund 30'000 Mitarbeiter und hat 335 Geschäftsstellen in der ganzen Schweiz. Die SBG ist aber nicht nur in der Schweiz tätig. Sie hat ihre globale Präsenz systematisch aufgebaut und ist heute an allen wichtigen Finanzplätzen der Welt präsent. Hauptstandorte für das globale Business sind New York, London, Singapur und Tokio.

Von globalem Business im ganz grossem Masse spricht man eigentlich erst seit zwei, drei Jahren. Der Handel mit Derivativen war unser erstes wirklich globales Produkt. Wie wichtig dieses Produkt ist, zeigt die Kontraktsumme von 2'300 Mrd. Schweizerfranken. Was hat nun die Telekommunikation in einem solchen globalen Geschäft für eine Bedeutung? Keine - solange alles richtig läuft. Sobald aber Probleme auftauchen, sieht man, welche wichtige Rolle die Telekommunikation spielt. Einerseits ist sie der Enabler für globale Projekte, indem sie lokale Computersysteme weltweit miteinander vernetzt, und andererseits stellt sie selber ein globales Geschäft dar. Die drei Technologien Informatik, Telecom und Media überschneiden sich immer stärker und verschmelzen zum Multimedia-Netz. Dieser Sektor weist Wachstumsraten auf, die exorbitant sind.

Gemäss einer Studie der SBG London betrug 1992 der weltweite Gesamtmarkt der Telekommunikation 535 Mrd. USD. Davon beträgt der Anteil der Services, d.h. der Dienstleistungen, 78 %.

Die Wachstumsrate auf dem Telekommunikationsmarkt im Bereich Hardware beträgt 6 %, ist also nicht speziell hoch. Im Bereich Services liegt sie bei 11 %, was eine sehr schöne Wachstumsrate ist, und im Bereich Value Added Network Services (VANS) ist sie gar bei 19 %. Mit diesen Wachstumsraten wird der Telekommunikationsmarkt in Kürze den weltweiten Automobilmarkt überflügeln.

In diesem Zusammenhang noch einige Angaben zur Schweiz. Der Telekommunikationsmarkt in der Schweiz ist heute noch vollständig monopolisiert. Die PTT Telecom hat das Monopol auf Netze und Sprache, mit einem Markt von heute rund 7 Mrd. Schweizerfranken. Eine Studie im Auftrage des schweizerischen Bundesamtes

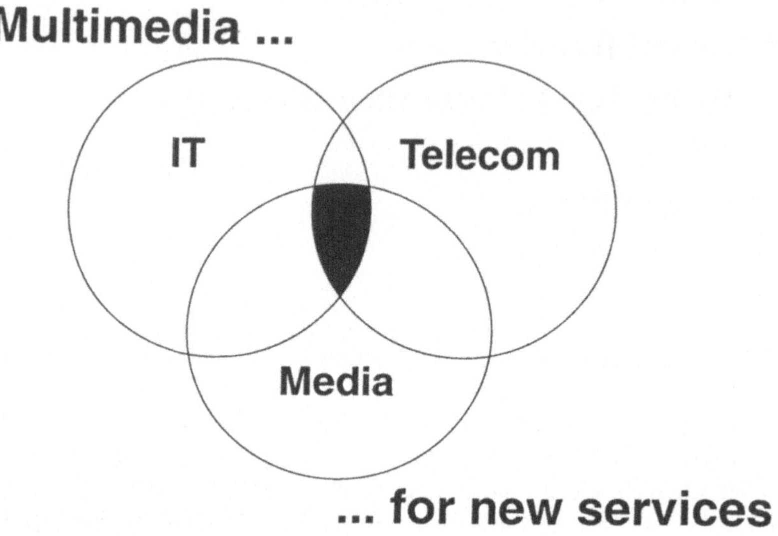

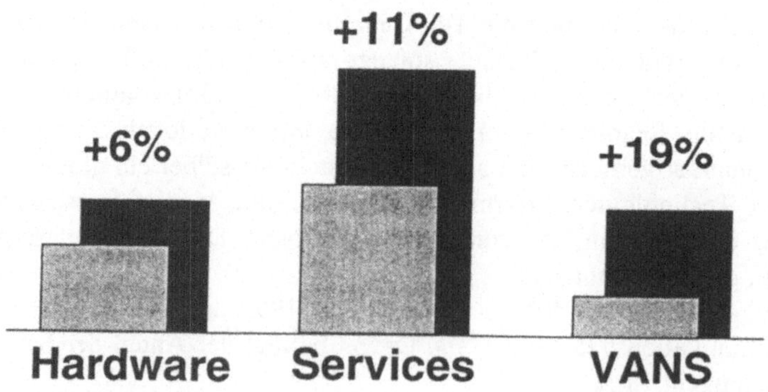

für Kommunikation hat ergeben, dass der Telecom-Markt bei einer Liberalisierung auf 16 Mrd. Schweizerfranken anwachsen würde; das ist mehr als eine Verdoppelung gegenüber der heutigen Situation.

Ein erster Schritt hin zur Liberalisierung wurde gerade jetzt gemacht. Ab 1. Juli werden Corporate Networks auch in der Schweiz erlaubt. Diese Änderung wird den

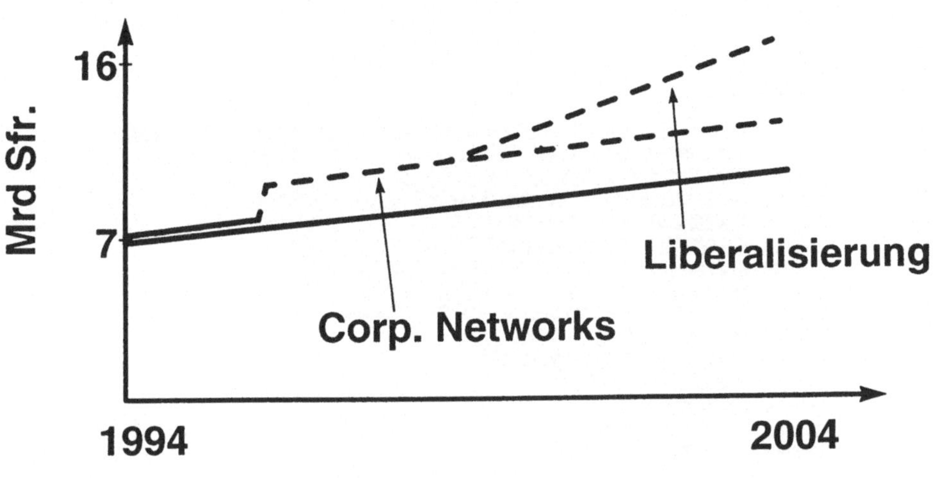

Markt um rund eine Mrd. Schweizerfranken erhöhen. Der ganz grosse Durchbruch wird aber vermutlich erst dann erfolgen, wenn die geplante Revision unseres Fernmeldegesetzes in Kraft tritt. Ohne grössere politische Widerstände sollte dies in rund vier Jahren der Fall sein.

Was es für uns heisst, mit einem Monopol zu leben, lässt sich anhand einer Grafik des Wallstreet Journals vom 6. Juni dieses Jahres verdeutlichen. Die Grafik zeigt, dass die Schweiz die teuersten Mietleitungen in Europa hat. Im Vergleich zu England müssen wir beispielsweise für unsere Leitungen 160 % mehr bezahlen.

Die Sorge der PTT ist es, bei einer Liberalisierung Marktanteile zu verlieren. Das würde sicherlich zutreffen; man nimmt an, dass der Marktanteil der PTT bei einer Liberalisierung auf 70 % sinken würde. Wenn man aber bedenkt, dass sich der Gesamtmarkt durch die Liberalisierung mehr als verdoppelt, wäre dies trotzdem ein Umsatzgewinn für die PTT. Die Konkurrenz ist eine Chance, sie führt zur Marktöffnung und zu besseren Preisen für die Kunden.

Ein anderes wichtiges Thema meines Referates ist die Dezentralisierung von global tätigen Firmen. Eine Studie der Gartner Group zeigt auf, wie sich die meisten globalen Firmen verändern. Ich würde dieser Veränderung den Titel "Vom Dinosaurier zum Schmetterling" geben. Der Dinosaurier steht für eine zentrale Organisation. Viele grosse Konzerne waren so organisiert; mit einem Computer im Zentrum, einem sternförmigen Netz und den Usern im Kreis herum.

Fast alle globalen Konzerne haben sich neu organisiert; sie wurden "Schmetterlinge". Das bedeutet, dass sie sich in Independent Business Units nach Regionen und nach Geschäftstätigkeit aufgeteilt haben und Profit Centers gründeten. Alle diese Units haben ihre eigenen Benutzer, ihre eigenen dezentralen Computer und eine eigene Informatik. Das Netz ist das einzig Gemeinsame, das bleibt. Durch das Netz wird eine dezentrale Firma wieder verbunden.

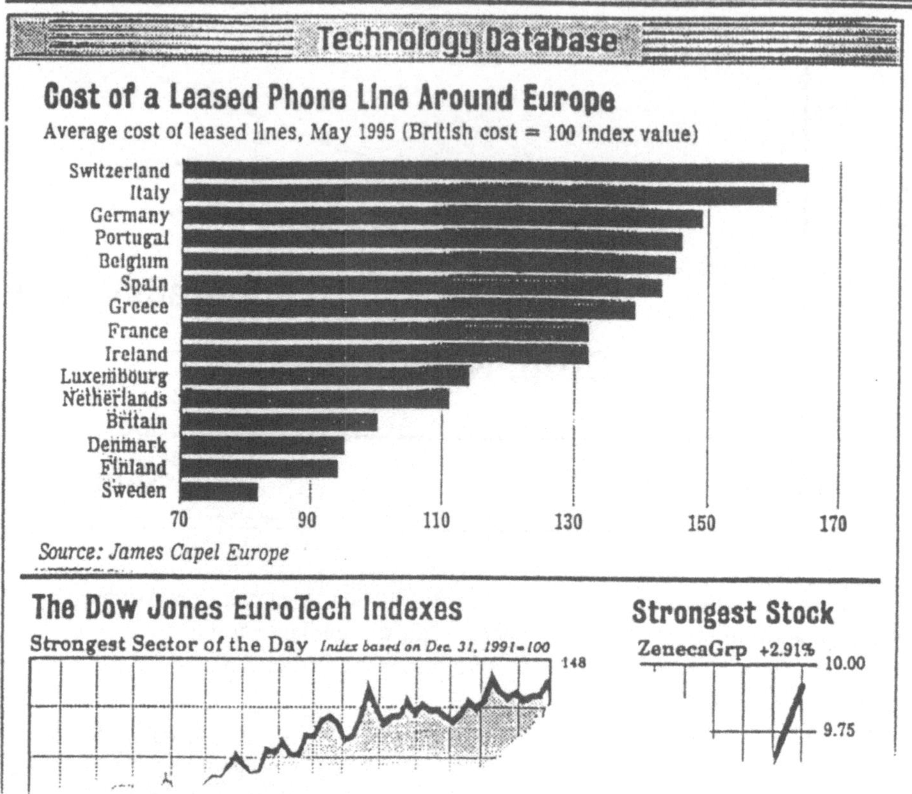

Marktanteile

PTT Marktanteil ↘
Gesamtmarkt ↗↗

PTT: **Umsatz**   ↗   **win**

Konkurrenten: Chancen   ↗   **win**

Benutzer: **Gebühren**   ↘   **win**

Global LAN - All Area Network

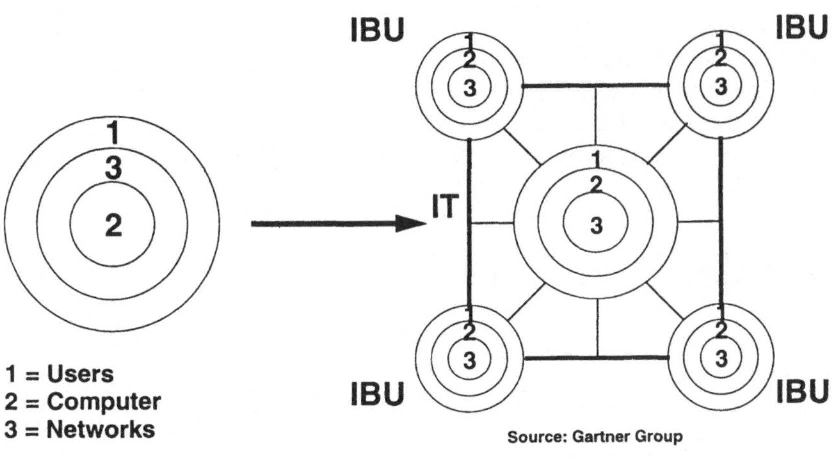

Vor vier Jahren ist dieser Vorgang auch bei der Schweizerischen Bankgesellschaft erfolgt. Die zentrale Organisation an der Bahnhofstrasse in Zürich wurde aufgehoben, und es entstanden fünf Independent Business Units. Region Schweiz mit dem Retailbusiness und die Regionen Europa, Nordamerika, Japan und Ostasien mit dem Wholesale-Business. Zusätzlich wurden noch fünf Divisions mit Produktedimensionen eingeführt. Diese sind verantwortlich für das globale Geschäft, haben ihre Vertreter an allen Standorten und müssen weltweit zusammenarbeiten. Um das Ganze noch komplizierter zu machen, hat jede dieser Divisions eine eigene Informatik, die sich mit der Informatik der anderen Divisions kreuzt. Sogar innerhalb der einzelnen Divisions und innerhalb der Regionen gibt es produktespezifisch wieder völlig dezentral eine eigene Informatik. So sind zwei neue grosse Aufgaben entstanden.

Die eine Aufgabe ist die Applikations-Architektur, die eine Art Klammerfunktion darstellt. Hier geht es darum, das Ganze wieder zusammenzuhalten, so dass zum Beispiel eine weltweite Verbuchung real time möglich ist und damit das Risk Management funktioniert.

Die andere Aufgabe ist das Netz. Auf dieses Netz kommen völlig neue Funktionen zu. Meiner Ansicht nach ist es der Reintegrator des weltweiten Konzerns. Es ist die gemeinsame Basis, über die die globalen Geschäfte am Kreuzungspunkt überhaupt noch abgewickelt werden können. Mit diesen Funktionen entstehen auch neue Berufsbilder, wie der CIO, Chief Information Officer, und der CNO, Chief Network Officer.

Es gibt nun also zwei Aufgaben. Die eine Aufgabe ist das bankfachliche, die Applikation, und die andere sind die Network Services, die aber auch Applikationen

144

wie directory services, messaging etc. beinhalten. Entsprechend habe ich im letzten
Jahr einen neuen Auftrag für die Konzerntelekommunikation erhalten. Wir sind nun
nicht mehr nur für die Bereitstellung einen Übermittlungsnetzes verantwortlich,
sondern wir sind auch dafür verantwortlich, dass die SBG weltweit kommunizieren
kann, "jeder mit jedem", und dass Daten ausgetauscht und Geschäfte durchgeführt
werden können. Diese Aufgaben müssen wir bedarfsgerecht und kostengünstig ausführen. Um diese Kriterien bestmöglich zu erfüllen, haben wir für die Netzservices,
d.h. für das Netz und die darauf basierenden Services, eine eigene Geschäftseinheit
gegründet, die UBS Network Services "the telecom solutioneers of UBS". UBS
Network Services betreibt für den Austausch von Sprache, Daten und Bildern ein
eigenes, weltumspannendes Netz, das ubinet.

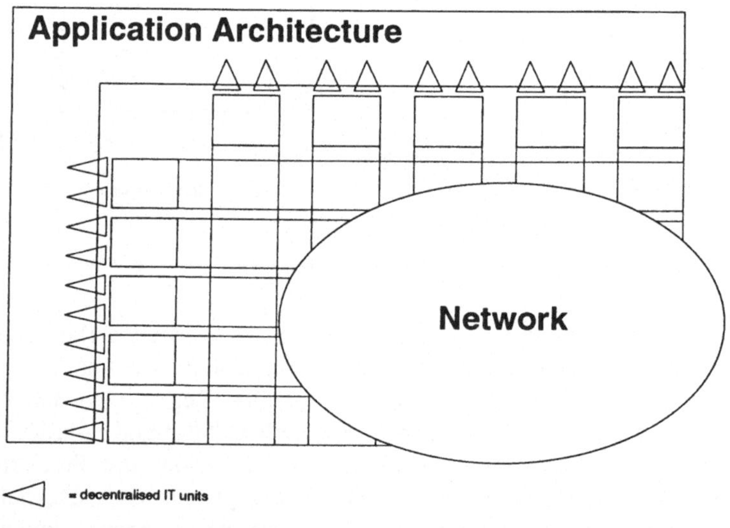

Wie unser Leitsatz "Solutioneers" aussagt, ist es das Ziel der UBS Network
Services, kunden- und bedarfsgerechte Lösungen anzubieten. Für die Erreichung
dieser Ziele war ein eigentlicher Quantensprung im Denken, d.h. in den Köpfen nötig.
So geht es zum Beispiel darum, innerhalb eines grossen dezentralen Konzerns als
Intrapreneur tätig zu sein. Nicht als Entrepreneur auf dem freien Markt, sondern
innerhalb des Konzerns als Intrapreneur, aber mit den gleichen Zielen und dem
gleichen Auftritt wie ein Unternehmer. "Je grösser ein Konzern ist, je eher braucht
man kleine Organismen, die aber vital sind, sich bewegen können und die eine eigene
unternehmerische Struktur haben, obwohl sie im Grossen eingebunden sind."[1]
"Intrapreneure sind die Manager, die wie eigenverantwortliche Unternehmer denken
und handeln..."[1], obwohl sie eigentlich nur in einen grossen Hauptsitz integriert
sind. Wir sind sogar soweit gegangen, dass wir unsere UBS Network Services dem

---

[1] Magyar/Prange „Zukunft im Kopf"; 1993, Interface Verlags AG Zollikon

rauhen Wind auf dem freien Markt aussetzen und auf dem Markt als Lösungsanbieter auftreten.

Nicht allen hat dieser Auftritt gefallen. Die schweizerische PTT Telecom hat uns als ihren grössten Konkurrenten bezeichnet, obwohl wir primär einer der grössten Kunden der PTT sind. Um sich in der neuen, komplexen Ordnung zurechtzufinden, braucht es ein anderes Rollenverständnis. Die 1:1-Beziehung Lieferant-Kunde oder im Fall Telecom Gesuchsteller-Lieferant trifft heute nicht mehr zu. Jetzt überlappen sich die Gebiete. Einmal können wir Kunde sein, dann wieder Lieferant und einmal sogar direkter Konkurrent des Partners. Das führt dazu, dass wir ganz anders denken sollten, nämlich vernetzt.

An dieser Stelle möchte ich noch das Schlagwort "the learning organisation" aufgreifen. Das ist es, was wir brauchen. Wir müssen uns fast täglich neu anpassen, neue Rollen spielen und uns anders organisieren. Das Organigramm der UBS Network Services ist eine Matrixorganisation mit Kunden, Consultants und Produkten. Ich sel-

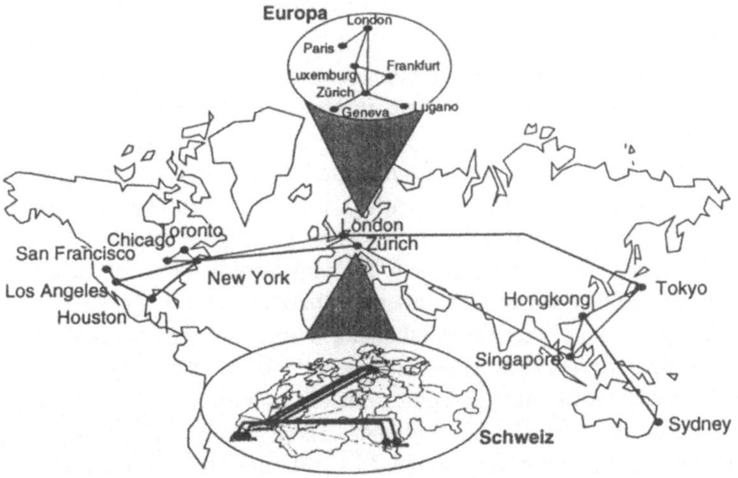

ber habe in dieser Organisation eine neue Rolle gefunden und bezeichne mich nicht als Leiter sondern als Coach.

Wichtig ist auch das Qualitätsdenken, wofür ich eine Uhr als Symbol nehme. Jedes Zahnrädchen einer Uhr hat eine wohl definiert Aufgabe. Es muss diese Aufgabe präzise erfüllen und mit dem nächsten zusammenarbeiten. Die Toleranz, auch die Toleranz in der Zusammenarbeit wird gefordert.

Zum Schluss möchte ich Ihnen noch die zwei grössten Herausforderungen zeigen, die wir im Moment haben. Die eine bezeichne ich als "global communication management", die andere ist die Kommunikationssicherheit.

Neue Rollen ...

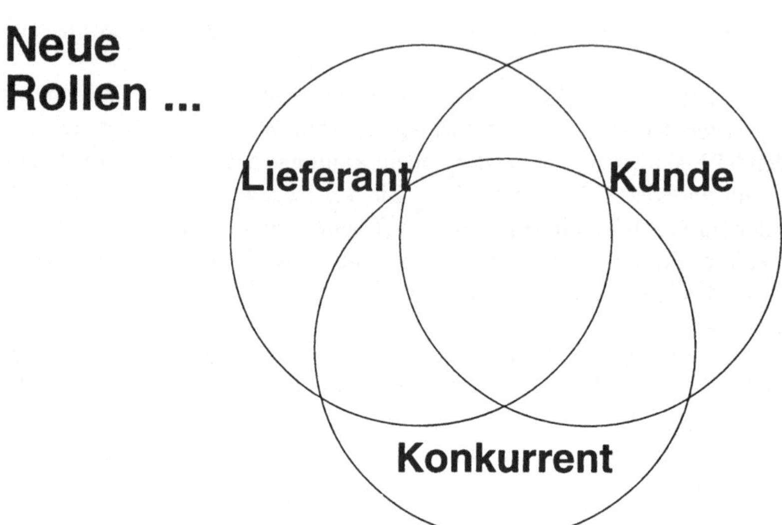

Das Global Communication Management möchte ich mit einem kurzen Beispiel erklären. Nehmen wir z.B. einen Benutzer in New York, der mit seiner Workstation auf einem LAN arbeitet, teilweise aber auch auf Daten in Tokio zugreifen muss. Nun findet er heraus, dass er keinen Access auf diese Daten hat. Was nun? Liegt das Problem in Tokio, New York oder sonst irgendwo, und wer ist dafür verantwortlich?

Für die Lösung eines solch globalen Problems braucht es etwas "Globales", eben ein Global Communication Management. Es geht darum, dass im Betrieb, d.h. im Network Control Center, das Netz permanent überwacht wird; 24 Stunden pro Tag, sieben Tage in der Woche, das ganze Jahr lang. Nur so können Störungen rasch entdeckt und behoben werden. Für eine permanente Überwachung braucht es ein globales virtuelles Team mit Leuten in Tokio, Zürich, London, New York und Singapur. Alle diese Leute müssen wie ein einziges Team zusammenarbeiten, was dank moderner Telekommunikation möglich ist. Mit Hilfe der virtuellen Teams wird es uns gelingen, eine 24-Stunden-Präsenz, vor Ort, zu erreichen.

Die zweite grosse Herausforderung ist die Kommunikationssicherheit. Die EC definiert unter Kommunikationssicherheit die Verfügbarkeit und die Vertraulichkeit. Die Verfügbarkeit ist das wichtigste, was vor lauter Sicherheitsdenken oftmals fast vergessen wird. Zur Verfügbarkeit gehören deshalb technische Massnahmen (Redundanz) und betriebliche Massnahmen, resultierend in einer Garantie von 99,99 %. An zweiter Stelle folgt die Vertraulichkeit. Bei einem globalen Geschäft ist diese aber wegen der unterschiedlichen Rechtsprechung sehr schwierig zu definieren. Die Integrität der Daten, besonders bei unseren grossen Zahlen ist existentiell.

Ich möchte aus meiner Sicht noch zwei Faktoren beifügen. Einmal die Performance, die Leistungsfähigkeit, und dann noch die Wirtschaftlichkeit. Erst wenn alles zusammentrifft funktioniert die Telekommunikation.

Challenge: The future

Der Quantensprung

Quelle: Kasimir M. Magyar und Peter Prange: Zukunft im Kopf, Wege zum visionären Unternehmen, Zürich: Interface Verlags AG, 1993.

148

Somit komme ich zur Zusammenfassung. Ich wollte Ihnen zeigen, dass die
Globalisierung ein Quantensprung in mehreren Dimensionen darstellt. Einerseits ist
die Telekommunikation der Enabler für das weltweite Geschäft, andererseits wird sie
selbst ein grosses, weltweites Geschäft. Der letzte derartige Quantensprung in der
Geschichte erfolgte mit der Erfindung des Buchdruckes. Der Buchdruck hat es erlaubt, Informationen nicht mehr nur an einem Ort zu haben, sondern in grosser
Anzahl, wenn auch relativ langsam und beschränkt, zu verteilen.

Welche Möglichkeiten uns jetzt die Telekommunikation bietet, möchte ich mit
einem Zitat der Präsidenten von EDS sagen: "Wir stehen vermutlich vor der zweiten
ganz grossen Revolution, nämlich der, dass wir dank der weltweiten Kommunikation
unlimitierten Zugriff zu jeder Information für jeden ermöglichen, und damit völlig
neue Arbeitsprozesse, völlig neue Dienstleistungen, völlig neue Kulturen entwickeln
können". Das sind kulturelle Riesensprünge, und es wird noch lange dauern, bis wir
alle Möglichkeiten der Telekommunikation voll ausnützen. Es freut mich aber, dass
wir hier zu dieser Tagung zusammengekommen sind, und damit helfen, den Weg zu
ebnen.

IT Sicherheit –
Strategischer Faktor in der Finanzwirtschaft

Dr. Rainer A. Rueppel

1   Einleitung

IT-Sicherheit[1] hatte in der Vergangenheit eher den Ruf einer Overhead-Technologie. Sicherheit wurde als notwendiges Übel und zusätzlicher Kostenverursacher angesehen. Der Einsatz von Sicherheitstechnologie diente vor allem dem Schutz der Daten und Informationssysteme. Es gab kaum Manager, die IT-Sicherheit als eine Investition betrachteten, die einen positiven Einfluss auf den Geschäftsgang nehmen kann. Dies hat sich jedoch geändert, es ist an der Zeit, neue Paradigmen zu entwickeln.

Sicherheit ist ein **Grundbedürfnis**: genauso selbstverständlich, wie wir Briefumschlag und Handunterschrift im Alltag einsetzen, erwarten wir einen elektronischen Briefumschlag und eine elektronische Unterschrift in unseren elektronischen Informationssystemen. Dies gilt für die Kunden der Banken wie für die internen Mit-arbeiter. Die Europäische Kommission spricht im *Grünbuch zur Informationssicherheit* sogar davon, dass jederman dass Recht auf eine elektronische Unterschrift hat.

Sicherheit ist ein **Enabling Factor** für Bankendienstleistungen: nur mit adäquater Sicherheitstechnologie sind elektronischer Zahlungsverkehr und Online Dienste wie Cash Management überhaupt zu realisieren. Durch die moderne Kryptographie sind neuartige Zahlungssysteme möglich geworden; Electronic Purse und Electronic Money sind hier die Stichworte.

Sicherheit ist ein wesentlicher **Rationalisierungsfaktor**: im Zuge des sogenannten Business Process Re-Engineering werden die aufwendigen papiergebundenen Geschäftsprozesse durch neue elektronische Prozesse abgelöst. So kann zum Beispiel im Bankenumfeld die aufwendige Unterschriftenprüfung im Zahlungsverkehr durch rationellere elektronische Verfahren abgelöst werden. Aus Verfügbarkeits- und Sicherheitsüberlegungen haben die Banken auch eigene gesicherte Netze (typischerweise linkverschlüsselt) aufgebaut und unterhalten. In Zukunft werden aus Rationalisierungsgründen Netze im Outsourcing betrieben oder sogar unsichere Netze wie das Internet für den Datenaustausch verwendet. Natürlich ist dies nur möglich, wenn geeignete Sicherheitstechnologie eingesetzt wird.

Der Schutz der Privatsphäre von Bankkunden durch **Datenschutzgesetz und Bankgeheimnis** verpflichtet die Banken, ihre Kundeninformationen bei Speicherung

---

[1] In diesem Artikel werden die Begriffe IT-Sicherheit und Sicherheit synonym verwendet.

und Datenübertragung entsprechend zu schützen. Die Zukunft wird eine eigentliche Umwälzung mit sich bringen, was den Einsatz von IT-Sicherheitstechnologie betrifft.

In verschiedenen Ländern werden bereits die **rechtlichen Grundlagen** für den brei-ten Einsatz von Elektronischen Unterschriften geschaffen. Dies bedeutet, dass die Kryptographie die Geschäftsprozesse der modernen Informationsgesellschaft revolu-tionieren wird.

Sicherheit als **Kostenreduktionsfaktor**: in der heutigen Kreditkartenindustrie geht ein gewisser Prozentsatz des Umsatzes direkt durch Betrugsfälle verloren. Dieser Verlust wird als Kostenfaktor des „Doing Business" abgeschrieben. Durch den Einsatz moderner IT-Sicherheitstechnologie können diese Verluste eliminiert bzw. drastisch reduziert werden.

IT-Sicherheit als **Enabler für den Zugang zu den Datenautobahnen**: will sich eine Bank an öffentliche Netze, Dienste oder Informationsprovider anschliessen, so muss ein entsprechendes Sicherheitskonzept umgesetzt werden. Internet ist ein gutes Beispiel: Internet ist gleichzeitig eine gewaltige Datenbank und ein gewaltiges Marketingtool. Es bringt globale Konnektivität mit sich. Firmen, Universitäten und Organsiationen stellen eine Vielzahl von Informationen auf dem Internet zur Verfügung. Will man das Internet der eigenen Organisation zugänglich machen, so steht man vor der Gretchenfrage, wie man die Kopplung der eigenen Netze mit dem „unsichersten Netz aller Netze" Internet bewerkstelligen soll. Potentiell bringt die Kopplung auch die globale Bedrohung durch jeden Hacker auf dem Internet mit sich. Einige Organisationen weigern sich deshalb auch, ihre Netze überhaupt mit dem Internet zu verbinden. Dies verunmöglicht jedoch die Benutzung aller nützlichen Dienste. Informationsbeschaffung und -Verbreitung (Marketing). Firewalls sind hier eine bessere Option. Firewalls erlauben die Kontrolle externer Zugriffe auf die internen Netze bei gleichzeitiger gezielter Verfügbarmachung von Internet Diensten.

In diesem Artikel sollen einige der oben genannten Punkte illustriert werden:

- Rationalisierung des Zahlungsverkehrs durch Einsatz moderner Sicherheitsverfahren
- Sicherheit als Voraussetzung neuer interaktiver Finanz-Dienstleistungen
- Rechtliche Grundlagen und Gesetzliche Anforderungen
- Die Rolle der Standardisierung für den Finanzsektor.

Den Abschluss des Artikels bilden einige Thesen zur Zukunft der IT-Sicherheitstechnologie im Bankenumfeld.

2   Sicherheitsverfahren im Zahlungsverkehr

In diesem Kapitel soll die Entwicklung des Zahlungsverkehrs vom Papierweg hin zu vollelektronischer Unterschrift und Rechtemanagement beispielhaft skizziert werden. Es ist typisch für elektronische Systeme, dass die ersten Ansätze jeweils mit reduzierter Sicherheit realisiert werden und dass erst bei späteren System-Generationen das Re-Engineering der traditionellen Business Prozesse gelingt. Es ist ebenfalls absehbar, dass das Rationalisierungspotential zukünftiger Zahlungsverkehrssysteme nur durch koordinierte Standards und Infrastrukturen voll ausgeschöpft werden kann. Zentralelement wird auf alle Fälle die Elektronische Unterschrift sein, da nur sie das Potential zur Multibankfähigkeit und zum Einsatz in offenen Elektronischen Märkten hat.

2.1 Zahlungsverkehr: Papierweg

Beim traditionellen Papierweg werden die Zahlungsbelege beim Kunden zusammengestellt und typischerweise mit einem handschriftlich unterzeichneten Sammelauftrag per Post an die Bank geschickt. Die Zeichnungsberechtigten wurden vorgängig vom Kunden bei der Bank mittels Unterschriftenkarte hinterlegt. Die Bank muss nach Empfang des Auftrages die Unterschrift des Kunden prüfen, die Zahlungsverkehrs-Daten erfassen und kontrollieren, die Bonität prüfen und den Auftrag auslösen. Um die zentrale Bearbeitung der papiergebundenen Aufträge zu rationalisieren, wurden von den Banken grosse Investitionen in die elektronische Unterstützung der Datenerfassung und der Handunterschriftenprüfung gemacht. Die Bank haftet für die sorgfältige Ausführung der Aufträge, d.h. Fehler bei der Datenerfassung oder der Unterschriftenprüfung gehen zu Lasten der Bank. Die Sicherheit beruht auf der Handunterschrift und der zentralen Rechteverwaltung.

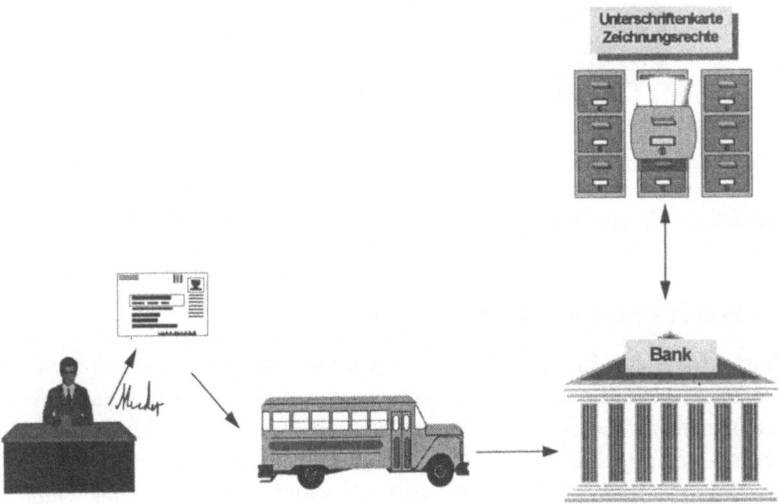

Abb. 1. Zahlungsverkehr - Traditioneller Papierweg

2.2 Zahlungsverkehr: Streichliste

Im Zuge der Einführung von Home-Banking-Produkten wurde von den Banken die elektronische Einlieferung der Zahlungsaufträge angeboten. Der Kunde erfasst lokal bei sich die ZV-Daten und schickt sie zum Beispiel per Vtx (in Deutschland Btx) an die Bank. Online oder offline Erfassung ist möglich. Die Autorisierung des Auftrages erfolgt durch ein „Einmalpasswort", das zu Beginn des Login-Vorganges eingegeben werden muss. Dazu muss die Bank eine sogenannte „Streichliste" mit Einmalpasswörtern erstellen und an den Kunden ausliefern. Die Sicherheit ist wesentlich schwächer als beim Papierweg: die Unterschrift ist weggefallen und die Übertragung des Auftrages selbst erfolgt vollkommen ungesichert. Diese ZV-Lösung beinhaltet einen Rationalisierungseffekt durch die dezentrale Datenerfassung beim Kunden. Jedoch ist die Lösung wenig kundenfreundlich, da die Haftung für das unsichere System dem Kunden überbunden wird (was er vielfach gar nicht realisiert) und da er zusätzlich noch die umständliche Streichliste handhaben muss.

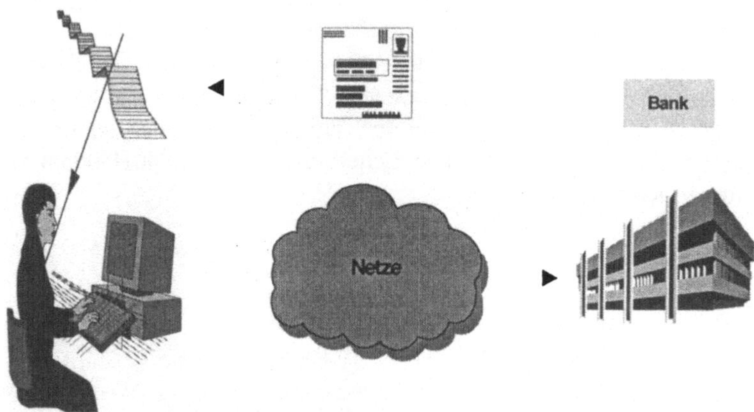

Abb. 2.   Zahlungsverkehr - Streichliste

2.3   Zahlungsverkehr: Elektronische Unterschrift

Diese Lösung besteht aus der direkten Umlegung des Papierweges auf elektronische Medien. Basiselement ist die Elektronische Unterschrift, welche die Handunterschrift ablöst (die Elektronische Unterschrift basiert auf Asymmetrischer Public Key Technologie). Der Kunde erfasst lokal die ZV-Daten (oder übernimmt sie aus seiner Buchhaltungsapplikation) und signiert den Auftrag mittels Elektronischer Unterschrift. Das so gesicherte File wird an die Bank geschickt (zum Beispiel per Filetransfer oder X.400). Die Bank kann die Unterschrift mit Hilfe des öffentlichen Prüfschlüssels des Kunden vollautomatisch verifizieren. Dieser öffentliche Prüfschlüssel muss vorgängig mit den zugehörigen Zeichnungsrechten bei der Bank registriert und hinterlegt werden. Diese Lösung beinhaltet einen doppelten Rationalisierungseffekt durch die dezentrale Datenerfassung beim Kunden und die vollautomatische Prüfung der Elektronischen Unterschrift. Jedoch müssen die Zeichnungsberechtigten mit ihren Rechten immer noch organisatorisch bei der Bank angemeldet und verwaltet werden.

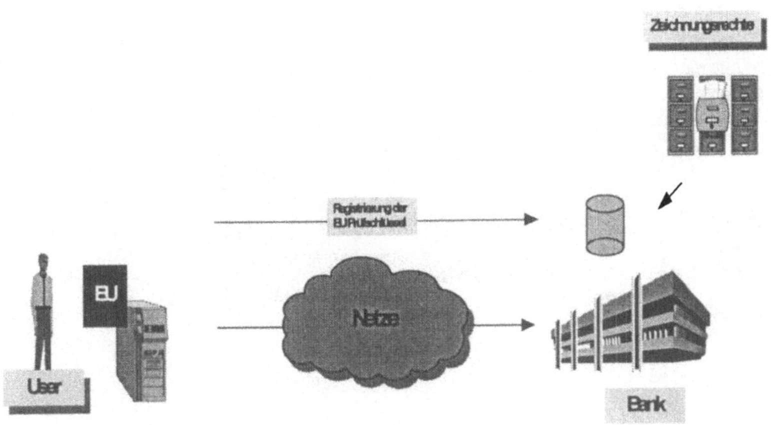

Abb. 3. Zahlungsverkehr - Elektronische Unterschrift

2.4 Zahlungsverkehr: Elektronisches Rechtemanagement

In einem weiteren Schritt kann der ganze Prozess der Rechteverwaltung neu gestaltet werden (Business Process Re-Engineering). Basiselement ist wiederum die Elektronische Unterschrift, welche die Handunterschrift ablöst. Anstelle der organisatorischen Anmeldung der Zeichnungsberechtigten mit ihren Rechten bei der Bank stellt der Kunde elektronische Rechtezertifikate für seine Zeichnungsberechtigten selber aus. Diese Rechtezertifikate werden mittels Elektronischer Unterschrift durch einen Firmen-Server erstellt. Die Bank muss keine Rechte mehr verwalten. Schickt der Kunde einen Zahlungsauftrag, so fügt der entsprechende Zeichnungsberechtigte sein Elektronisches Rechtezertifikat bei und unterschreibt den Auftrag mit seiner Elektronischen Unterschrift. Die Bank kann Rechtezertifikat mit Hilfe des öffentlichen Prüfschlüssels des Kunden vollautomatisch verifizieren. Dann kann sie die Elektronische Unterschrift des Zeichnungsberechtigten anhand der Daten im Rechtezertifikat vollautomatisch verifizieren.

Diese Lösung beinhaltet einen dreifachen Rationalisierungseffekt durch die dezentrale Datenerfassung beim Kunden, die vollautomatische Prüfung der Elektronischen Unterschrift inklusive Zeichnungsrechte und die dezentrale Rechtever-waltung. Ein zusätzlicher Rationalisierungseffekt kann durch eine zentrale Public Key Management Infrastruktur erzielt werden (z.B. innerhalb des Kreditgewerbes), welche die Firmenschlüssel registriert und den Banken über Directory Services zur Verfügung stellt.

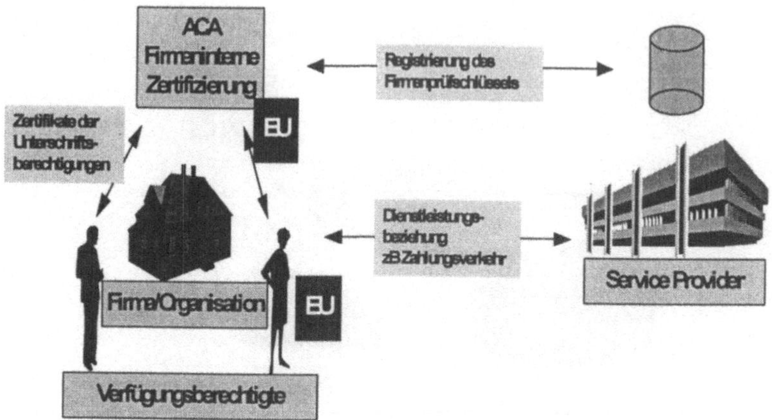

Abb. 4. Zahlungsverkehr - Elektronisches Rechtemanagement

3   Sicherheit und Interaktives EDI

In unserem Projekt SIEDI (Security and Interactive EDI), welches von der Europäischen Kommission im Rahmen des TEDIS II Programms finanziert wird, haben wir eine Umfrage zu den Sicherheitsanforderungen bei Interaktiven Diensten durchgeführt. Die befragten Parteien wurden aufgefordert, die folgenden Sicherheitsdienste applikationsspezifisch mit Prioritäten zwischen 0 (nicht benötigt) und 3 (absolut notwendig) zu bewerten.

- Benutzerauthentisierung

- Zugriffskontrolle

- Meldungssequenzkontrolle

- Datenauthentisierung

- Non-Repudiation of Origin

- Non-Repudiation of Receipt

- Vertraulichkeit

Die Resultate der Umfrage sind im folgenden Bild zusammengefasst.

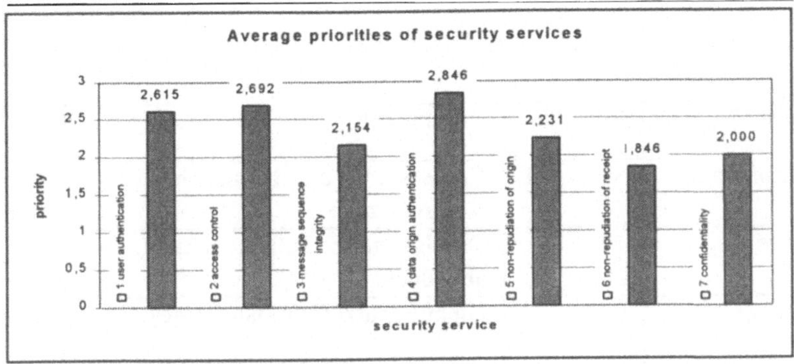

Abb. 5. Sicherheitsanforderungen im Umfeld Interaktive Finanzdienste

Die Resultate lassen den Schluss zu, dass Sicherheitsdienste bei interaktiven Finanzdiensten eine nicht zu unterschätzende Rolle spielen werden.

3.1 Beispiel: Cash Management

Im EDI-Bereich werden zunehmend auch Online-Systeme zur Verfügung gestellt, bei denen die Kunden ihre Kontoauszüge und Kontostände jederzeit elektronisch abfragen können, um dann gezielt ihre Konten mittels Zahlungsaufträgen bewirtschaften zu können. Die elektronische Abfrage der Kontoinformationen ist ein vertraulicher Prozess, der vor unberechtigtem Zugriff geschützt werden muss. Absolute Vorbedingung ist ein sicherer Login. Folgende Figur illustriert das Szenario, welches von einer Europäischen Bank realisiert wurde.

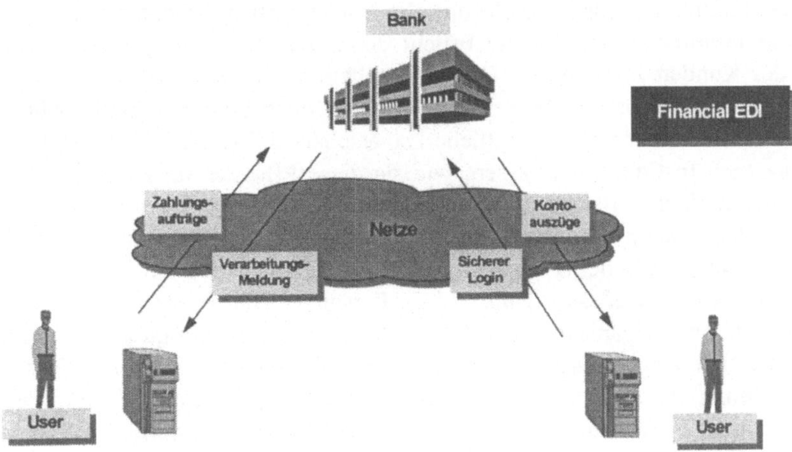

Abb. 6 Cash Management mit EDI

156

Die von den Verantwortlichen durchgeführte Bewertung der Sicherheitsanforderungen dieser Finanzdienstleistung ergab folgende Resultate:

Sicherheitsdienst	Priorität	Kommentar
Benutzerauthentisierung	3	Essentiell für die Herausgabe der Kontoauszüge
Zugriffskontrolle	1	Durch Benutzerauthentisierung abgedeckt.
Meldungssequenzkontrolle	0	Nicht benutzt (nur Date/Time)
Datenauthentisierung	3	Essentiell für Zahlungsaufträge - wird durch Non-Repudiation of Origin (Elektronische Unterschrift) abgedeckt.
Non-Repudiation of Origin	3	Essentiell für Zahlungsaufträge.
Non-Repudiation of Receipt	1	Die Rückmeldung ist zur Zeit nicht abgesichert.
Vertraulichkeit	0	Zur Zeit nicht gefordert.

4   Rechtliche Grundlagen und Gesetzliche Anforderungen

Für die Banken sind in erster Linie das Bankgesetz und das Datenschutzgesetz von Bedeutung. Zusätzlich gilt es die Produktehaftung und die Entwicklung im Bereich der gesetzlichen Grundlagen für die Elektronische Unterschrift zu beachten.

Das **Bankgeheimnis** umschreibt die Pflicht der Bank, die vermögensrechtliche Privatsphäre des Kunden zu schützen. Das Bankgeheimnis hat eine starke Tradition und ist ein Erfolgsfaktor für die Banken. Es werden jedoch keine konkreten Massnahmen zum Schutz der vermögensrechtliche Privatsphäre des Kunden festgelegt. Es bleibt den einzelnen Instituten überlassen, wie sie diese Pflichten umsetzen (vorbehaltlich einer allgemeinen Aufsicht und der sich daraus ergebenden Praxis).

Das **Datenschutzgesetz** garantiert das informationelle Selbstbestimmungsrecht von natürlichen und juristischen Personen und Gesellschaften (das Schweizerisches Datenschutzgesetz ist in Kraft seit dem 1.7.93). Personendaten müssen durch angemessene technische und organisatorische Massnahmen gegen unbefugtes Bearbeiten geschützt werden. Die Angemessenheit bemisst sich nach folgenden Kriterien: Zweck der Datenbearbeitung, Art und Umfang der Datenbearbeitung, Einschätzung der möglichen Risiken für die Person, gegenwärtiger Stand der Technik. Es werden Auflagen zur Datenweitergabe und dem Transfer in Drittländer gemacht.

Was den Finanzsektor betrifft, so stellen sich Fragen zum grenzüberschreitenden Transfer von Kundendaten und zum Outsourcing von Netzwerken und Datenverarbeitung. Zahlungsverkehrs-Daten unterliegen dann dem Datenschutzgesetz, wenn sie Rückschluss auf die betroffenen Personen erlauben. Es sind technische Massnahmen, wie z.B. Verschlüsselung oder Anonymisierung von Daten, und organisatorische Massnahmen, wie z.B. Einholen des Einverständnisses der Kunden, zu treffen.

Zusätzlich muss die **Produkthaftung** angeführt werden. Obwohl zur Zeit nicht geklärt ist, wie stark die Produktehaftung bei elektronischen Dienstleistungen greift, führt doch das Selbstverständnis „Bank = Sicherheit" dazu, dass nur Dienstleistungen und Produkte angeboten werden (sollten), welche die minimalen Sicherheitsanforderungen erfüllen. Zum Beispiel ist zweifelhaft, ob gewisse Phonebanking Produkte die notwendige Qualität aufweisen. Ungeachtet dessen stellt sich die Frage, in welchem Masse die Haftung auf die Kunden abgewälzt werden kann.

Die Zukunft wird eine eigentliche Umwälzung mit sich bringen, was den Einsatz von IT-Sicherheitstechnologie betrifft. In verschiedenen Ländern werden bereits die **rechtlichen Grundlagen** für den breiten Einsatz von Elektronischen Unterschriften geschaffen. So wurde im US Bundesstaat Utah bereits ein Gesetz verabschiedet, welches Elektronische Dokumente mit Digitalen Signaturen den herkömmlichen Papierdokumenten mit Handunterschriften gleichstellt. Dies bedeutet, dass die Kryptographie die Geschäftsprozesse der modernen Informationsgesellschaft revolutionieren wird.

5 Die Rolle der Standardisierung

In einem Umfeld, wo fast alle Firmenkunden über mehrere Bankverbindungen verfügen, wird der Stellenwert von Sicherheitsstandards immer wichtiger. Ohne Standards müssten für jede Bankverbindung (d.h. jeden Kunden und jede Applikation) die einzusetzenden Sicherheitsverfahren neu definiert und implementiert werden. Dies würde wertvolle Ressourcen binden. Der Kunde ist an Multibankfähigkeit interessiert. Die Bank ist an Rationalisierung (d.h. effizienter Erschliessung des Kunden) interessiert. Beides ist nur möglich, wenn sich gemeinsame Sicherheitsstandards herauskristallisieren, auf denen die Banken-Dienstleistungen aufsetzen können. Nationale Branchen-Sicherheitsstandards haben sich bereits herausgeschält. Folgende Beispiele seien angeführt:

- Deutschland: DFÜ-Abkommen
- Frankreich: ETABAC 5
- Dänemark: TeleSeC
- Schweiz: TBSS, dieses Beispiel ist unten näher vorgestellt.

Die internationale Harmonisierung ist ebenfalls im Gange. Im ECBS (European Committee for Banking Standards) wurden zwei Themen als vordringlich betrachtet: die Elektronische Unterschrift und Zertifizierungsinstanzen. Die UN/EDIFACT *Security Joint Working Group* hat neue EDIFACT Sicherheitsstrukturen entwickelt, mit der Elektronischen Unterschrift als Kernelement. Die resultierenden Sicherheitsstandards wurden 1994 für Trial Use freigegeben. Im ISO/IEC Subcommittee SC27 *Security Techniques* laufen die Arbeiten an den internationalen Standards für Elektronische Unterschriften und die zugehörigen Management Verfahren auf Hochtouren, ebenso wie in ISO TC68/SC2 *Banking operations and procedures* und in ISO TC68/SC6 *Financial transaction cards, related media and operations,* was den Einsatz im Bankenumfeld anbetrifft.

5.1 Beispiel: Der TBSS der Schweizer Banken

Zielsetzungen des TBSS (Telematic Base Security Services) Standard der Schweizer Banken ist die Bereitstellung einer offenen und standardisierten Sicherheitsplattform mit einer Auswahl von Mechanismen, die branchen- und grenzüberschreitend eingesetzt werden können. Besonders berücksichtigt wurden Kriterien wie **Wirtschaftlichkeit, Interoperabilität, Plattformunabhängigkeit, Transparenz, Ausbaubarkeit, Akzeptanz und Investitionsschutz.** Der TBSS beruht vollumfänglich auf internationalen Standards und versteht sich als Basis für verschiedene elektronische Dienstleistungen und Applikationen. Die folgende Figur verdeutlicht diese Zielsetzung.

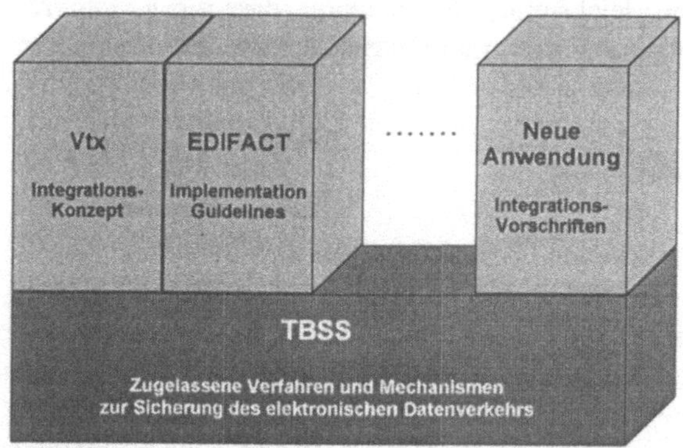

Der TBSS als Basis für verschiedene Anwendungen

Anwendungsspezifische Regeln zum TBSS müssen in den jeweiligen Implementation Guidelines und Integrationskonzepten festgelegt werden. Der TBSS kann sich somit nicht nur an einer Anwendung orientieren, sondern muss eine gezielte Auswahl von Verfahren bereitstellen, die für den Einsatz in den verschiedenen Anwendungsszenarien geeignet sind.

Der TBSS spezifiziert technische Vorschriften zur Sicherheit des Datenaustausches zwischen zwei Computer-Systemen (IT-Systemen).

Diese Vorschriften ermöglichen den sicheren Datenaustausch zwischen Teilnehmern eines elektronischen Marktes, d.h. zwischen Anbietern und Kunden, zwischen Anbietern untereinander und zwischen Kunden untereinander. Zusätzlich muss berücksichtigt werden, dass eine branchen- und grenzüberschreitende Interoperabilität auch technische Vorschriften auf dem Gebiet des Schlüsselmanagements bedingt. Der

TBSS stellt einen Baukasten standardisierter Elemente zur Verfügung, die ein Höchstmass an Synergie in der Implementation erlauben.

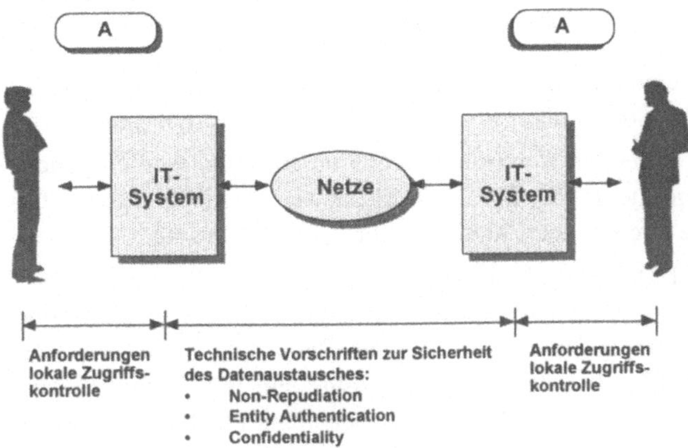

Inhalt des TBSS

Die Mechanismen des TBSS gliedern sich hierarchisch in folgende Klassen:

1. Basiselemente: die kryptologischen Algorithmen (z.B. RSA als Public Key Verfahren)
2. Basismechanismen: die Betriebs- und Einsatzarten der Algorithmen (z.B. RSA zur Berechnung von Digitalen Signaturen und RSA zur Verschlüsselung von Session Keys).
3. Kombinations-Mechanismen: Regeln über das Zusammenwirken verschiedener Algorithmen (z.B. Digitale Signatur mit Hash Funktion).
4. Protokoll-Mechanismen: Regeln über das Zusammenwirken der Business Partner Systeme (z.B. Authentisierung eines Teilnehmers basierend auf der Digitalen Signatur und Zeitstempeln).

Der TBSS ist noch nicht abgeschlossen. Es ist vorgesehen, dass zusätzliche Anforderungen nach Bedarf abgedeckt werden. Ein wesentlicher Schwerpunkt der weiterführenden Arbeiten ist die Ausgestaltung der Public Key Management Infrastruktur mit Zertifizierungsinstanz und Directory Services. Zusätzlich müssen applikationsspezifische Implementation Guidelines für verschiedene Anwendungen erarbeitet werden. Zur Zeit ist die Version 1.1 des TBSS in Deutsch und Englisch verfügbar (der TBSS kann bei der Telekurs AG, 8021 Zürich als IBO Material bezogen werden).

6 Ausblick

Die genannten Punkte zeigen klar, dass das Thema IT-Sicherheit und Kryptographie zum **strategischen Erfolgsfaktor** für die Banken geworden ist. Wer dieses Thema nicht beherrscht, wird in der Informationsgesellschaft von morgen kaum Erfolg haben können.

Zum Abschluss formulieren wir einige Thesen zur zukünftigen Entwicklung der Sicherheitstechnologie und ihrem Einsatz in der Finanzindustrie.

These 1: Die Elektronische Unterschrift setzt sich als Basistechnologie für die elektronischen Märkte, insbesondere für die Kunde-Bank Beziehung, durch.

These 2: Die Elektronische Unterschrift wird der Handunterschrift gesetzlich gleichgestellt. Dies ermöglicht das Re-Engineering verschiedener Geschäftsprozesse, die heute noch an die Handunterschrift gebunden sind.

These 3: Globalisierung und Öffnung (Multibankfähigkeit) führen zu einem branchen- und grenzübergreifenden Harmonisierungsdruck. Die Banken sind gezwungen, die Sicherheit für die Kunde-Bank-Beziehung gemeinsam aufzuarbeiten. Eine Differenzierung zur Konkurrenz auf dem Gebiet Sicherheit wäre kontraproduktiv. Jedoch wird die Beherrschung der Sicherheitstechnologie zu einem entscheidenden Wettbewerbsfaktor.

These 4: Sicherheit wird im Finanzsektor nicht mehr auf Netzwerkebene abgehandelt werden, sondern zunehmend als Plattformdienst den Applikationen direkt zur Verfügung stehen.

These 5: Das Outsourcing von Netzwerkdiensten und Informatikdienstleistungen wird im Finanzsektor zunehmen. Dieses Outsourcing kann aber nur durch Einsatz von entsprechender Sicherheitstechnologie im Rahmen der gesetzlichen Vorschriften ermöglicht werden.

These 6: Der Finanzsektor wird gemeinsame Infrastrukturen (z.B. Public Key Management Infrastrukturen für den Einsatz der Elektronischen Unterschrift) einrichten, um neue Elektronische Dienstleistungen anbieten zu können (z.B. Elektronisches Geld) und um das volle Rationalisierungspotential und Risk Management Potential bestehender Dienstleistungen (z.B. Zahlungsverkehr) ausschöpfen zu können.

Kurz-Biographie

Rainer A. Rueppel, Dr. sc. techn. ETH, ist Gründer des Schweizer Forschungs-, Beratungs- und Enginneeringunternehmens r^3 *security engineering ag.* Dr. Rueppel ist Director der International Association for Cryptologic Research (IACR), Co-Editor des Journal of Cryptology, Mitglied ISO/IEC JTC1/SC27 *Security Techniques,* Mitglied UN/EDIFACT *Security Joint Working Group*, Mitglied European Committee for Banking Standards (ECBS) TC4 *Security*, Editor des Schweizer Bankensicherheitsstandards TBSS, Editor des Buches *Advances in Cryptology - Eurocrypt'92*, Springer-Verlag, Autor des Buches *Analysis and Design of Stream Ciphers*, Springer-Verlag, und Autor zahlreicher Forschungsartikel.

PODIUMSDISKUSSION

Telekommunikation für Banken und Versicherungen

Moderation: Prof. Dr. Arnold Picot, Universität München

Teilnehmer:
Bernhard Dorn, IBM Deutschland GmbH
Prof.Dr. Jörg Eberspächer, Technische Universität München
Dr. Volker Jung, Siemens AG
Dr. Eberhard Rauch, Bayerische Vereinsbank AG
Manfred Schlottke, R+V Versicherung AG
Dr. Peter Weigert, Commerzbank AG

Prof. Picot:
Meine Damen und Herren, ich darf die Abschlußdiskussion eröffnen und möchte das Podium, soweit es Ihnen noch nicht bekannt ist, kurz vorstellen. Die meisten Teilnehmer haben Sie ja heute schon erlebt und als Redner gehört. Ich möchte ergänzend noch Herrn Dorn, der Geschäftsführer von der IBM Deutschland ist, und Herrn Dr. Jung, der im Zentralvorstand der Siemens AG für Telekommunikation zuständig ist, vorstellen.

Wir haben am heutigen Tag viele Anwender, anwendernahe Berater und Wissenschaftler gehört. Ich glaube, es ist gut, wenn wir kurz diejenigen zu Wort bitten, die eigentlich die Grundlage für all das, was wir diskutiert haben, liefern, also die Technikanbieter und Technikhersteller. Sie haben heute noch keine Gelegenheit gehabt, sich zu äußern. Ich möchte Sie beide, Herr Dorn und Herr Dr. Jung, um eine ganz kurze erste Stellungnahme bitten. Dann möchte ich das Publikum einbeziehen bzw. hier am Podium mit der Diskussion weitermachen.

Herr Dorn, wir haben heute viel über die neue Kundenschnittstelle gehört, die sich zwischen den Finanzdienstleistern und den Kunden entwickelt. Es fällt aber auf, daß wir hierzulande über den Bereich Multimedia viel reden aber beim Kundenkontakt doch noch wenig sehen, während in den anderen Ländern, ich denke etwa an Singapur, an Südafrika, aber auch an die USA, schon eine ganze Reihe von Multimedia-Terminalstationen und auch sogar virtuelle Schalter und Filialen existieren.

Ist so etwas hier unterwegs oder gibt es bei uns spezielle Faktoren, die das verlangsamen oder vielleicht sogar unmöglich machen?

162

Dorn:

Na ja, der Tatbestand ist schon so wie Sie sagen. Aber das hat sich seit wenigen Monaten oder seit einem Jahr gewaltig geändert. Ich erinnere mich an eine Veranstaltung vor zwei Jahren mit Bankvorständen. Da war eins ganz klar, man war auf dem Weg, Bankzweigstellen zu schließen, weil sie nicht mehr sinnvoll zu betreiben waren, da es immer weniger Leute gab. Ich habe vor einem Monat eine gleichartige Veranstaltung erlebt. Dort war es so, wie es Herr Dr. Rauch und Herr Dr. Weigert beschrieben haben, es geht vehement voran und all das, was früher einmal geschlossene Zweigstellen sein sollten, werden eben dann in Zukunft "stille Zweigstellen" sein.

Ich kenne eine Bank, die sagt: "Im Gegenteil, wir werden noch zusätzliche Zweigstellen eröffnen". Nun nicht in dem Sinn, wie wir uns eine Zweigstelle vorstellen, eben weil Sie vorhin auch ausführten, in einem Kaufhaus, oder wo es immer Sinn machen mag, einen Kiosk aufzustellen. Also ich sage es mal so, die anderen vorhin genannten Länder haben einen gewissen Vorsprung, aber ich bin da ganz sicher, daß wir in Windeseile alles aufholen werden.

Prof. Picot:

Und die informationstechnische Industrie ist auch in der Lage, die entsprechenden Einrichtungen zu liefern?

Dorn:

Ja, das ist nicht mehr der Punkt. Wir sollten schön zuhören, was die Kunden von uns verlangen und es implementieren. Der Herstellerdruck ist so stark geworden, weil wir alle nur Commodities herstellen. Was anderes haben wir nicht mehr im Hardwarebereich, so daß wir uns einfach anstrengen müssen, den Wünschen der Kunden gerecht zu werden, um das aufzubauen, was diese wollen.

Prof. Picot:

Vielen Dank. Herr Dr. Jung, die Finanzdienstleistungs-branche, haben wir heute gehört, wickelt ihre Geschäfte ja fast nur noch übers Telefon ab. Weltweite Netze spielen da eine enorme Rolle. Wie sehen Sie die Entwicklung? Sind wir bei den Netzen jetzt schon am Rande der Entwicklung oder kommen da nochmal ganz neue Sprünge auf uns zu?

Oder sehen Sie vielleicht aus Ihrer Erfahrung technische bzw. auch akzeptanzbezogene Grenzen dieser Entwicklung in Richtung telekommunikativer Finanzdienstleistungen, die ja doch für unsere Gegend recht jung ist, sich aber in letzter Zeit sehr stark entwickelt hat?

Dr. Jung:

Die Fragen, die Sie gestellt haben, könnte ich nun, allerdings nur sehr gut vorbereitet, in einem Einstundenreferat beantworten. Es ist nicht so einfach hier eine Antwort zu geben. Zunächst einmal möchte ich zu dem, was Herr Dorn gesagt hat, bemerken: Wir sind meines Erachtens auf vielen Gebieten nicht hintendran, sondern sogar vornedran. Meine Erfahrung während eines langjährigen USA-Aufenthaltes war, als ich dort versuchte, ISDN zu bekommen, daß ich es nach einem halben Jahr immer noch nicht hatte. Aber hier habe ich innerhalb von drei Tagen einen ISDN-Anschluß bekommen.

Wenn wir alles Revue passieren lassen, was wir heute gehört haben, insbesondere bei den ersten beiden Vorträgen von Herrn Prokop und Herrn Schlottke, so haben wir gesehen, daß all diese Anwendungen, die heute beschrieben worden sind, letztlich mit der heutigen Technologie machbar sind, nämlich mit dem ISDN und den anderen Technologien, die wir heute verfügbar haben. Das heißt also, wir sind nicht technisch hintendran. Wo wir ein bißchen hintendran sind, ist bei dem Thema "Sicherheit", und zwar, was gerade beim letzten Vortrag gesagt worden ist, die Sicherheit gegen Mißbrauch, die elektronische Unterschrift. Bei diesen Dingen haben wir noch Probleme. Das liegt aber auch daran, daß wir in Deutschland beim Thema Datensicherheit immer besonders kritisch sind.

Ich bin der Meinung, daß sich die Welt der Finanzdienst-leister generell so entwickeln wird, wie es heute hier beschrieben worden ist. Es wird vielleicht etwas mehr in Richtung Breitbandigkeit gehen, ich hoffe es wenigstens, weiß aber bis heute noch nicht die Anwendungen, die wirklich zur Breitbandigkeit führen werden.

Video on Demand und solche Dinge, die gehören ja leider nicht in den Finanzbereich hinein, sondern sind mehr im Entertainmentbereich zu sehen. Hier glaube ich nun, daß wir auch das Thema "Internet" sehen müssen, wenn wir uns mit den Amerikanern vergleichen.

Viele von Ihnen waren heuer sicher in Davos bei dem "World Economic Forum". Da haben die Amerikaner stolz vorgestellt, wie weit sie doch sind und was das Internet für ein Erfolg ist. Man muß sich schon die Frage stellen, ist das wirklich so ein toller Erfolg? Daß Gambler auf das Internet gehen, das kann ich mir vorstellen, das sind nun mal besondere Naturen. Daß junge Leute auf das Internet gehen, das verstehe ich auch. Und Ingenieure, so wie ich, spielen auch gern mit dem Internet. Mir macht es Spaß, auf dem Internet zu spielen. Das heißt also, der Entertainmentbereich ist vielleicht durch das Internet ganz gut abgedeckt.

Aber ich würde sagen, beim Geld hört der Spaß auf. Beim Internet kann man Spaß haben, beim Geld hört der Spaß auf. Und da fordern wir alle miteinander Sicherheit. Und deshalb glaube ich, daß das Internet, wenn es so bliebe, wie es heute ist, nicht den Hauch einer Chance hätte, das Netz für Finanztransferleistungen zu sein. Hier fordern wir weitaus größere Sicherheit, und zwar nicht nur die, die gerade eben beschrieben wurde, sondern auch die technische Sicherheit, die der Ingenieur heute als Reliability bezeichnet, die in dem Internet nicht im geringsten gegeben ist, die in der Telekommunikation, der traditionellen, der modernen Telekommunikation übrigens auch höher ist als in der Datenverarbeitung.

Das ist zwar eine Aussage, die nicht jedem gefällt, trotzdem bringe ich sie hier. Man spricht von dem Zusammenwachsen zwischen Datenverarbeitung, also Informationstechnologie, und Telekommunikation. Ich sehe hier bei dem Thema Reliability, Quality, das größte Problem der Zusammenführung, weil wir traditionell, ich sage es einmal noch primitiver, im Sprachbereich, seit vielen Jahren eine weitaus höhere Zuverlässigkeit gefordert haben und heute noch fordern als im Datenverarbeitungsbereich.

Es hat jeder von uns schon erlebt, daß er zum Flugplatz gegangen ist, und dann konnte er nicht einchecken, weil die DV-Anlage kaputt war. Und das Mädchen griff zum Telefon, das funktionierte, und mit dem hat es dann irgend etwas gemacht. Das erleben wir pausenlos, der Strom fällt irgendwo aus, aber das Telefon geht immer noch. Die Frage ist, wollen wir diese Reliability Standards, die vielleicht sogar ein bißchen überhöht sind, herunterdrehen und die Datenverarbeitungsstandards nach oben drehen? Das sind alles Fragen, die wir uns stellen müssen und ich muß Ihnen sagen, ich habe bis heute noch nicht die Antwort.

Dorn:

Ich darf vielleicht kurz noch etwas hinzufügen. Ich glaube, Herr Dr. Jung, ich sprach nicht über die technischen Voraussetzungen. Ich sehe das alles so, wie Sie es sagten. Aber ich möchte es den Damen und Herren auch nicht leichter machen. In der Nutzung der Technologien, die wir ja haben, sind wir Deutschen hintennach. Allerdings in der Eifrigkeit, was jetzt geschieht, geht es ganz schnell und ich bin überzeugt, daß wir es aufholen. Aber im Ist-Zustand, da sind wir schwächer.

Prof. Picot:

Vielen Dank. Ich möchte noch einmal das Thema der Sicherheit und der Nutzbarkeit der Netze an unseren Experten, Herrn Prof. Eberspächer, weitergeben. Wir haben gesehen, daß viele Netze ineinandergreifen. Und vorhin hat Herr Rimensberger gesagt, es muß - wie beim Schweizer Uhrwerk die Zahnräder - ineinandergreifen, damit das Ganze bei einer Globalisierungstrategie auch wirklich Sinn macht. Wie sehen Sie das bei der Vielfalt der Netze, die wir heute beobachten, und bei dem Netzwettbewerb, der immer stärker auf uns zukommt, einschließlich der Internet-Thematik? Kann das Ganze im Finanzsektor funktionieren? Sind da neue Fragezeichen zu setzen, so ähnlich wie das Herr Dr. Jung gerade gemacht hat?

Prof. Eberspächer:

Zum einen glaube ich, daß die Netzevielfalt - das haben wir ja in den letzten Jahren gelernt - eher zunehmen wird. Das eine Universalnetz wird es nicht geben. Wir haben auch heute schon gehört, daß sehr viel durch das unsicherste Netz aller Netze, das Internet, abgedeckt wird. Darauf komme ich gleich noch einmal zurück. Mit der Vielfalt müssen wir leben.

Ich will noch zu dem Thema "Vielfalt der Netze" bemerken, daß wir ja eigentlich drei Arten von Netzen in diesem Zusammenhang unterscheiden müssen: den Zugangsbereich, also wie komme ich überhaupt aus meinem Heim oder von der Firma zum Punkt, wo es dann interessant wird. Das zweite ist der Transitbereich: ich habe möglicherweise Zwischennetze, die können wieder unsicher sein. Und ich habe dann die Netze, die wir heute auch verschiedentlich gesehen haben, die Netze der Diensteanbieter, oder sagen wir z.B. mal der Banken und Versicherungen, oder auch von Dritten. Und die Kette ist bekanntlich nur so stark wie ihr schwächstes Glied. An dieser Stelle müssen wir uns bewußt sein, daß Vielfalt eben auch Vielfalt der Quality of Service heißt. Wir haben aber auch bei Herrn Rueppel ganz klar die Aussage gesehen: wir können damit leben, wir können dadurch damit leben, daß wir Ende-zu-Ende Security verwenden, wenn immer möglich.

Ich glaube nur nicht, daß das überall, und vor allem bei Multimedia, schon so geklärt ist, wie man das wirklich macht. Aber die Elektronische Unterschrift oder auch die Verschlüsselung, kann uns über Schwachstellen im Netz hinweghelfen.

Ich möchte noch einmal auf die Sicherheit, jetzt im Sinne "Zuverlässigkeit", zurückkommen. Gerade die Komplexität der künftigen Anwendungen und auch Dienste, denken Sie an die heute schon erwähnten ACD-Callcenter und Intelligent-Network-Applikationen, erfordern natürlich, damit der Kunde zufrieden ist, daß ähnliche Standards wie im klassischen Telefonbereich, also wenige Stunden Ausfall in 30 Jahren, auch dort erreicht werden. Die neuen Applikationen und die neuen Dienste sind ja oft Kombinationsdienste zwischen Datenverarbeitung und Telefon. Ich glaube, hier haben wir alle noch einiges zu tun, und es ist eine spannende Aufgabe.

Einen Punkt möchte ich noch im Zusammenhang mit Multimedia ansprechen. Im Bereich Video ist sicherlich noch einiges offen. Wir können zwar im Bereich der konventionellen langsamen Datenkommunikation verschlüsseln und unterschreiben. Aber keiner hat mir bisher sagen können, wie wir sicherstellen, daß wir die Authentizität eines Videofilmes, der mir ein Immobilienobjekt zeigt, sicherstellen können.

Solche Anwendungen kommen schneller, als man denkt. Und dann müssen wir gerüstet sein. Aber ich bin da optimistisch.

Prof. Picot:
Vielen Dank. Das, was Sie gerade skizziert haben, leitet jetzt auch schon zum Kunden über. Ich möchte jetzt auf die Versicherungswirtschaft zurückkommen, die heute nachmittag noch nicht wieder so stark zur Sprache kam.

Herr Schlottke, ist eigentlich der Versicherungskunde nach Ihrer Erfahrung verstärkt bereit, sich auf diese Technikschnittstelle, die sich hier ja zunehmend auftut, einzulassen, oder ist das nur eine kleine Ergänzung des tradionellen Marktes, die sich hier ergibt? Was kann sich noch Visionäres in der Beziehung zwischen Kunde und Finanzdienstleister tun?

Schlottke:
So einen generellen Trend, daß sich der Kunde immer mehr zu einem automatisierten Versicherungsgeschäft, wie immer auch, hinbewegt, kann man hier kaum beschreiben. Wir werden zwei Bewegungen haben, und das ist heute morgen auch schon durch die eine Frage klar geworden. Wir bekommen oder haben jetzt schon, und das wird sich noch verstärken, eine Vielfalt an Produkten. Das heißt, der Kunde hat heute schon einen erhöhten Beratungsbedarf. Und dieser erhöhte Beratungsbedarf wird sich in einem individuellen Gespräch, in einem individuellen Geschäft auf der einen Seite darstellen. Auf der anderen Seite gibt es auch heute schon Versicherungsprodukte, die so einfach sind, daß der Kunde selbst eine Entscheidung treffen kann. Und hier ist sicherlich zu erwarten, daß der Trend zur Selbstbedienung, zum elektronischen Abschluß gehen wird.

In unserem Hause tragen wir dem Rechnung, indem wir in diesem Geschäftsjahr beginnen, das gesamte Unternehmen in Richtung Individualgeschäft neu auszurichten. Also die individuelle Beratung eines Kunden, und zwar sowohl Privat- als auch Firmenkunden. Im Rahmen dieses individuellen Geschäftes können natürlich auch Standardprodukte verkauft werden. Auf der anderen Seite sind wir dabei, Standardprodukte zu definieren. Die Definition bei uns intern ist recht einfach: Ein Standardprodukt muß automatisierbar sein, muß also im Selbstbedienungskiosk oder wo auch immer abzuschließen sein.

Die Zahl dieser Standardprodukte ist, bezogen auf den Umsatz der Gesellschaft, außerordentlich hoch. Wir haben festgestellt, daß wir mit sechs Produkten ungefähr 60 % unseres Umsatzes machen können. Das ist schon sehr viel und es wird sicherlich noch steigen.

Hier sind wir dabei, erste Testfelder einzurichten. Wir haben einige Banken im Kasselaner Raum mit der dortigen genossenschaftlichen Rechenzentrale so ausgerüstet, daß die Kunden hier in Selbstbedienung Versicherungsverträge abschließen können, und das tun sie auch. Das ist relativ einfach wie beim Geldausgabeautomat.

Was hier geklärt und was vorbereitet werden muß ist, daß die Kunden überhaupt wissen, daß so etwas geht, daß diese Möglichkeit besteht. Also es muß mehr im Werbebereich getan werden.

Zusammengefaßt ist die Antwort auf Ihre Frage ein ganz klares Sowohl-als-auch. Die Hinwendung zur individuellen Beratung einerseits und andererseits die Hinwendung zu kostengünstigen Standardprodukten. Das ist zum Beispiel auch die Domäne der sogenannten Direktversicherer, die auch jetzt verstärkt nach Deutschland kommen werden.

Wir haben heute Direktversicherer, die einen Marktanteil von ungefähr 2% haben, bei denen ich am Telefon eine Kfz-Versicherung abschließen kann usw. Das ist relativ wenig - 2%. Aber wir müssen feststellen, daß wir in England heute schon Sparten haben, wo 50% im Direktversicherungsgeschäft abgewickelt werden. Und dieses wird sich auch mit einer gewissen Zeitverzögerung nach Deutschland bewegen. Selbst wenn es keine 50% sind, 10% reichen auch schon, um sich entsprechend auszurichten.

Also eine generelle Hinwendung nur zur Technik sehe ich nicht, sondern diese zweigeteilte Vorgehensweise aus Kundensicht.

Prof. Picot:
Vielen Dank. Also doch ein erheblicher mittelfristiger Wandel der Vertriebswege zumindest. Herr Dr. Rauch, Sie haben uns heute gezeigt, wie sich verschiedenen Sparten des Bankwesens entwickelt haben und wie das Bankwesen sich im Wandel befindet. Ich möchte es einmal überspitzen. Könnte man nicht daraus die These ableiten, daß die Banken sich in ihrer klassischen Form letztlich auflösen in viele Spezialinstitute, die möglicherweise auch dann eigentumsrechtlich neue Wege gehen? Dann gibt es eben eine Spezialbank, die macht nur Zahlungsverkehr, und eine andere Spezialbank macht die klassische Kreditfunktion und eine dritte macht eine Wertpapierberatung. Ist das eine Konsequenz, die sich hier langfristig anbahnt, oder würden Sie das nicht so vorhersehen?

Dr. Rauch:
Zunächst muß man dazu sagen, daß wir uns natürlich mit dem Universalbankensystem sehr wohl fühlen, und daß andere Nationen versuchen, dieses in Teilen nachzubilden, siehe USA, weil es über die verschiedenen Märkte eine vernünftige Risikoverteilung ermöglicht. Das heißt also: Universalbankensystem - ja. Wir werden aber eine viel stärkere Segmentierung innerhalb des Universalbankensystemes haben. Daß heißt, wir werden unter einem gemeinsamen Dach stärker marktorientierte Einheiten fahren. Wie das heute in schon vielen Organisationen für den gehoben Privatkunden, für den normalen Privatkunden, für den privaten Investor, für die Firmenkunden, den Mittelstand usw. zu sehen ist. Diese werden dann von den eigentlichen Backoffice-Aufgaben getrennt. Und die Backoffice-Aufgaben werden nicht nur als Produktionsbank ausgegliedert, sondern diese werden einen Markt-auftrag bekommen, nämlich mit ihren Dienstleistungen am Markt weitere Kunden zu akquirieren, sprich kleinere Banken, Nonbanks, Nearbanks, die in diesem Umfeld tätig sind.

In den einzelnen Segmenten, die ich gerade genannt habe, werden sich Spezialisten auftun, etwa Firmen, die nur Wertpapiergeschäft machen oder die sich auf Kreditkarten spezialisieren oder ähnliches. Diese Einrichtung wird sehr stark von den ausländischen Trennbanksystemen getrieben und uns sicherlich partiell Konkurrenz machen.

Was das eigentliche Kreditsegment anbetrifft, kann ich mir nicht vorstellen, daß bei der heutigen Profitsituation jemand mit dem Kredit allein glücklich wird. Von daher meine ich, daß der Kredit etwas ist, was sicherlich in ein Gesamtbankspektrum hineingehört. Das Risikomanagement ist, darauf habe ich schon hingewiesen, unsere eigentliche Aufgabe als Bank. Das werden wir auch nicht aus der Hand geben oder an Dritte transferieren, zumal das aufsichtsrechtlich auch gar nicht möglich ist.

Prof. Picot:
Vielen Dank. Ich möchte langsam noch einmal den Bogen stärker zur Technik hin zurückschlagen. Herr Dr. Weigert, Informations- und Kommunikationssysteme im Finanzwesen sind komplexe Gebilde: vielschichtige Netze, Datenbanken, Informationssysteme mit verschiedensten Unterfunktionen, Subsystemen und Komponenten. Banken können das nicht mehr alles selbst beherrschen. Was sind aus Ihrer Sicht, aus Ihrer Erfahrung, die zentralen Komponenten oder Prozeß-bereiche dieser Informationsverarbeitung und Kommunika-tion, die die Banken wirklich in eigener Regie noch langfristig machen müssen und was geben sie an Dritte ab, haben sie schon abgegeben oder sind dabei?

Dr. Weigert:
Die Frage knüpft direkt an das an, was Herr Dr. Rauch gerade sagte und was wir im Rahmen der Konferenz ausführlich auch gespürt haben: Jede Menge DVJ-/TK-Produkte, die man vom Markt dazukaufen kann. Ich denke, eine vernünftige Strategie ist, daß man das, was Commodity-Charakter hat, auf den Prüfstand legt und es möglicherweise dazukauft oder "outsourced", wenn es denn kostengünstig ist. Das

168

Spektrum der Fremdprodukte bzw. des Fremdbesorgens verschiebt sich von Jahr zu Jahr in Richtung der Serviceindustrie.

In unserem Budget beispielsweise ist heute klar erkennbar, daß der Fremdanteil erheblich schneller wächst als das Budget insgesamt selbst. Dennoch wird eine der Kernaktivitäten und Kernfähigkeiten natürlich die Beschäftigung mit dem Kunden bleiben, natürlich auch die Beschäftigung mit dem Produkt und dem Marketing. Ich glaube, das sind Selbstverständlichkeiten: das Ausschöpfen des Marktpotentials und das Modellieren der Wertschöpfungskette mit Hilfe moderner Techniken sowie die Beherrschung der Architektur des Gesamtbildes. Bei der Vielzahl von Möglichkeiten, Diensten, Produkten und Techniken wird dieses immer schwieriger.

Es reicht heute nicht mehr aus, mit konventionellen technischen Skills dieses Geschäft zu betreiben. Hier braucht man Statiker, Poliere, um im Bild des Baues zu bleiben, und Architekten, Chefarchitekten, die das Gesamtsystem verstehen. Da kann man nur sagen, wehe uns, wenn wir diese Fähigkeit verlieren. Dann geben wir wirklich den Wettbewerbern aus der Software- und TK-Industrie, den "Bill Gates", direkt den Drücker in die Hand, so daß sie uns zeigen, wo es lang geht.

Prof. Picot:
Bedingt diese Fähigkeit zur Architektur, zur Gesamtsicht, zur Systemführerschaft nicht auch, daß man in diesen Feldern ein eigenes Bein hat, oder beziehen Sie dies dann durch Fachleute, die Sie sich vom Markt holen?

Dr. Weigert:
Wenn ich im Bild des Baues bleibe - weil Hochbau wegen unseres Neubaus der Zentrale in Frankfurt mir zur Zeit gerade geläufig ist -, dann muß ich sagen, es geht nicht nur darum, Architekten, Statiker, Poliere, zu haben, man braucht auch - um die Kernkompetenz zu behalten - jede Menge "Maurer". Ich meine das nicht abfällig, sondern folgendermaßen: wenn ich eine Wand, die einstürzt, nicht mehr innerhalb von 24 Stunden selber reparieren kann, dann mache ich Schleusen auf, die zu Fehlern und Problemen führen, die der Endanwender und Bankbenutzer den Technikern nicht verzeihen wird. Man muß das gesamte Spektrum beherrschen. Allerdings verschiebt sich die Qualifikationsanforderung klar in Richtung des neuen Berufbildes "Architekt", was bis jetzt so noch nicht von den Universitäten produziert wird.

Prof. Picot:
Vielen Dank. Die Auslagerung auf Dritte und die Zusammenarbeit zwischen Dritten in den Telekommunikationsmärkten, Herr Dr.Jung, ist ja u.a. eine Frage der Standardisierung. Gelingt es uns, Standards zu entwickeln und zu vereinbaren, die dann dieses Zusammenwirken und auch das Wachsen der Märkte möglich machen? Wie sieht den hier der Trend gerade auch mit Blick auf die Finanzdienstleistungsbranche aus?

Dr. Jung:
Das Thema Standardisierung ist für meine Begriffe ein ganz entscheidendes. Wir erleben ja heute in Europa wunderschön am Beispiel der D-Netze und des E-Netzes, also der GSM-Standards, wie wichtig es ist, vernünftige Standards zu haben. Dann kommt man zu einer internationalen Zusammenarbeit. Man kommt zu Volumina, man kommt zu günstigen Preisen. Das heißt also, die traditionelle europäische Art und Weise auf dem Telekomsektor bei der CCITT in Genf zu standardisieren, hat sich bewährt. Aber sie ist langsam. Wir haben heute das Problem, daß wir, wenn wir nach Genf gehen, und dort etwas standardisieren lassen, eigentlich damit rechnen können, mehrere Jahre zu brauchen, bis sich ein Standard gebildet hat. Dies ist in der heutigen kurzlebigen Zeit nicht mehr drin. Die Amerikaner tendieren dazu, zu sagen: "Laß uns doch dieses Zeug ausprobieren, und da wird es schon einen de-facto-Standard geben, der sich dann durchsetzt, wenn er gut ist. Wenn er schlecht ist, dann fällt er auf die Nase." Dieses zweite führt dann zu dem Internet unserer Zeit und es führt zu einem Kuddelmuddel.

Wir müssen es fertig bringen, daß wir die Standards, die wir meines Erachtens unbedingt brauchen, schneller bekommen. Wir müssen es in Genf oder sonstwo fertig bringen, daß wir innerhalb kürzester Zeit neue, saubere Standards schaffen. So, wie wir es bisher gemacht haben, geht es nicht mehr. Auf der anderen Seite geht auch nicht das, was die Amerikaner mit irgendwelchen de-facto-Standards tun, die sich dann nicht durchsetzen und die zu geringeren Volumina führen. Ich glaube, daß wir auf gutem Wege sind, dieses in Genf hinzukriegen.

Bei dem G-7-Gipfel in Halifax ist dieses Thema auf Einwirkung der europäischen Industrie hin behandelt worden. Auch hier ist volle Unterstützung der sieben Regierungschefs zu dem Thema Standardisierung und Beschleunigung der Standardisierung gewesen.

Prof. Picot:
Herzlichen Dank. Ich glaube, das ist auch ein gutes Stichwort, um das Auditorium zu bitten, Kommentare, kritische Rückfragen und Nachfragen zu stellen. Sei es zu dem Gebiet der Anwenderwelt in der Finanzdienstleistungsbranche und oder zu dem Gebiet der Technikentwicklung. Ich kann mir vorstellen, daß sich doch im Laufe des Tages die eine oder andere Frage aufgestaut hat, meine Damen und Herren.

Raudszus:
Gleich eine Anmerkung und Frage zur letzten Ausführung von Herrn Dr. Jung. De facto und de jure - ist nicht letzten Endes entscheidend, was der Markt macht und sind nicht Standards, ob man sie liebt oder haßt, wie Windows, wie DOS, wie Unix und wie Internet, einfach Fakten, die nicht mehr wegzudenken sind. Wir sollten damit positiv leben und nicht sagen, es ist ein Kuddelmuddel, weil nicht sein kann, was nicht sein darf.

Dr. Jung:

Was Sie sagen, klingt natürlich vernünftig. Sie haben Recht, es sind eine Reihe von de-facto-Standards große Erfolge geworden, aber trotzdem hätte ich hier Sorge, gerade auf dem Sektor, den wir heute diskutiert haben. Wissen Sie, ich habe überhaupt kein Problem damit, daß sich auf dem Gebiet des Entertainments irgend welche Standards bilden. Oder, daß Standards oder irgendwelche neuen Dinge ausprobiert werden, und die dann zu einem de-facto-Standard werden, ist überhaupt kein Problem.

Bei Sachen wie Geldtransfer, Versicherungen, Banken, da hört der Spaß schon ein bißchen auf. Und da hätte ich Sorge, wenn wir über irgendwelche nicht standardisierten Netze gingen, die noch dazu nicht den Sicherheitsbestimmungen, die wir einfach an solche Netze stellen, genügen. Aus diesem Grunde glaube ich, wird sich vielleicht sogar eine doppelte Standardisierungswelt bilden. Dort, wo es mehr in die Richtung Gambling und Spiele, um Entertainment geht, werden sich immer wieder neue de-facto-Standards bilden, und es werden immer wieder neue Dinge ausprobiert werden. Auf der mehr traditionellen Welt des Geldes, auch der Wissenschaft, glaube ich, wird man auch mehr traditionell bei der Standardisierung bleiben.

Prof. Picot:

Vielleicht auch dazu noch einmal ein Anwender aus dieser Branche, Herr Schlottke, wie sehen Sie das?

Schlottke:

Ja als Anwender, als Kunde, hat man natürlich den Wunsch, daß die Dinge viel schneller gehen, denn man sieht sich im Konkurrenzdruck, man möchte die Dinge bewegen und dann geht das doch alles recht langsam. Insofern könnte man diesem Vorschlag sicherlich folgen.

Ich muß allerdings an dieser Stelle energisch widersprechen. Ich meine die Tatsache, daß wir hier vom Vorraum oder über ein Mobiltelefon, was ja die meisten schon in ihrer Tasche haben, wie ich immer in der Pause sehe, über die verschiedenen Netze, über die Kontinente hinweg bis nach Hawai, nach Tokio, telefonieren und sicher telefonieren können, ist ein Ergebnis von Standardisierung. Das, was wir vorhaben, die Vernetzung der verschiedenen Systeme der Versicherungen untereinander, aber auch der Versicherungen mit ihren Kunden, läßt einfach die Notwendigkeit entstehen, daß hier eine Sicherheit, eine Normierung greift. Und da sage ich ganz ehrlich, hier kann man auch zweigeteilt vorgehen, daß man gewisse Dinge schon vorantreibt, andererseits auch schaut, was dort als Standard kommt und letztendlich auf den Standard setzen muß, davon bin ich zutiefst überzeugt.

Prof. Eberspächer:

Vielleicht darf ich mal den Hut eines Benutzers aufsetzen. Was mir heute immer wieder aufgefallen ist: wir haben nicht so richtig über die Leiden des Kunden geredet, vielleicht ist auch keiner zu Wort gekommen.

Ich bin ein begeisterter Homebanker, aber ich leide natürlich schon, ich leide an der Güte der Bedienoberflächen, und das ist ja nicht das einzige Gerät oder der einzige Dienst, wo wir darunter leiden.

Wir haben heute viele Dinge diskutiert. Auch die Sicherheit wird eingebaut. Aber selbst gesetzt den Fall, daß wir das alles haben, wir müssen es bequemer machen und einfacher und vor allem schneller, das scheint mir ein wesentlicher Punkt. Ich fülle schneller eine Anweisung aus, als ich heute die Homebanking-Applikation bediene. Wenn das alles nicht zusammenpaßt, dann gewinnt dieses nicht so schnell an Bedeutung wie wir es eigentlich brauchen.

Prof. Picot:
Darf ich das vielleicht an unsere beiden Bankspezialisten weitergeben, mit der Zusatzbemerkung, die wir heute früh gehört haben, daß ein Überweisungsvorgang traditionell DM 3,00 und im Homebanking nur DM 0,30 kostet. Hier müßten ja eigentlich enorme Anreize für die Banken liegen, den Kunden dahin zu bringen, daß er dort einsteigt, damit dieses Kostenersparungspotential ausgeschöpft wird. Was tun Sie also in dieser Richtung? Wenn Sie anfangen, Herr Dr. Rauch.

Dr. Rauch:
Ja, wir können Ihre Qualen nachvollziehen, zumal die Entwicklung der Nutzeroberfläche im Btx 10 Jahre lang eigentlich ein Stiefkind im Bankwesen gewesen ist. Allerdings stellt sich heraus, daß nicht nur die Wachstumszahlen in der Btx-Nutzung bei der Telekom stark steigen, sondern daß fast alle, die dort teilnehmen, Bankdienstleistung damit wahrnehmen wollen.

Die zwei meist verkauften Anwendungspakete im Monat März waren, ich hoffe, ich mache jetzt keine Reklame, wenn die Statistik, die ich gesehen habe, richtig war, Quicken und das Steuerpaket von Intuit. Also sehen Sie, daß die Anwender sich in Bereiche hineinbegeben, wo sie genau diese moderne Anwendungsoberfläche kaufen. Als Banken setzen wir uns auf diesen Zug mit drauf und forcieren diese Entwicklung. Es wird von den Großbanken, und sicherlich auch von den Sparkassen und Raiffeisenbanken in den nächsten Monaten Produktoffensiven geben, die genau in diese Richtung gehen. Das heißt einerseits Windowsoberfläche und windowsähnliche Gestaltung, auf der anderen Seite dann auch mehr Funktionalität, einfachere Bedienung, Standardisierung in den Abläufen, so daß sie wiederholte Überweisungen etc. einfach mit Mausklick abrufen können.

Das Thema, was uns jedoch an der Stelle berührt, ist folgendes: Es wird so schnell für den Nutzer einfacher werden, daß man hier genau aufpassen muß, daß man bei der dadurch entstehenden Marktverschiebung nicht zu den Verlierern zählt. Wer gesehen hat, wie einfach es sein wird auf Windows 95 ins Microsoft-Netzwerk hineinzugehen, und wer das Geschäftsmodell kennt, das dahintersteht, der wird darüber nachdenken müssen, wie denn hier Konkurrenzverschiebung möglicherweise in diesem Markt geschehen könnte. Wir werden uns darauf ganz bewußt einstellen.

Die Leichtigkeit des Zugangs zu Netzwerken und die Einfachheit der Bedienung der Software sind von anderen zum Geschäftsprinzip erhoben worden. Und wenn wir

172

nicht ganz schnell die Beine unter den Arm nehmen und dort aufholen, dann werden uns andere dauerhaft davoneilen.

Prof. Picot:
Herr Dr. Weigert, haben Sie auch schon die Beine in der Hand?

Dr. Weigert:
Wir haben die Beine in der Hand. Herr Eberspächer, ich kann Ihnen zusichern, die Branche hat diese Lektion gelernt. Gerade das Thema DATEX-J/Btx, ist ja ein Lehrbeispiel dafür, zu erkennen, worauf es den Retailkunden - und zu denen darf ich Sie wenigstens in diesem Zusammenhang zählen - eigentlich ankommt.

Es scheint immer wieder um Geld und Geschwindigkeit zu gehen. Selbst wenn man das jetzt alles antizipiert, muß man aber eins dazu sagen: es wird ein sehr hartes Rennen um den Kunden geben. Entwicklungen, die Herr Dr. Rauch eben geschildert hat, werden eine ganz wesentliche Rolle spielen. Und ich denke, daß sich durch diese Tendenzen etwas im deutschen Banking verstärken wird, was zum Teil auch schon deutlich durch andere Wettbewerber vorgemacht wird: der Drang zum Kunden. Denken Sie alleine an Marketing und Segmentierung. Wenn wir uns heute in Deutschland anschauen, mit welchen bescheidenen Anzahlen von Kundengruppen und Segmentierungen das Geschäft betrieben wird, und daß in USA die ultimative Zielgruppe bereits "eins" beträgt - alles Tendenzen, die mit Hilfe von IS und TK zu uns kommen werden, und die Ihnen dann den Service bringen, den Sie eingefordert haben.

Prof. Picot:
Vielen Dank. Herr Dr. Hultzsch, Sie sind indirekt angesprochen.

Dr. Hultzsch:
Einen Punkt möchte ich versuchen, hier in der Diskussion noch einmal anzusprechen. Er ist heute während des ganzen Tages zumindest stiefmütterlich behandelt worden. Wir reden in unseren Publikationen kontinuierlich über das Thema "interaktives Fernsehen" und die Verwendung, die Nutzung des Fernsehgerätes, anders als bei Btx seinerzeit. Auch für potentionelles Videoshopping und was immer damit verbunden ist, also Zugang zu einem Markt, der weit über das heutige PC-Feld hinausgeht, das wir heute vorwiegend im Auge hatten.

Also meine Frage an das Plenum: Wie wird das, was wir heute alles gesehen haben, Ausweitung von Diensten, Elektronic-Banking, Versicherungsgeschäft, verbunden werden können? Wir haben heute ja auch über ATM geredet, mit dem kommenden, wann kommenden wissen wir nicht, interaktiven, also wirklich individuellen Fernsehen, über die Set-Top-Boxen, die wir demnächst dann schon mit dem digitalen Verteilfunk haben werden.

Prof. Picot:
Vielleicht zunächst mal die Branchenvertreter, ehe wir die Techniker fragen. Haben Sie dazu eine Position, Herr Dr. Rauch?

Dr. Rauch:
Die Antwort auf die Frage, was wir zukünftig mit den Set-Top-Boxen tun, ist eine ganz einfache. Wir werden alles nutzen, was der Nutzer daheim in seinem Bereich annimmt. Im Moment ist der PC sehr viel verbreiteter als die Set-Top-Box, über die viele nur reden. Sie wissen, da gibt es noch eine ganze Menge aufsichtsrechtliche Themen. Fallen die einzelnen Dinge nun unters Rundfunkgesetz oder wie wird das eines Tages sinnvollerweise laufen? Die gute Seite der Set-Top-Box ist die größere Bandbreite, die wir zukünftig zur Verfügung haben.

Die andere Frage ist, und da bin ich ganz bei Herrn Dr. Jung, wofür nützen wir die eigentlich, wo sind eigentlich die Applikationen im Finanzdienstleistungsgeschäft. Davon gibt es sicher in anderen Sachen mehr. Aber wir kommen mit dem, was wir heute haben, aus. Wenn jeder Kunde von uns heute ISDN im Privatkundenbereich hätte, dann könnten wir soviel mehr Dinge tun, als wir heute tun können, so daß wir uns zunächst einmal auf diese Schiene konzentrieren und darauf, wie wir mit dem KIT-Standard vernünftige Dinge machen können, die unsere Kunden fordern und dann im nächsten Schritt an das herangehen, was die Haushalte haben werden. Der Nutzer wird sich nicht aufgrund einer Applikation, schon gar nicht aufgrund einer Bankenapplikation, die er ja mit anderer Technik billiger machen kann, neues Equipment ins Haus stellen. Wenn dieses Equipment da ist, und wir sind da auch an Feldversuchen beteiligt, wird das für uns ein Weg sein, den wir sehr aufmerksam betrachten werden.

Prof. Picot:
Herr Dorn und dann nochmal Herr Dr. Weigert zu dem gleichen Punkt.

Dorn:
Ich meine, wir wissen ja alle noch nicht, Herr Dr. Hultzsch, wie sich der Bürger in der Bundesrepublik verhält. Wieviel Zeit ist er willens, an diesem Interaktionsapparat, ob PC oder Fernsehen, zu investieren. Und deshalb sind diese Menge an Pilotversuchen sehr, sehr interessant. Und ich sage es einmal zum Unterschied von Herrn Prof. Eberspächer, mir fällt es überhaupt nicht schwer, über Bildschirmtext meine Bankdienstleistungen zu machen, weil ich willens bin, es zu tun, und es für mich einfacher ist als einen Brief zu schreiben, wo dann immer gesagt wird, Herr Dorn, der Brief am Montag kam nicht an, wenn es um die Ausführung von Wertpapieraufträgen geht. Deshalb ist es für mich leicht. Ich gebe aber zu, ich kann zum Beispiel keinen Videorecorder bedienen, das macht zuhause die Familie. Das kann ich nicht, weil ich es nicht will. Und Bildschirmtext ist so einfach, daß es jeder kann, der es will. Aber wichtig ist, daß der Kunde für sich einen Vorteil erkennt. Wir werden alle Dienste nur verkaufen können, wenn der Kunde für sich einen Vorteil sieht.

174

Prof. Picot:
Vielen Dank. Herr Dr. Weigert bitte!

Dr. Weigert:
Ich möchte das eben Diskutierte verstärken, weil es in meinem Vortrag möglicherweise so geklungen hat, als ob die Banken jetzt mit ihrem Applikationen in den 10 Gigabyte-Bereich pro Sekunde vorstoßen. Dem ist natürlich nicht so. Der Treiber der Breitbandigkeit wird nicht das Banking sein, sondern vielleicht das Shopping, Edutainment und das Informations Retrieval.

Die Banken werden sich hier sehr gut überlegen müssen, welche Rolle sie spielen, ob sie eine passive Rolle im Gesamtangebot spielen, oder vielleicht partiell eine aktive Rolle. Denn es wäre eine ungünstige Vorstellung, daß man in dieser virtuellen Welt plötzlich im Schaufenster nicht mehr den Platz einnehmen kann, den man sich sonst zubilligen möchte.

Prof. Picot:
Vielen Dank. Wir könnten noch eine oder zwei kurze Fragen verarbeiten, ansonsten neigt sich die Zeit der Grenze zu und wir hatten ja vesprochen, daß wir pünktlich abschließen. Bitte sehr, dort noch die Abschlußfrage.

N.N. (kein Name genannt!)
Was passiert, wenn über das heißgeliebte Internet Geldströme entstehen, die an den Banken vorbeilaufen - ich sage direkte Verrechnung - und am Finanzamt vorbeilaufen. Das sind ja Aussichten, die gar nicht so unrealistisch sind. Nicht umsonst hat die US-Regierung schon das Verschlüsseln verboten. Meine Frage an die Bankenvertreter: "Hat man sich darüber schon Gedanken gemacht?"

Dr. Weigert:
Man hat sich Gedanken gemacht. Es gibt eine intensive Diskussion anläßlich des Themas "Mondex" - das heute vormittag auch erwähnt worden ist - bis hin zur Bundesbank. Und Sie schildern den Sachverhalt vollkommen richtig. Das ist auch mit der Grund, weshalb diese Zahlungsmedien sich zumindest vorerst kaum offiziell etablieren werden können, weil keiner garantieren kann, daß nicht eine unverhoffte Vermehrung des Geldbestandes stattfindet, wo man dann nicht mal mehr herausbekommen kann, wo sie denn hergekommen ist.

Prof. Picot:
Danke sehr. Vielleicht nur kurz Herr Dr. Rauch dazu.

Dr. Rauch:
Die Zentralbanken der Länder mit ernsthaften Währungen werden nicht zulassen, daß eine Geldgenerierung außerhalb des Bankensektors erfolgt. Das ist ein ganz entschei-

dender Punkt, sonst ist, genau wie Sie es gesagt haben, die Kontrolle des Wachstums der Geldmenge nicht mehr gewährleistet.

Wir werden Mechanismen haben, die Ihnen erlauben, Ihre Chipcard von Ihrem Konto mit Geldbeträgen zu laden, die Ihnen dann zur Verfügung stehen. Einen Zahlungsverkehr von Chipkarte zu Chipkarte unter Umgehung der Banken sehe ich derzeit nicht. Wichtig ist, daß diese Karten nicht duplizierbar sind. Eines der Probleme ist, daß bei Mondex z.B. durch ganz viele Sicherheitsmaßnahmen attackiert wird, daß keiner weiß, was in einem solchen System passiert, wenn wirklich jemand einmal den Sicherheits-Code knackt und dann drei Monate Zeit hat, bis die entsprechenden Algorithmen wechseln. Das sind ernsthafte Punkte, die uns beschäftigen. Die elektronische Börsenfunktion der Chipcard wird nicht etwa sein, mit dem man große Zahlungsverkehrströme macht, sondern das werden die berühmten Nickel sein, die in die Spielmaschinen gehen, wie wir vorhin gehört haben, oder es werden die Zahlungsvorgänge sein, hinter denen Geschäfte liegen, von denen der Verbraucher nicht will, daß der eigene Name dort genannt wird. Im übrigen, wenn Sie nach Amerika gehen, sind diese Art von Geschäften heute mit ein treibender Faktor der Umsätze im Internet. Das muß man ganz deutlich sehen.

Prof. Picot:
Vielen Dank. Mit dieser etwas visionären Aussicht im Bezug auf den Wandel, der uns möglicherweise bevorsteht, oder durch entsprechende Maßnahmen auch nicht bevorsteht, möchte ich gerne die Podiumsdiskussion auch im Namen des Veranstalters dieser Konferenz abschließen. Ich möchte das nicht tun, ohne festzustellen, daß hier wirklich eine oder zwei große Branchen sich in einem tiefgreifenden Wandel befinden. Dieser Wandel bezieht sich nicht nur auf die Unternehmen, sondern sehr stark auf die Gesellschaft, auf die Kunden und auf die Institutionen, die diesen Markt begleiten. Die Technologie schreitet voran, und ich glaube, wir haben eine Menge lernen können und eine Menge an Denkanstößen bekommen.

Ich möchte einen herzlichen Dank an den Koordinator des Programmausschusses, Herrn Ewerdwalbesloh, aussprechen, der sich sehr um diese Tagung bemüht und verdient gemacht hat. Ebenfalls möchte ich dem gesamten Programmausschuß meinen Dank ausrichten. Auch möchte ich mich bei der Geschäftsstelle herzlich für die vorzügliche, fast schon übliche Organisation dieser Tagung bedanken. Ich danke allen Referenten, Diskutanten und allen Teilnehmern für das Interesse. Ich schließe damit die Tagung und wünsche einen guten Heimweg. Auf Wiedersehen.

Liste der Autoren

Dr. Holger Berndt
Deutscher Sparkassen- und
Giroverband e.V.
Simrockstraße 4
53113 Bonn

Prof. Dr. Jörg Finsinger
Universität Wien
Berggasse 17
A-1090 Wien

Prof. Dr. Arnold Picot
Universität München
Ludwigstraße 28
80539 München

Heinz Prokop
Allianz Versicherungs-AG, München
Königinstraße 28
80802 München

Dr. Eberhard Rauch
Bayerische Vereinsbank AG
Kardinal-Faulhaber-Straße 14
80311 München

Ulrich E. Rimensberger
Schweizerische Bankgesellschaft
Postfach
CH-8021 Zürich

Dr. Rainer A. Rueppel
R3 Security Engineering AG
Zürichstraße 151
CH-8607 Aathal / Zürich

Manfred Schlottke
R+V Versicherung AG
Taunusstraße 1
65193 Wiesbaden

Dr. Peter Weigert
Commerzbank AG
Mainzer Landstraße 155
60327 Frankfurt/Main

Sitzungsleiter

Prof. Dr.-Ing. Jörg Eberspächer
TU München
Arcisstraße 21
80290 München

Dipl.-Ing. Gerd Ewerdwalbesloh
R+V Allgemeine Versicherung AG
John-F.-Kennedy-Straße 1
65189 Wiesbaden

Teilnehmer an der Podiumsdiskussion

Bernhard Dorn
IBM Deutschland GmbH
Pascalstraße 100
70659 Stuttgart

Prof. Dr.-Ing. Jörg Eberspächer
TU München
Arcisstraße 21
80290 München

Dr. Volker Jung
Siemens AG
Wittelsbacher Platz 2
80333 München

Prof. Dr. Arnold Picot (Moderation)
Universität München
Ludwigstraße 28
80539 München

Dr. Eberhard Rauch
Bayerische Vereinsbank AG
Kardinal-Faulhaber-Straße 14
80311 München

Manfred Schlottke
R+V Versicherung AG
Taunusstraße 1
65193 Wiesbaden

Dr. Peter Weigert
Commerzbank AG
Mainzer Landstraße 155
60327 Frankfurt/Main

Programmausschuß

Bruno Czaputa
Siemens AG
Hofmannstraße 51
81359 München

Prof. Dr.-Ing. Jörg Eberspächer
TU München
Arcisstraße 21
80290 München

Dipl.-Ing. Gerd Ewerdwalbesloh
R+V Allgemeine Versicherung AG
John-F.-Kennedy-Straße 1
65189 Wiesbaden

Dipl.-Ing. Rudolf Hoffmann
Württembergische Versicherungsgruppe
Rotebühlstraße 74
70163 Stuttgart

Prof. Dr. Arnold Picot
Universität München
Ludwigstraße 28
80539 München